高等学校电子信息类系列教材

嵌入式技术入门与实战

（基于STM32）

主　编　尹　静

副主编　谢　微　何进松

西安电子科技大学出版社

内 容 简 介

本书是基于 STM32 嵌入式系统的应用开发实战教程，全书分为基础入门篇、基础实战篇、进阶实战篇三个部分。基础入门篇介绍 STM32 嵌入式系统和 STM32CubeIDE 开发环境的搭建，使读者初步了解嵌入式系统；基础实战篇通过经典的实战任务使读者熟悉 STM32 嵌入式系统的工作原理和基本开发方法；进阶实战篇给有更高开发需求的读者提供了进阶强化任务，使读者深入了解嵌入式系统的应用开发。

本书在内容组织上由浅入深，注重理论与实践的结合，在任务过程中穿插理论知识，针对性更强，可使读者更有效地掌握实践方法。本书采用STM32CubeIDE作为集成开发工具，通过STM32Cube的开发方式，建立起 HAL 库的开发思想。其中工程初始化代码可通过 STM32CubeIDE 中集成的 STM32CubeMX 进行图形化配置，降低了 STM32 初学者的实践难度；底层驱动和配置可通过直接调用 HAL 库函数实现，提高编程效率。

本书可作为高等学校电子信息类、计算机类专业嵌入式系统开发应用课程的教材，也可作为嵌入式系统开发初学者的参考资料。

图书在版编目(CIP)数据

嵌入式技术入门与实战：基于 STM32 / 尹静主编. --西安：西安电子科技大学出版社，2023.11
ISBN 978–7–5606–6950–2

Ⅰ.①嵌…　Ⅱ.①尹…　Ⅲ.①微处理器—系统设计—高等学校—教材　Ⅳ.①TP332

中国国家版本馆 CIP 数据核字(2023)第 138691 号

策　　划　陈　婷
责任编辑　陈　婷
出版发行　西安电子科技大学出版社(西安市太白南路 2 号)
电　　话　(029) 88202421　88201467　　邮　　编　710071
网　　址　www.xduph.com　　电子邮箱　xdupfxb001@163.com
经　　销　新华书店
印刷单位　咸阳华盛印务有限责任公司
版　　次　2023 年 11 月第 1 版　2023 年 11 月第 1 次印刷
开　　本　787 毫米×1092 毫米　1/16　印张 13.5
字　　数　316 千字
印　　数　1～3000 册
定　　价　35.00 元
ISBN　978–7–5606–6950–2 / TP

XDUP 7252001–1

前　言

随着物联网技术的发展，嵌入式系统在工业控制、通信、医疗器械、消费类电子产品等领域的应用越来越广泛，市场对于嵌入式系统开发应用人才的需求在持续增加。近年来，随着国家对芯片、操作系统重视程度的提高，为了实现嵌入式产品的设计、生产自主化，需要更多的本土专业人才，各个高校更是遵循市场和国家发展需求，不断加强培养适应岗位需求的各种应用型、技能型人才。

本书内容紧跟嵌入式技术发展趋势，介绍了目前国内应用最为广泛的 STM32 芯片的应用与开发技术。书中的所有实践任务均基于 STM32CubeIDE，志在提高嵌入式系统开发的效率。书中将实践任务作为主线，引导读者通过“做中学，学中做”的方式学习相关的理论知识。另外，本书的编程采用 HAL 库编程思想，这也是目前 STM32 嵌入式系统开发的趋势。

本书共 9 章，分为 3 大部分：基础入门篇、基础实战篇、进阶实战篇。基础入门篇主要介绍开发前的准备工作，包括 2 章内容：认识 STM32 嵌入式系统、搭建 STM32CubeIDE 开发环境。基础实战篇是本书的核心内容，也是嵌入式应用开发学习者入门必学的内容，主要介绍基于 STM32CubeIDE 的 STM32 芯片片内外设的基本开发方法和理论知识，包括 5 章内容：STM32 I/O 应用实战、STM32 外部中断的应用、STM32 串口通信的应用、STM32 定时器应用实战、STM32 模拟数字转换模块。进阶实战篇包括 2 章内容：STM32 的通信接口应用实战，介绍 RS-485 和 CAN 总线通信实现；传感器和电机的应用实战，介绍温度传感器数据采集、超声波测距和控制步进电机的实现。每章后有对应的思考与练习，用于对该章知识点进行总结和巩固。

本书内容注重任务驱动，任务不再是辅助学习材料，而是每章的主要内容，理论知识为任务实现服务，任务的实现过程可使读者加深对理论知识的理解。书中选取经典实践任务，内容由浅入深，有详细的操作过程说明，更加适合需要快速入门并掌握嵌入式开发知识的读者以及高校的学生群体。

本书以 STM32 嵌入式芯片作为开发对象，任务中更关注软硬件实现的原理分析，不强调具体某一款开发实验板，读者可以灵活选用应用对象，活学活用。本书采用 ST 公司推出的 STM32CubeIDE 作为集成开发工具，该软件是 ST 公司提供的免费软件，可从官网获取和更新，集成了 STM32CubeMX 模块，可进行 MCU 系统功能和片上外设的图形化配置，自动生成工程代码，使用更加便捷。代码实现采用 HAL 库开发模式，可随时跟进最新的技术动态，开发效率更高。

为了和 STM32CubeIDE 开发工具保持一致，书中的部分变量、单位和器件符号未采用国标，请读者阅读时留意。

本书提供各个章节的教学课件、所有案例的源代码和思考与练习答案，需要的读者可以在出版社官网查询本书，进入本书的页面获取相关资源。

本书主编是上海第二工业大学教师尹静，副主编是上海第二工业大学教师谢微以及上海电子信息职业技术学院教师何进松。尹静负责本书整体结构设计以及第一部分内容的编写，谢微负责本书第二部分和第三部分第 9 章内容的编写以及对应案例材料的整理，何进松负责本书第三部分第 8 章内容的编写以及对应案例材料的整理。

由于编者水平有限，书中难免会有疏漏和不妥之处，敬请广大读者和专家批评指正。

编　者

2023 年 9 月

目　录

第一部分　基础入门篇

第二部分　基础实战篇

第三部分　进阶实战篇

第一部分

基础入门篇

第 1 章 认识 STM32 嵌入式系统

随着电子通信技术的发展，嵌入式技术已被广泛应用于工业控制、智能家居、智慧医疗、交通控制等众多领域，可谓无处不在。其中，意法半导体(STMicroelectronics，简称 ST)公司生产的 STM32 系列单片机是目前应用最广泛的嵌入式系统之一，本章带领大家先来了解一下 STM32 的嵌入式系统。

1.1 ARM 微处理器

STM32 系列芯片是基于 ARM 公司的 Cortex 系列内核设计的，该内核是其中央处理单元(CPU)。当然，完整的基于 Cortex 系列内核的 MCU 还需要很多其他组件，包括存储器、外设、I/O 设备等。

ARM 公司既不生产芯片也不销售芯片，它只负责设计内核结构，然后把设计授权给许多著名的半导体、软件和 OEM 厂商，包括 NXP、TI、Atmel、OKI、ST、Qualcomm 等，这些厂商获得 ARM 公司授权后，生产了多种多样的处理器、单片机以及片上系统(SoC)，使得 ARM 处理器在手机、硬盘控制器、PDA、家庭娱乐系统以及其他信息家电中得以广泛应用。本书使用的嵌入式芯片 STM32 就是由 ST 公司生产的。

1.1.1 ARM 系列微处理器

ARM(Advanced RISC Machines)既可以认为是一个公司的名字，也可以认为是对一类微处理器的通称，还可以认为是一种技术。ARM 公司于 1990 年成立，当初的名字是“Advanced RISC Machines Ltd.”。1991 年，ARM 公司推出了第一款嵌入式 RISC 处理器，即 ARM6。ARM 技术基于精简指令集计算机 RISC 的思想，基于 ARM 架构的微处理器具有体积小、功耗少、成本低、性能高等优势。由于历史原因(从 ARM7TDMI 开始)，ARM 处理器一直支持两种形式上相对独立的指令，它们分别是 ARM 指令集(32 位)和 Thumb 指令集(16 位)。

ARM 系列处理器有 ARM7 系列、ARM9 系列、ARM9E 系列、ARM10E 系列、ARM11 系列、SecurCore 系列、Intel XScale 系列、ARM Cortex 系列等，按照架构分为 ARMv4/v4T、

ARMv5/v5E、ARMv6、ARMv7，图 1-1 所示为 ARM 处理器架构演进史。

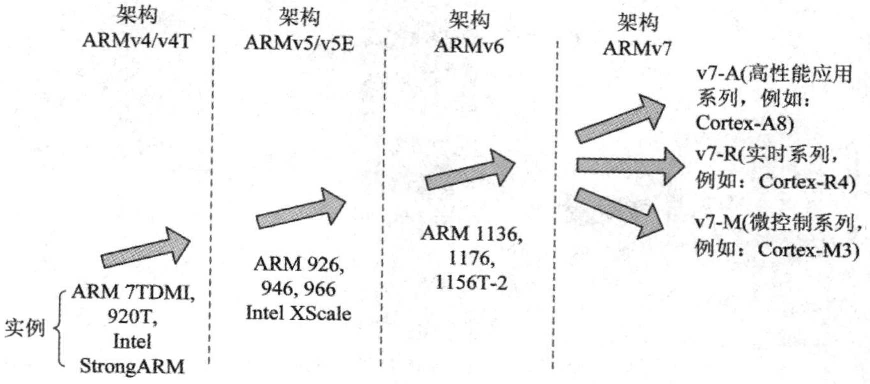

图 1-1　ARM 处理器架构进化史

1.1.2　Cortex 系列处理器

2004 年，ARM 公司发布了 ARMv7 架构的 Cortex 系列处理器，Cortex 是 ARM 的新一代处理器内核，全新开发，不向前兼容。Cortex 系列处理器不区分 ARM 标准指令和 Thumb 指令，采用 Thumb-2 指令集。Thumb-2 技术是在 ARM 的 Thumb 代码压缩技术的基础上发展起来的，并且保持了对现存 ARM 解决方案完整的代码兼容性。

1. Cortex 系列处理器简介

Cortex 系列处理器包含 ARM Cortex-A(Application)、ARM Cortex-R(Real-time)和 ARM Cortex-M(Microcontroller)三款处理器。Cortex-A 基于 ARMv7-A 体系结构，用于高性能开放应用程序平台，支持的操作系统有 Symbian(诺基亚智能手机用)、Linux、微软的 Windows CE 和智能手机操作系统 Windows Mobile。Cortex-R 基于 ARMv7-R 体系结构，用于实时性要求较高的高端嵌入式系统，如高级轿车组件、大型发电机控制器、机器手臂控制、汽车刹车控制等。Cortex-M 基于 ARMv7-M 和 ARMv6-M 体系结构，用于运行实时控制系统的小规模应用程序，面向单片机的应用，广泛应用于现代微控制器产品以及片上系统 SoC 和专用标准产品 ASSP。

图 1-2 所示为 Cortex-M 处理器系列，其中 Cortex-M0、Cortex-M0+ 和 Cortex-M1 基于 ARMv6-M 架构，指令集更小。Cortex-M0 和 Cortex-M0+ 针对超低功耗、低成本微控制器产品，适用于替代 51 单片机，Cortex-M1 是专为 FPGA 应用设计的。Cortex-M3 和 Cortex-M4 基于 ARMv7-M 架构，其中 Cortex-M3 是 ARM 公司的第一个 Cortex 系列处理器，具有出色的计算性能以及对事件的优异系统响应能力，适用于具有较高确定性的实时应用，Cortex-M4 具有高效的信号处理功能，适用于需要有效且易于使用的控制和信号处理功能混合的数字信号控制应用。因此，对于不同的应用需求，可以选用不同的处理器。本书使用 STM32F4xx 系列芯片，采用 Cortex-M4 内核，因此接下来重点介绍 Cortex-M4 内核架构。

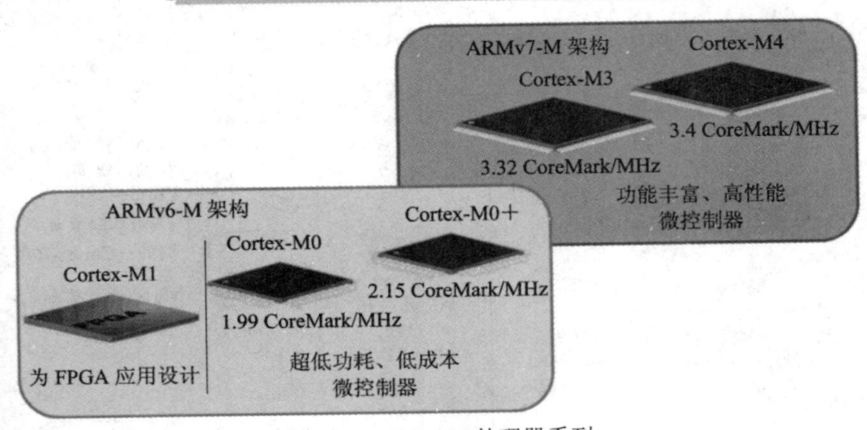

图 1-2　Cortex-M 处理器系列

2. Cortex-M4 处理器

Cortex-M4 处理器是 32 位低成本、高性能的通用微控制器内核，其内部的数据路径是 32 位的，寄存器是 32 位的，寄存器接口也是 32 位的。Cortex-M4 处理器的架构基于哈佛架构，即指令和数据各使用一条总线，所以 Cortex-M4 处理器对多个操作可以并行执行，加快了应用程序的执行速度，内核流水线支持 3 级流水和分支推测。具体来说，Cortex-M4 处理器具有如下特点：

(1) 丰富的指令集。其中包括单指令多数据的指令集(SIMD)、扩展的单周期 32 位的乘法累加器(MAC)、饱和运算指令以及单精度浮点运算指令。

(2) 浮点运算能力。Cortex-M4 处理器内核中有独立的浮点单元(FPU)，支持单精度浮点数的运算，如加、减、乘、除、乘加、平方根等。

(3) 较大的存储空间。片上闪存高达 1 MB，内嵌 SRAM 高达 196 KB，还具有灵活的静态存储控制器(FSMC)。

(4) 运行速度快。以高速系统时钟频率 168 MHz 运行时，可达到 210 DMIPS 的处理能力。

(5) 更高级的外设。Cortex-M4 新增了照相机接口、加密处理器、USB 高速 OTG 接口等外设功能，还具有更快速的通信接口、更高的采样率，以及带 FIFO 的 DMA 控制器。

(6) 具有嵌套向量中断控制器 NVIC，支持咬尾中断和晚到中断机制。因为多了对浮点运算的支持，所以在中断响应和退出时增加了对 FPU 扩展寄存器的保护。

(7) 超低功耗。具有深睡眠模式以及多达 240 个唤醒中断的唤醒中断控制器，可关闭 FPU 降低功耗。

(8) 具有高度可配置性，具体表现在：

① 多达 240 个中断及其可编程的优先级，芯片制造商自行决定 NVIC 设计实际支持的可编程中断优先级的数量；

② 存储器保护单元(MPU)是可选的，由芯片制造商决定是否使用；

③ JTAG 和 SWD 调试接口是可选的，支持最多 8 个断点和 4 个查看点，也由具体的芯片设计决定是否使用它们。

(9) 兼容性强，不仅兼容 Cortex-M3，对其他的 ARM 处理器也具有很强的兼容性。

Cortex-M4 处理器的体系结构如图 1-3 所示。Cortex-M4 处理器包含处理器内核、嵌套向量中断控制器(NVIC)以及可选的浮点单元(Floating Point Unit，FPU)，除此之外，处理器中还有一些内部总线矩阵、可选的存储保护单元(Memory Protection Unit，MPU)、可选的唤醒中断控制器(WIC)以及支持软件调试与跟踪操作的一组部件。内部总线连接可以将处理器和调试产生的信息输送到设计的各个部分。

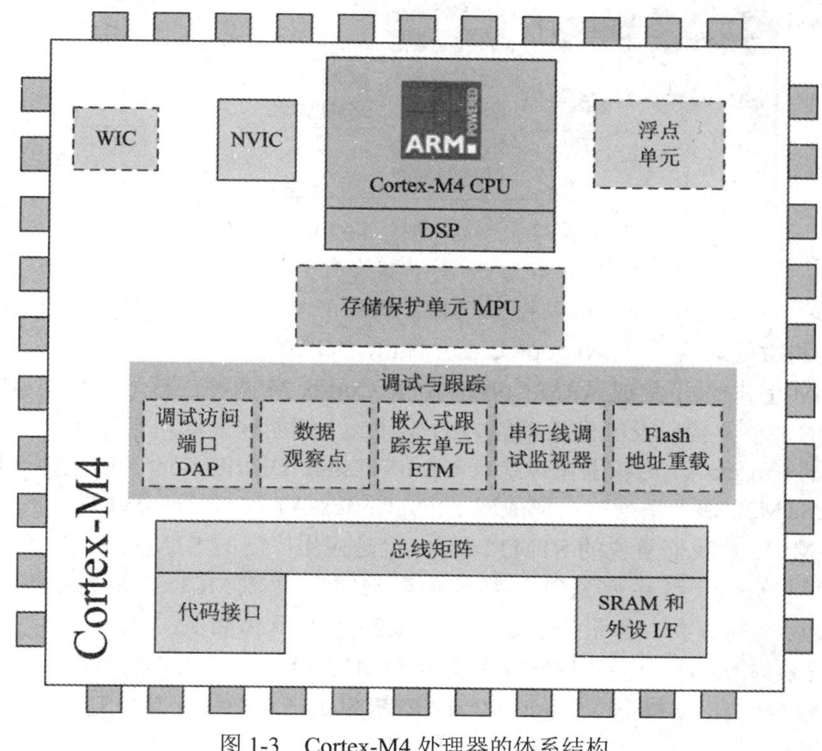

图 1-3　Cortex-M4 处理器的体系结构

1.2　STM32 微控制器

ST 公司的 32 位产品系列 STM32 覆盖超低功耗、超高性能方向，具有系列全、型号多、资源丰富等优点，得到了非常广泛的应用。本书任务实战中使用的都是 STM32 的芯片。本节将具体介绍 STM32 系列微控制器的分类和特点，并进一步重点介绍本章实战中使用的 STM32F407 系列芯片的系统结构、时钟系统以及最小系统的设计。

1.2.1　STM32 系列微控制器

1. STM32 系列微控制器产品

STM32 目前提供 18 大产品线(F0, G0, F1, F2, F3, G4, F4, F7, H7, MP1, L0, L1, L4, L4+, L5, U5, WB, WL)超过 1000 个型号，从稳定的低成本 8 位 MCU 到拥有多种外设选项的基于 32 位 ARM Cortex-M Flash 内核的微控制器，产品线极为丰富。图 1-4 为目前 STM32 系列 32 位 MCU 和 MPU 产品线。

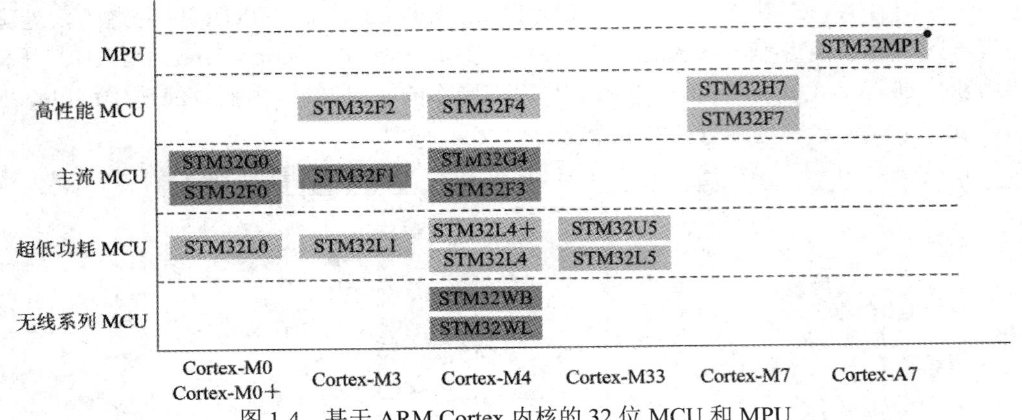

图 1-4　基于 ARM Cortex 内核的 32 位 MCU 和 MPU

根据处理器类型的不同，可以将 STM32 系列产品分为微控制器单元(Microcontroller Unit，MCU)和微处理器单元(Microprocessor Unit，MPU)两类。

SMT32 MPU 提供了集成 ARM Cortex-A 和 Cortex-M 两种内核的异构架构，在实现高性能且灵活的多核架构以及图像处理能力的基础上，还能保证低功耗的实时控制和高功能集成度。它的 Cortex-A7 内核上可以运行 OpenSTLinux Distribution(一款主流开源 Linux 发行版)系统。STM32MP1 系列就是集成双 ARM Cortex-A7 和 Cortex-M4 内核的 MPU 产品。

SMT32 MCU 是我们常说的 STM32 器件，也是应用广泛的 STM32 产品，基于 Cortex-M 内核设计，可以分为无线系列 MCU、超低功耗 MCU、主流 MCU 以及高性能 MCU，即图 1-4 中的纵坐标上的分类。各系列 MCU 的 STM32 产品具体如下：

(1) 无线系列 MCU，包括 STM32WB 和 STM32WL 系列。STM32WB 系列是 2.4 GHz 无线通信双核 MCU，支持 Bluetooth 5.0 和 IEEE 802.15.4 无线标准。STM32WL 微控制器集成了通用微控制器和 sub-GHz 无线电，支持复合调制，支持 LoRaWAN 协议，以满足工业和消费物联网(IoT)中各种低功耗广域网(LPWAN)无线应用的需求。

(2) 超低功耗 MCU，包括 STM32L0、STM32L1、STM32L4、STM32L4+、STM32L5 以及 STM32U5 系列，性能依次增强。其中，STM32L0 系列为入门级；STM32U5 系列为最新推出的系列，将最先进、最高效的 ARM Cortex-M33 内核与创新型 40 nm 平台相结合，在提高性能的同时大幅降低了能耗，该系列还添加了当前应用所需的最先进的功能，包括基于硬件保护的高级网络安全功能，以及用于丰富图形用户界面的图形加速器。

(3) 主流 MCU，包括 STM32G0、STM32F0、STM32F1、STM32F3、STM32G4 系列。主流系列 MCU 在功耗和性能上比较均衡，目前使用较多、资料较丰富的是基于 STM32F103 的开发板，适合于嵌入式基础学习。

(4) 高性能 MCU，包括 STM32F2、STM32F4、STM32F7、STM32H7 系列。高性能 MCU 系列适合于对处理速度和性能要求比较高的应用场景，可进行数字信号处理，可实现图形化用户界面的应用。

STM32 MCU 的命名规则如图 1-5 所示，例如本书使用的芯片具体型号为 STM32F407 ZGT6，根据图 1-5 所示的命名规则可知：F 代表基础型产品，407 表示高性能且带 DSP 和 FPU，Z 代表该芯片总共有 144 个引脚，G 代表闪存容量为 1024 KB，T 代表封装标准为 QFP，6 代表其工作的温度范围为 −40℃到 +85℃。

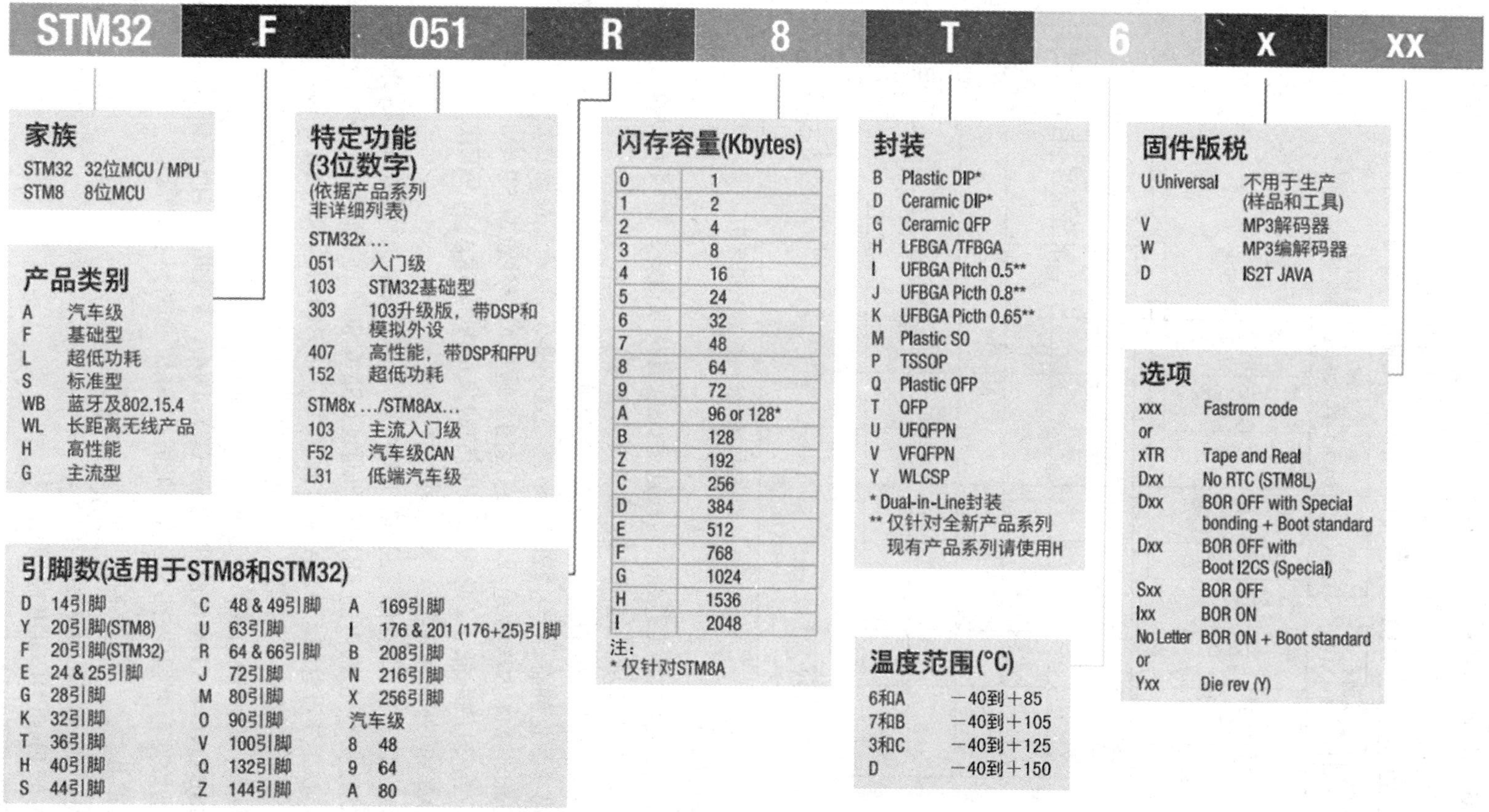

STM32 | F | 051 | R | 8 | T | 6 | x | xx

家族

STM32　32位MCU / MPU
STM8　8位MCU

产品类别

A　汽车级
F　基础型
L　超低功耗
S　标准型
WB　蓝牙及802.15.4
WL　长距离无线产品
H　高性能
G　主流型

特定功能(3位数字)
(依据产品系列非详细列表)

STM32x ...
051　入门级
103　STM32基础型
303　103升级版，带DSP和模拟外设
407　高性能，带DSP和FPU
152　超低功耗

STM8x .../STM8Ax...
103　主流入门级
F52　汽车级CAN
L31　低端汽车级

引脚数(适用于STM8和STM32)

D　14引脚
Y　20引脚(STM8)
F　20引脚(STM32)
E　24 & 25引脚
G　28引脚
K　32引脚
T　36引脚
H　40引脚
S　44引脚
C　48 & 49引脚
U　63引脚
R　64 & 66引脚
J　72引脚
M　80引脚
O　90引脚
V　100引脚
Q　132引脚
Z　144引脚
A　169引脚
I　176 & 201 (176+25)引脚
B　208引脚
N　216引脚
X　256引脚
汽车级
8　48
9　64
A　80

闪存容量(Kbytes)

0	1
1	2
2	4
3	8
4	16
5	24
6	32
7	48
8	64
9	72
A	96 or 128*
B	128
Z	192
C	256
D	384
E	512
F	768
G	1024
H	1536
I	2048

注：
* 仅针对STM8A

封装

B　Plastic DIP*
D　Ceramic DIP*
G　Ceramic QFP
H　LFBGA /TFBGA
I　UFBGA Pitch 0.5**
J　UFBGA Picth 0.8**
K　UFBGA Picth 0.65**
M　Plastic SO
P　TSSOP
Q　Plastic QFP
T　QFP
U　UFQFPN
V　VFQFPN
Y　WLCSP

* Dual-in-Line封装
** 仅针对全新产品系列
现有产品系列请使用H

温度范围(°C)

6和A　−40到+85
7和B　−40到+105
3和C　−40到+125
D　−40到+150

固件版税

U Universal　不用于生产(样品和工具)
V　MP3解码器
W　MP3编解码器
D　IS2T JAVA

选项

xxx　Fastrom code
or
xTR　Tape and Real
Dxx　No RTC (STM8L)
Dxx　BOR OFF with Special bonding + Boot standard
Dxx　BOR OFF with Boot I2CS (Special)
Sxx　BOR OFF
Ixx　BOR ON
No Letter　BOR ON + Boot standard
or
Yxx　Die rev (Y)

图 1-5　STM32 产品型号命名规则(仅适合于 MCU)

2. STM32F4xx 微控器的系统架构

本书选用的芯片是 STM32F4 系列产品，STM32F4xx 微控器的系统架构如图 1-6 所示。其主系统由 32 位多层 AHB 总线矩阵构成，可实现以下部分的互连。

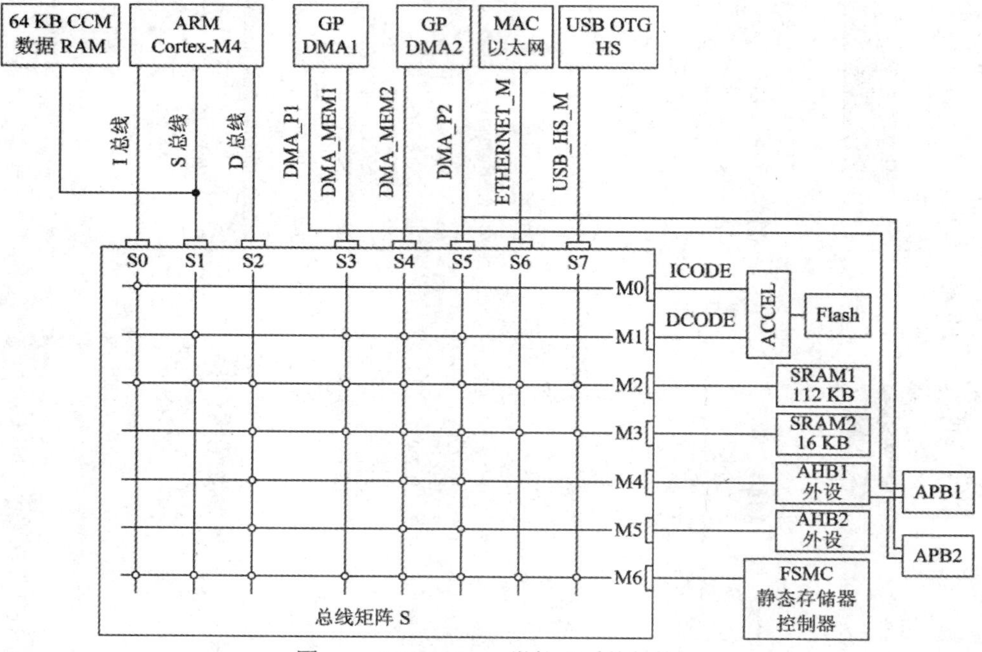

图 1-6　STM32F4xx 微控器系统架构

1) 主控总线

(1) Cortex-M4 内核 I 总线。内核通过此总线获取指令。访问的对象是包含代码的存储器(内部 Flash/SRAM 或通过 FSMC 的外部存储器)。

(2) Cortex-M4 内核 D 总线。内核通过此总线进行立即数加载和调试访问。访问的对象是包含代码或数据的存储器(内部 Flash 或通过 FSMC 的外部存储器)。

(3) Cortex-M4 内核 S 总线。此总线用于访问位于外设或 SRAM 中的数据。也可通过此总线获取指令(效率低于 I 总线)。访问的对象是内部 SRAM、AHB1 外设、AHB2 外设以及通过 FSMC 的外部存储器。

(4) DMA1、DMA2 存储器总线。DMA 通过此总线来执行存储器数据的传入和传出。访问的对象是数据存储器(内部 SRAM 和通过 FSMC 的外部存储器)。

(5) DMA2 外设总线。DMA 通过此总线访问 AHB 外设或执行存储器间的数据传输。

(6) 以太网 DMA 总线。以太网 DMA 通过此总线向存储器存取数据。此总线访问的对象是数据存储器(内部 SRAM 和通过 FSMC 的外部存储器)。

(7) USB OTG HS DMA 总线。USB OTG DMA 通过此总线向存储器加载/存储数据，访问的对象是数据存储器(内部 SRAM 和通过 FSMC 的外部存储器)。

2) 被控总线

(1) 内部 Flash ICODE 总线。

(2) 内部 Flash DCODE 总线。

(3) 主要内部 SRAM1(112 KB)。

(4) 辅助内部 SRAM2(16 KB)。

(5) AHB1 外设(包括 AHB-APB 总线桥和 APB1/APB2 外设)：借助两个 AHB/APB 总线桥 APB1 和 APB2，可在 AHB 总线与两个 APB 总线之间实现完全同步的连接，从而灵活选择外设频率。

(6) AHB2 外设。

(7) 灵活的静态存储控制器 FSMC。

总线矩阵用于主控总线之间的访问仲裁管理，仲裁采用循环调度算法。借助总线矩阵，可以实现主控总线到被控总线的访问，这样即使在多个高速外设同时运行期间，系统也可以实现并发访问和高效运行。总线矩阵寻址空间大小为 4 GB，程序存储器、数据存储器、寄存器和 I/O 端口排列在同一个顺序的 4 GB 地址空间内，各字节按小端格式在存储器中编码。

3. STM32F407 的引脚封装和内部结构

以 STM32F407ZGT6 为例，STM32F407ZGT6 引脚封装为 LQFP144，共 144 个引脚，芯片引脚封装如图 1-7 所示。STM32F407 的内部功能结构如图 1-8 所示，在后面的实战任务中可以参考此图中的功能模块的分布，特别是片上外设挂接总线的情况进行软硬件设计和实现。

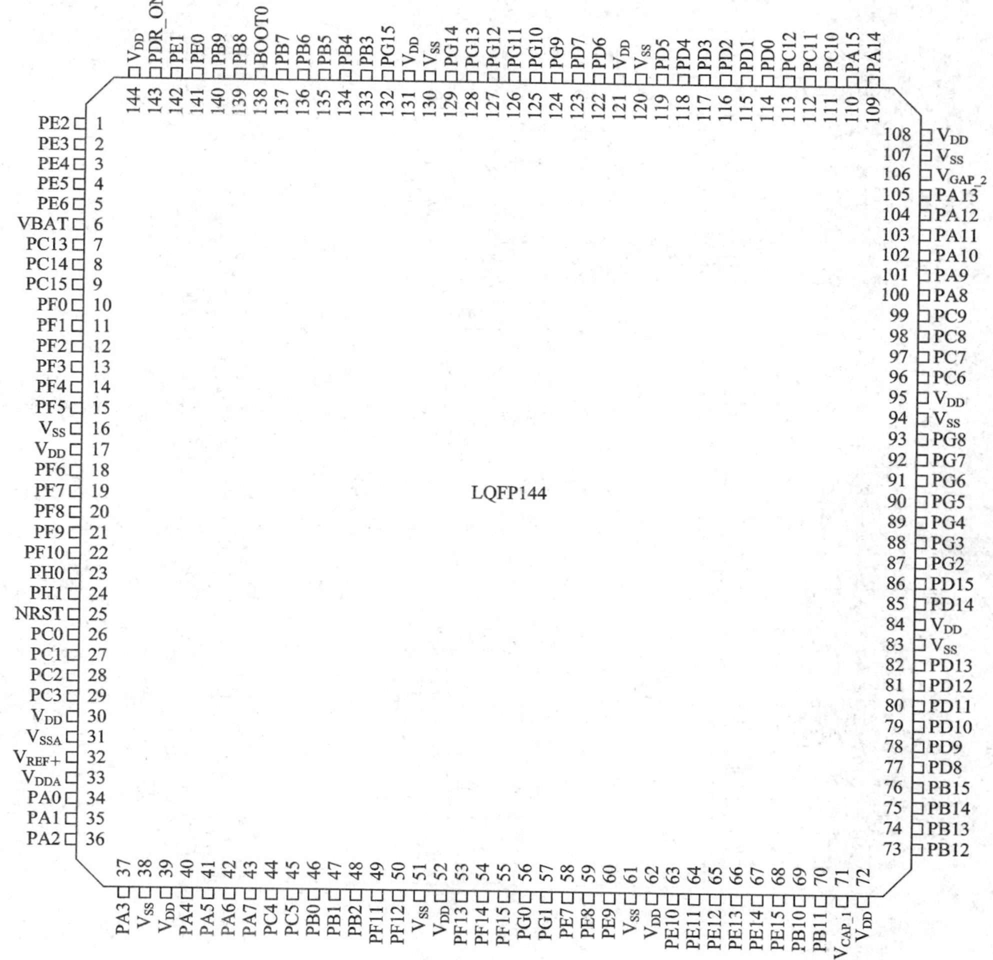

图 1-7　STM32F407ZGT6 引脚封装

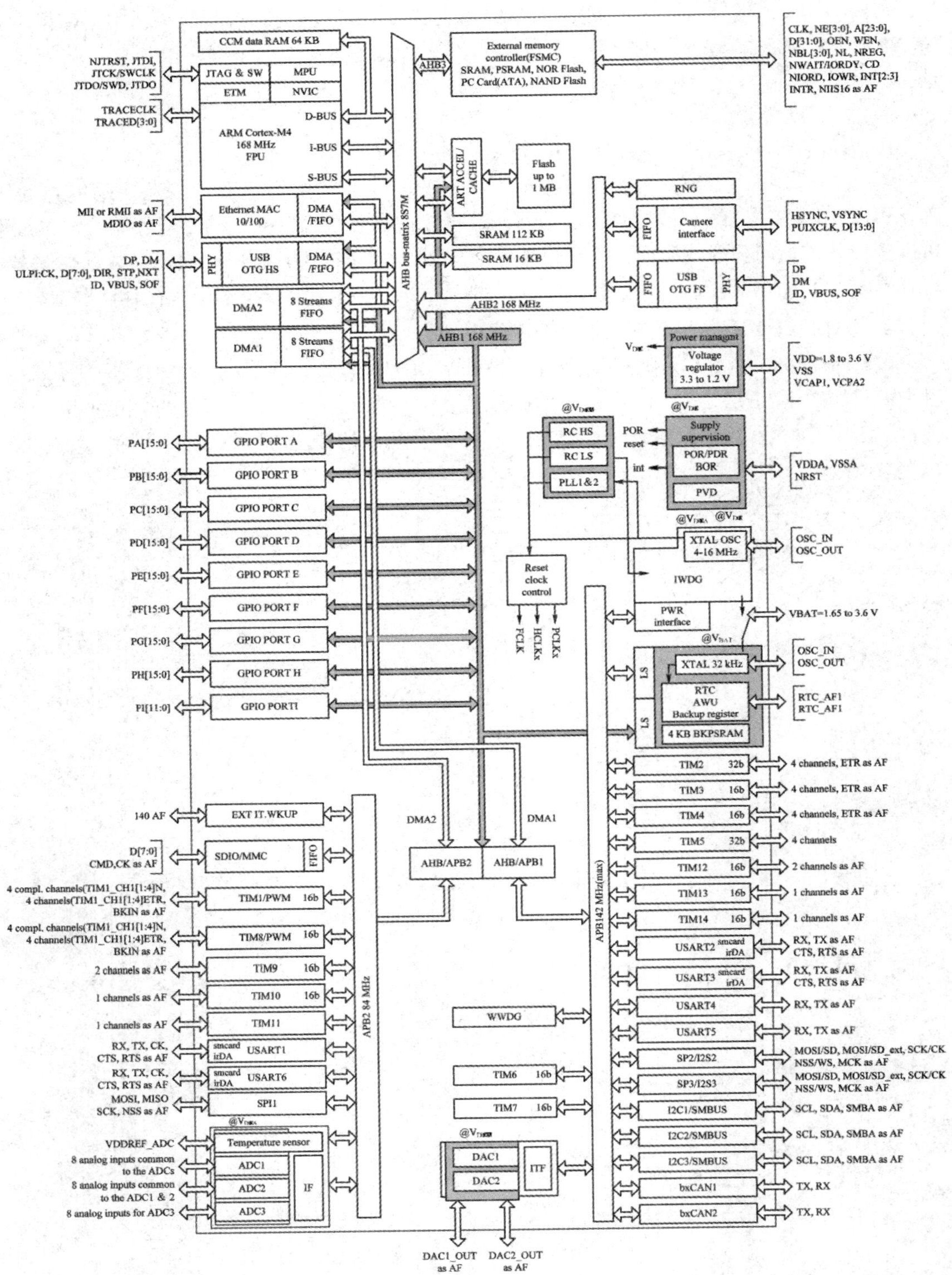

图 1-8　STM32F407 内部功能结构图

1.2.2　STM32 时钟系统

在嵌入式系统中，由于内核和任何片上外设都需要时钟的驱动，因此开发者在开发设计中需要清晰地了解时钟系统的配置方法。STM32 的时钟系统为了适应不同的频率需求，需要支持多种频率，其时钟系统比 51 单片机要复杂很多。因此，在进行嵌入式系统开发实战前，我们首先要了解 STM32 的时钟系统。

1. STM32F4 的时钟源

STM32F4 有 5 个时钟源：HSI、HSE、PLL、LSI、LSE。根据时钟频率的高低来分可以分为高速时钟源和低速时钟源，5 个时钟源中 HSI、HSE 以及 PLL 是高速时钟源，LSI 和 LSE 是低速时钟源。STM32F4 的时钟树结构如图 1-9 所示，该图为 STM32CubeMX 中的时钟配置树，下面依据 STM32CubeMX 时钟树进行说明，便于在后面的项目配置过程中加强对时钟配置的理解。

(1) HSI。HSI 是高速内部时钟，由内部 16 MHz RC 振荡器生成，可直接用作系统时钟，或者用作 PLL 的输入。HSI RC 振荡器的优点是成本较低(无须使用外部组件)。此外，其启动速度也要比 HSE 晶振快，但即使校准后，其精度也不及外部晶振或陶瓷谐振器。

(2) HSE。HSE 是高速外部时钟，可接外部晶振/陶瓷谐振器，也可接外部用户时钟源，频率范围为 4～26 MHz。HSE 的特点是精度非常高。

(3) PLL。PLL 为锁相环倍频输出，STM32F4 具有两个 PLL：主 PLL 和专用 PLL。

主 PLL(Main PLL)由 HSE 或 HSI 振荡器提供时钟信号，并具有两个不同的输出时钟：第一个用于生成高速系统时钟(最高达 168 MHz)，即 PLLCLK，第二个用于生成 USB OTG FS 的时钟(48 MHz)、随机数发生器的时钟(48 MHz)和 SDIO 时钟(48 MHz)。

专用 PLL(PLLI2S)用于生成精确时钟，即 PLLI2SCLK，从而在 I2S 接口实现高品质音频性能。

(4) LSI。LSI 是低速内部时钟，由内部 RC 振荡器生成，可作为低功耗时钟源在停机和待机模式下保持运行，供独立看门狗(IWDG)和自动唤醒单元(AWU)使用，时钟频率在 32 kHz 左右。

(5) LSE。LSE 是低速外部时钟，接频率为 32.768 kHz 的晶振或陶瓷谐振器，可作为实时时钟外设(RTC)的时钟源来提供时钟/日历或其他定时功能，具有功耗低且精度高的优点。

2. 系统时钟(SYSCLK)的选择

系统时钟 SYSCLK 是 STM32 中绝大部分部件工作的时钟源，可来源于三个时钟源：HSI、HSE、PLLCLK。在系统复位后，默认系统时钟为 HSI。如果我们选择 HSE 为 PLL 时钟源，HSE 时钟频率为 8 MHz，经过 4 分频→168 倍频→2 分频，PLL 可输出最大 168 MHz。同时设置 SYSCLK 时钟源为 PLLCLK，那么 SYSCLK 时钟也可达到最大 168 MHz。图 1-10 给出了在开发工具 STM32CubeMX 中系统时钟 SYSCLK 的配置路线。

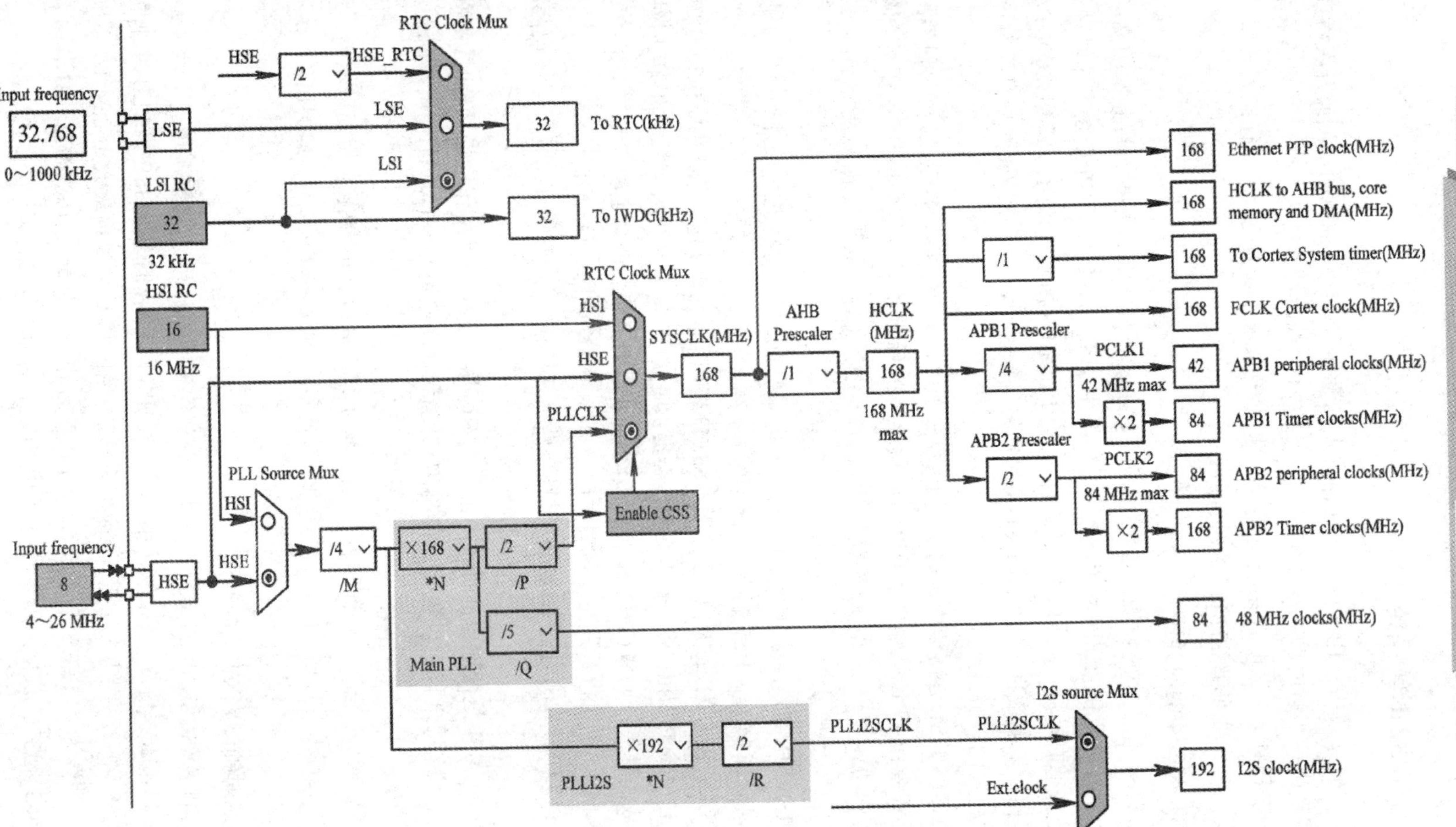

图 1-9 STM32CubeMX 中的 STM32F4 的时钟树结构

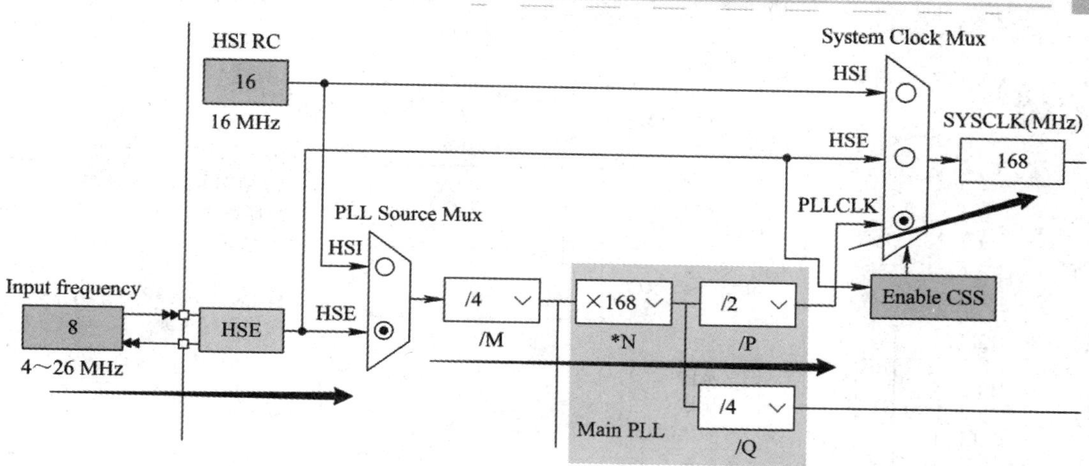

图 1-10　STM32CubeMX 中系统时钟的配置路线

3. 时钟输出

STM32 共有两个微控制器时钟输出(MCO)引脚，可以选择一个时钟信号输出到 MCO 引脚上。用户可通过可配置的预分配器(从 1 到 5)向 MCO1 引脚(PA8)输出四个不同的时钟源 HSI、LSE、HSE、PLLCLK，也可以通过可配置的预分配器(从 1 到 5)向 MCO2 引脚(PC9)输出四个不同的时钟源 HSE、PLLCLK、系统时钟(SYSCLK)、PLLI2SCLK，如图 1-11 所示。

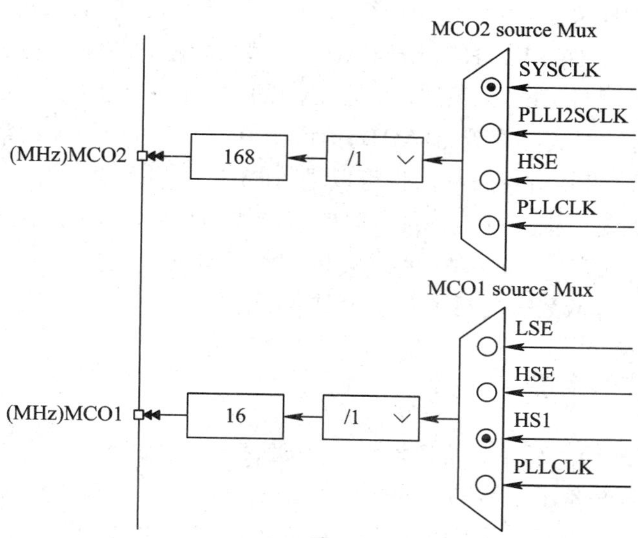

图 1-11　STM32CubeMX 中时钟输出的选择

4. 总线时钟

STM32F4 的片上外设(GPIO、定时器、ADC、USART 等)都挂接在 AHB、APB1 和 APB2 总线上，通过总线时钟驱动其工作。图 1-12 为 STM32F4 各总线时钟情况，其中以太网 PTP 时钟使用的是系统时钟，AHB 时钟、APB2 高速时钟、APB1 低速时钟都来源于系统时钟 SYSCLK，AHB、APB2 和 APB1 时钟是经过 SYSCLK 时钟分频得来的。

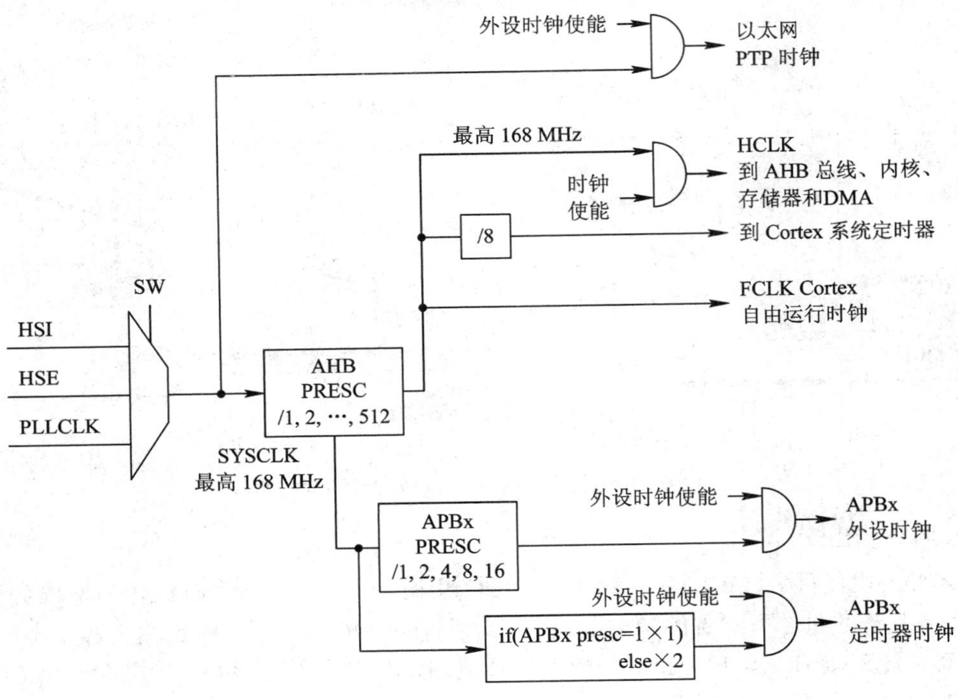

图 1-12　外设时钟源结构

STM32F4 的 AHB 最大时钟频率为 168 MHz，其时钟源是 AHB PRESC 模块预分频后输出的第一路时钟，即 HCLK。HCLK 为 AHB 总线、存储器(Flash、SRAM、FSMC 等)和内核提供时钟驱动，另外 Cortex 系统定时器 Systick 的时钟源可以是 HCLK 或 HCLK 的 8 分频。APB2 高速时钟最大频率为 84 MHz，而 APB1 低速时钟最大频率为 42 MHz。定时器时钟频率可以等于 APB 时钟频率，也可以是 APB 时钟频率的 2 倍。

另外需要注意的是，很多外设都带有时钟使能控制功能，可独立启用其时钟。

总之，STM32F4 的时钟系统功能强大，能够满足从低频到高频不同的时钟需求，在实现时钟的高效工作和降低系统功耗上起到了重要的作用。

1.2.3　STM32 最小系统

STM32 嵌入式系统的初学者可以通过购买现成的实验板来入门，市面上的 STM32 嵌入式开发实验板大多配备了丰富的资源，包括芯片资料、硬件原理图、实例源码、视频、操作指导手册、开发软件等，无需初学者从零做起。但是，如果想要自己设计 STM32 芯片的产品，至少需要了解 STM32 的最小系统是如何设计的。

最小系统是指仅包含必需的元器件，仅可运行最基本软件的简化系统，也就是用最少的元件组成的可以工作的系统。无论多么复杂的嵌入式系统，都可以认为是由最小系统和扩展功能组成的。最小系统是嵌入式系统硬件设计中复用率最高，也是最基本的功能单元。典型的最小系统包括：STM32 微控制器芯片、电源、调试接口、复位电路、时钟与存储系统(可选)。

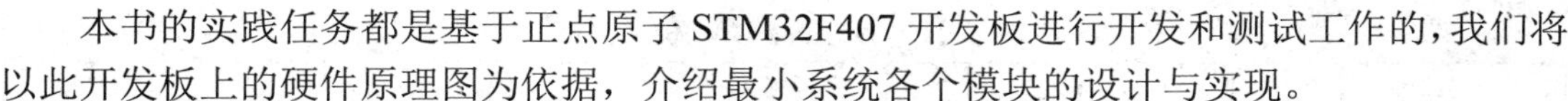

本书的实践任务都是基于正点原子 STM32F407 开发板进行开发和测试工作的，我们将以此开发板上的硬件原理图为依据，介绍最小系统各个模块的设计与实现。

1. 电源电路

STM32F4 微控制器使用单电源供电，工作电压 VDD 要求介于 1.8～3.6 V。同时通过内部的一个嵌入式线性调压器，可以给 Cortex-M4 内核提供 1.2 V 的工作电压。当主电源 VDD 断电时，可通过后备电池电压 VBAT 为实时时钟(RTC)、RTC 备份寄存器和备份 SRAM(BKP SRAM)供电。

通常正常电源为 5 V，可以采用转换电路。电路设计可采用 5 V 电源插头将 220 V 降压到 5 V，再采用 AMS1117-3.3 V 稳压芯片将 5 V 电压降压到 3.3 V 电压后输出，如图 1-13(a)所示，其中，K1 为电源的开关按钮，开关按钮按下后 2 脚才有 VCC5 电压输出，AMS1117-3.3 稳压芯片输出的 3.3 V 电压作为 STM32F4 的数字电源 VDD、模拟电源 VDDA 和 ADC 参考电压 VREF+，也为其他需要 3.3 V 的数字器件供电。STM32F4 芯片的电源引脚可连接电容以增强电源稳定性，如图 1-13(b)所示。

后备区域供电引脚 VBAT 外围电路设计如图 1-13(c)所示，供电采用 CR1220 纽扣电池 BAT 和 VCC3.3M 混合供电的方式，在有外部电源(VCC3.3M)的时候，BAT 不给 VBAT 供电，而在外部电源断开的时候，则由 BAT 给其供电，使得 VBAT 持续有电，确保 RTC 的走时以及后备寄存器的内容不丢失。

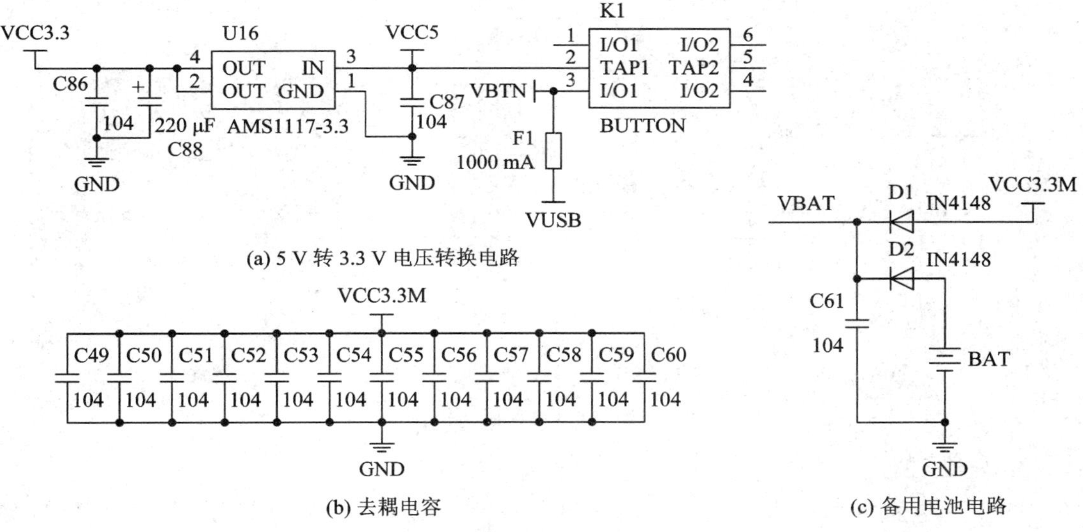

(a) 5 V 转 3.3 V 电压转换电路

(b) 去耦电容

(c) 备用电池电路

图 1-13　电源电路设计

2. 调试接口

STM32F4 内核集成了串行/JTAG 调试端口(SWJ-DP)。该端口是 ARM 标准 CoreSight 调试端口，具有 JTAG-DP(5 引脚)接口和 SW-DP(2 引脚)接口。

(1) JTAG 调试端口(JTAG-DP)提供 5 引脚标准 JTAG 接口。

(2) 串行线调试端口(SW-DP)提供 2 引脚(时钟+数据)接口。

在 SWJ-DP 中，SW-DP 的 2 个 JTAG 引脚与 JTAG-DP 的 5 个 JTAG 引脚中的部分引脚复用。STM32F4 上的调试接口引脚如表 1-1 所示。

表 1-1　SWJ 调试端口引脚

SWJ-DP 引脚名称	JTAG 调试端口		SW 调试端口		引脚分配
	类型	说 明	类型	调试分配	
JTMS/SWDIO	I	JTAG 测试模式选择	IO	串行线数据输入/输出	PA13
JTCK/SWCLK	I	JTAG 测试时钟	I	串行线时钟	PA14
JTDI	I	JTAG 测试数据输入	—	—	PA15
JTDO/TRACESWO	—	JTAG 测试数据输出	—	TRACESWO (如果使能异步跟踪)	PB3
NJTRST	I	JTAG 测试 nReset	—	—	PB4

STM32F4 实验板上的标准 20 针 JTAG/SWD 接口电路如图 1-14(a)所示，结合表 1-1，将实际电路连接到芯片对应引脚上。由于 STM32F4 的 SWD 接口引脚与 JTAG 是共用的，因此此电路接口支持 JTAG 调试和串行口 SWD 调试。调试接口实物图如图 1-14(b)所示，调试接口连接 ST-Link 下载器，ST-Link 也支持 SWD 调试，由于 SWD 只用到了 2 个引脚，因此实际使用中可采用 SWD 模式。

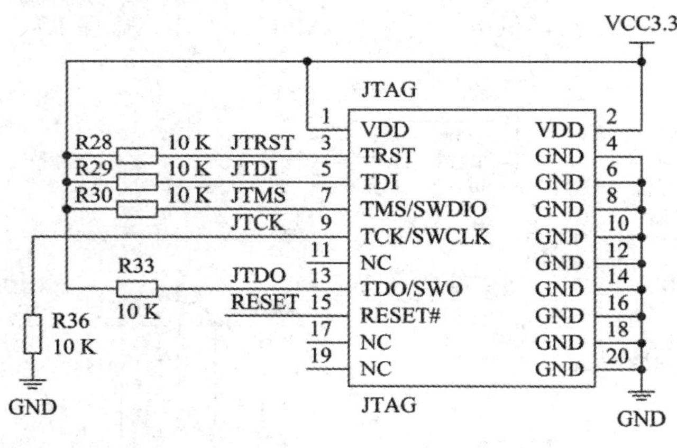

(a) 标准 20 针 JTAG/SWD 接口电路

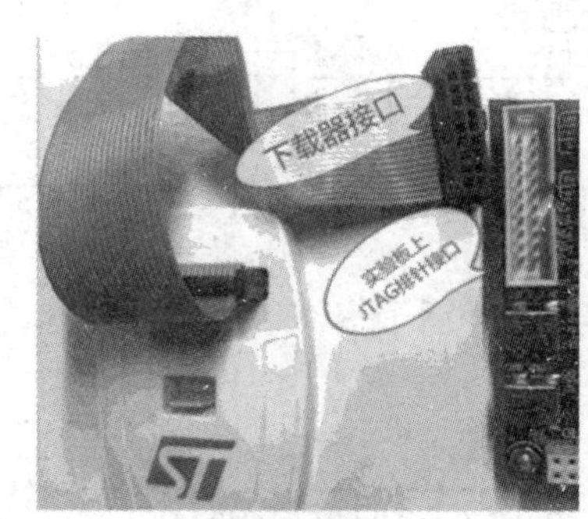

(b) 调试接口实物图

图 1-14　调试接口电路设计图

3. 复位电路

复位电路的主要作用是把特殊功能寄存器的数据刷新为默认数据。复位的一种场景是，STM32 微控制器在运行过程中，由于干扰等外界原因造成寄存器中数据混乱，不能使其正常继续执行程序(称死机)或产生的结果不正确时，需要通过复位使程序重新开始运行。复位的另一种场景是，STM32 微控制器在刚上电时也需要复位电路，系统上电时复位电路提供复位信号，直至电源稳定后，撤销复位信号，以使单片机能够正常稳定地工作。

复位电路设计如图 1-15 所示，R2 和 C10 构成了上电复位电路，其中 RESET 输出端连接 STM32F407 芯片的复位引脚 NRST(低电平复位)，如果 RESET 按键按下，RESET 输出低电平触发芯片复位，否则 RESET 处于高电平状态，不触发复位。

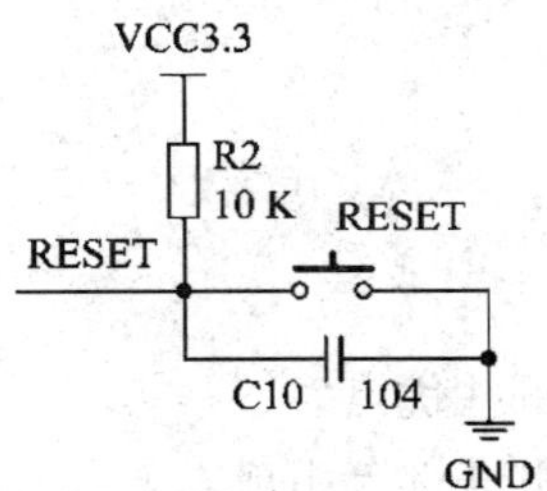

图 1-15　复位电路

4. 时钟源电路

1.2.2 小节已经详细介绍了 STM32F4 的时钟系统，其中时钟源可以使用芯片内时钟源(LSI、HSI)，也可以使用芯片外时钟源(LSE、HSE)，一般在设计最小系统时，我们会考虑选用外部时钟源，以获得更高的时钟精度。图 1-16 给出了外接晶振时钟源电路，其中图 1-16(a)HSE 外接晶振电路的频率为 8 MHz，电容 C41、C42 为 22 pF，电阻 R23 为 1 MΩ，晶振电路输出端连接了 STM32F407 芯片的 HSE 引脚 OSC_IN(PH0)和 OSC_OUT(PH1)；图 1-16(b)LSE 外接晶振电路的频率为 32.768 kHz，电容 C40、C43 为 10 pF，晶振电路输出端连接了 STM32F407 芯片的 LSE 引脚 OSC32_IN(PC14)和 OSC32_OUT(PC15)，这个主要是 RTC 的时钟源。

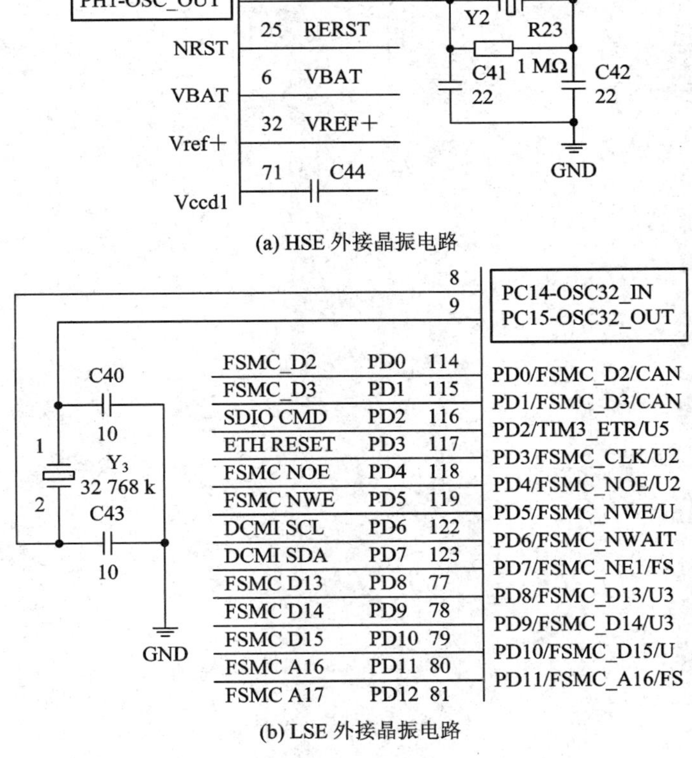

图 1-16　外接晶振时钟源电路

思考与练习

1. ARM Cortex-M4 处理器有哪些优点？
2. ARM Cortex-M4 处理器由哪些部分组成？
3. STM32 MCU 系列产品有哪些分类？其中 STM32F407 属于哪一类？
4. 根据 STM32 芯片的命名规则说明 STM32F407ZGT6 包含了哪些芯片信息？
5. 从 STM32F407 内部功能结构来看，APB1 和 APB2 分别挂接哪些片上外设？
6. STM32F4 有哪些时钟源信号？时钟频率分别是多少？
7. STM32F4 的系统时钟的时钟源有哪些？
8. 请设计实现 STM32F4 的系统时钟为 84 MHz。
9. 请说明 STM32F4 能输出哪些时钟给外围电路。
10. 请分别说明 STM32F4 的各总线时钟的最大频率是多少。
11. 设计 STM32F4 的电源电路时需考虑哪些问题？

第 2 章 搭建 STM32CubeIDE 开发环境

本书所有任务都使用 ST 公司官方提供的 STM32CubeIDE 开发平台，因此在开始任务前需做好 STM32CubeIDE 开发环境的搭建，了解软件操作界面的基本功能，为后续实践做好准备。

2.1 STM32CubeIDE 软件平台搭建

2.1.1 初识 STM32CubeIDE

STM32CubeIDE 是 ST 公司官方提供的用于 STM32 MCU/MPU 程序开发的 IDE 软件，是 STM32Cube 软件生态系统的重要部分。STM32CubeIDE 支持 STM32 Arm Cortex 系列处理器的开发，是一种高级 C/C++ 开发平台，具有 STM32 微控制器和微处理器的外设配置、代码生成、代码编译和调试功能。它基于 Eclipse/CDT 框架和用于开发的 GCC 工具链，以及用于调试的 GDB。它的操作界面和 Eclipse IDE 环境相似，并且支持数百个 Eclipse 现有插件。

STM32CubeIDE 集成了 STM32CubeMX 的 STM32 配置与项目创建功能，以便提供一体化工具体验，并节省安装与开发时间。在通过所选板卡或示例选择一个空的 STM32 MCU/MPU，或者预配置微控制器或微处理器之后，将创建项目并生成初始化代码。用户可以在初始化代码的基础上继续编程，在开发过程中，用户均可随时返回外设或中间件的初始化和配置阶段，并重新生成初始化代码，且期间不会影响用户代码，使用户能够轻松构建工程。

STM32CubeIDE 包含相关构建和堆栈分析仪，能够为用户提供有关项目状态和内存要求的有用信息，而且具有常用调试和高级调试功能，还可查看 CPU 内核寄存器、存储器和外设寄存器以及实时变量查看、串行线传输监测器接口或故障分析器的视图。

STM32CubeIDE 具体功能特点如下：

(1) 通过 STM32CubeMX 来集成服务：STM32 微控制器、微处理器、开发平台和示例项目选择，引脚排列，时钟、外设和中间件配置，项目创建和初始化代码生成，具有增强型 STM32Cube 扩展包的软件和中间件。

(2) 基于 Eclipse/CDT，支持 Eclipse 插件、GNU C/C++ for Arm 工具链和 GDB 调试器。

(3) 其他高级调试功能包括：可查看 CPU 内核、外设寄存器和内存状态，可查看实时变量状态，具有系统分析与实时跟踪(SWV)功能和 CPU 故障分析工具，支持 RTOS 感知调试，包括 Azure。

(4) 下载调试支持 ST-LINK(意法半导体)和 J-Link(SEGGER)调试探头。

(5) 支持从 AtollicTrueSTUDIO 和 AC6 System Workbench for STM32(SW4STM32)导入项目。

(6) 支持多种操作系统：Windows、Linux 和 macOS，仅限 64 位版本。

STM32CubeIDE 完整的结构及其包含的所有功能的框架结构如图 2-1 所示。

<table>
<tr><td colspan="3">芯片支持</td><td colspan="4">项目工程</td><td colspan="7">调　试</td></tr>
<tr><td>集成 ST-MCU-FINDER</td><td>集成 STM32CubeMX</td><td>ST 公司 STM32 产品</td><td>集成 STM32 系统工作台</td><td>集成 Atollic 公司的 TrueSTUDIO</td><td rowspan="2">编译分析器</td><td rowspan="2">静态堆栈分析器</td><td rowspan="2">特殊功能寄存器(SFRs)状态查看</td><td>实时变量查看</td><td>SWV 和 ITM 查看</td><td>多核和多板调试</td><td>ST-LINK GDB 服务器</td><td>OpenOCD GDB 服务器</td><td>SEGGER J-Link 服务器</td></tr>
<tr><td colspan="5">工程压缩</td><td colspan="6">调试配置和启动</td></tr>
<tr><td colspan="7">GNU 工具链</td><td colspan="7">GDB 调试器</td></tr>
<tr><td colspan="4">Eclipse 插件</td><td colspan="4">Eclipse 插件</td><td colspan="6">Eclipse C/C++ 开发工具(CDT)</td></tr>
<tr><td colspan="14">Eclipse 内核平台</td></tr>
<tr><td colspan="14">支持 Windows、Linux 以及 macOS</td></tr>
</table>

图 2-1　STM32CubeIDE 关键功能

2.1.2　STM32CubeIDE 的下载和安装

最新版的 STM32CubeIDE 安装程序可以从 ST 网站 www.st.com 下载，用户可根据自己电脑的操作系统选择下载版本。下载完成后，安装文件只有一个可执行文件(.exe 文件)，双击运行就可以安装了。注意安装文件需放到英文路径下，否则双击后会报错，另外需确保启动安装程序的用户账户拥有管理员权限。

在 Windows 下的具体安装步骤如下：

(1) 双击启动产品安装的可执行文件(.exe 文件)。

在安装过程中，操作系统可能显示带有以下声明的对话框："Do you want to allow this app to make changes to your device? "以及信息"Verified publisher:STMicroelectronics Software Ab"。单击选项"YES"选择接受请求，继续安装程序。

(2) 等待跳出安装程序欢迎对话框，然后单击"Next"，如图 2-2 所示。

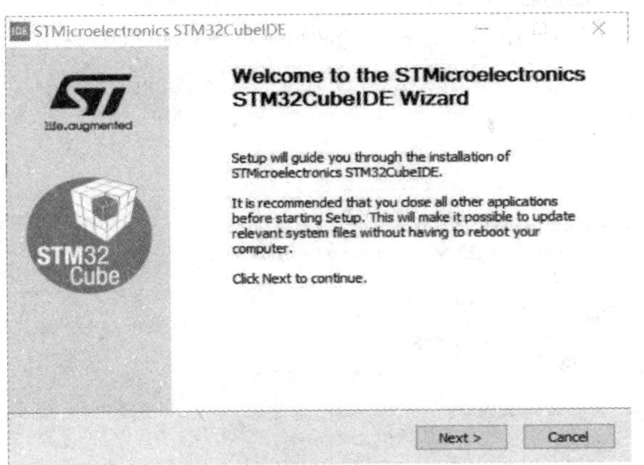

图 2-2　STM32CubeIDE 安装欢迎界面

(3) 阅读许可协议，然后单击“I Agree”接受协议条款，安装向导将继续运行，如图 2-3 所示。

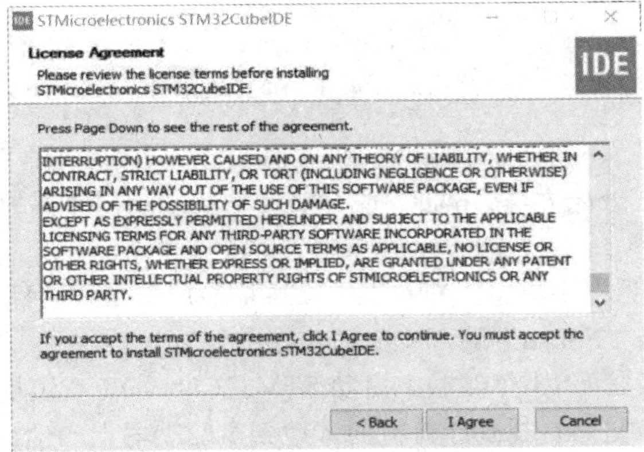

图 2-3　STM32CubeIDE 安装阅读许可协议界面

(4) 在跳出的对话框中选择安装位置。建议选择短路径以避免因工作区路径过长导致软件被 Windows 限制，如图 2-4 所示。

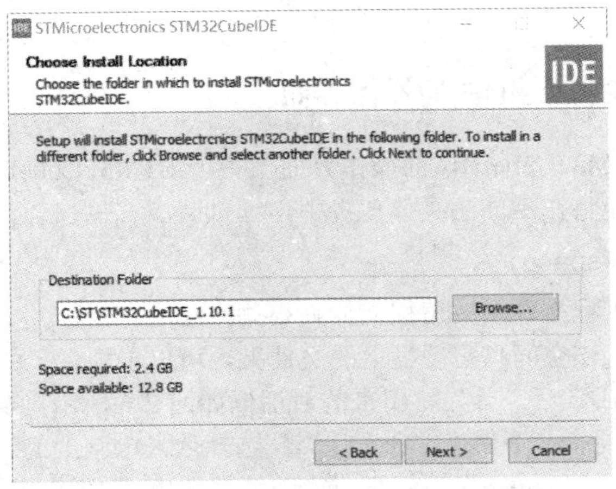

图 2-4　STM32CubeIDE 安装路径选择界面

(5) 跳出 Choose Components 对话框，选择要与 STM32CubeIDE 一起安装的 GDB 服务器组件，利用 STM32CubeIDE 进行调试所使用的每一种 JTAG 探头都需要配置服务器，如图 2-5 所示。

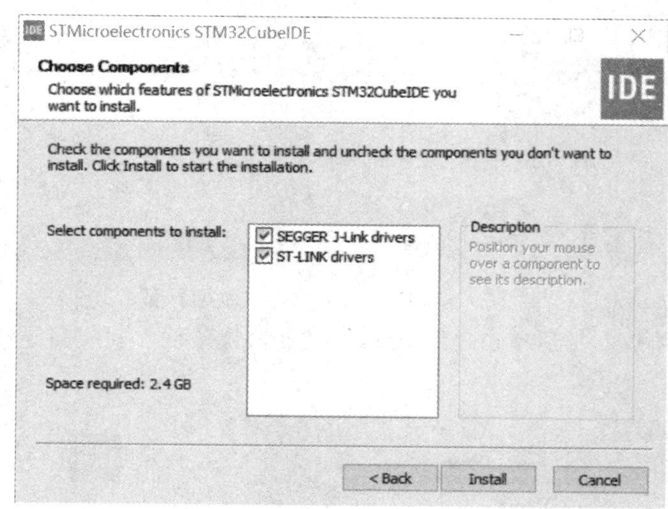

图 2-5　STM32CubeIDE 安装 Choose Components 对话框

(6) 单击“Install”开始安装。至此，前文所选择的驱动程序将与 STM32CubeIDE 一起安装。

(7) 在安装成功对话框中单击“Next”继续执行最后一步安装程序。最后在完成安装操作的确认对话框中单击“Finish”即可完成安装。

另外，不建议直接在 USB 存储器中启动 STM32CubeIDE 安装程序。用户可以将 USB 存储器中可执行的安装文件复制到计算机的本地硬盘驱动器上，然后在硬盘驱动器上执行安装操作。若仍然需要在 USB 存储器中执行安装，请确认 USB 存储器未写保护，并且闲置存储空间大于安装可执行文件占用空间至少 6 千兆字节。安装过程中的临时文件需要占用额外的空间。在安装完全结束之前请勿将 USB 存储器从计算机上移除，否则可能导致安装失败。

2.1.3　开启 STM32CubeIDE 的操作界面

本节重点介绍 STM32CubeIDE 的操作界面，关于 STM32CubeIDE 工程搭建、代码编辑以及调试下载等功能将在后面的具体任务中详细讲解。

1. 工作空间(Workspace)

工作空间是包含工程文件夹或工程文件夹相关信息的容器，其中.metadata 文件夹包含有关于工程的信息。工作空间只是硬盘上的文件夹，可位于硬盘上的任意位置。

启动 STM32CubeIDE 后，首先跳出来的对话框如图 2-6 所示，要求设置一个工作空间的路径。可以在 Workspace 下单击“Browse...”选择个人电脑上的一个文件夹作为工作空间。设置完成后，单击“Launch”按钮正式启动软件。也可以选中复选框“Use this as the default and do not ask again”，下次开启 STM32CubeIDE 将不跳出此对话框。

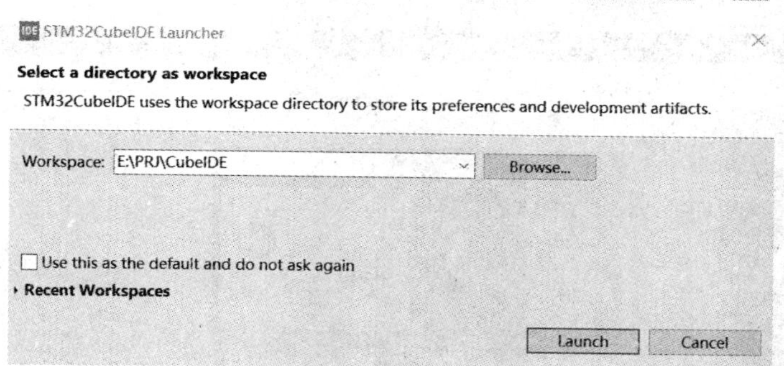

图 2-6　STM32CubeIDE 的工作空间路径选择对话框

工作空间下可以管理多个项目工程文件夹，启动软件后新建的工程均保存在当前工作空间中的文件夹下。如果是手动拷贝过来的项目文件夹，则需要在 STM32CubeIDE 软件中通过菜单栏 File→import 将工程导入当前工作空间，才可以在 STM32CubeIDE 软件的当前项目空间下进行管理。导入对话框如图 2-7 所示，在对话框中，选择 General→Existing Project into Workspace 后，单击“Next”进行工程路径的选择。

STM32CubeIDE 使用时只能打开一个工作空间，如果想要切换工作空间，可以通过菜单栏 File→Switch Workspace 进行切换。

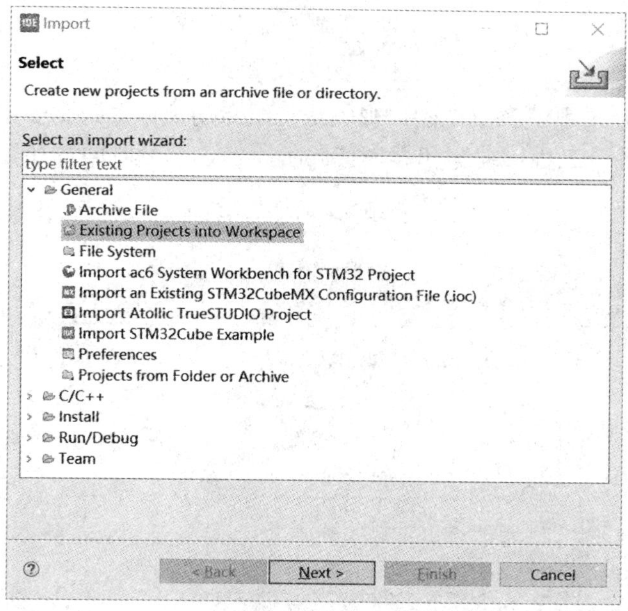

图 2-7　STM32CubeIDE 的导入对话框

2. 信息中心

首次启动 STM32CubeIDE 时，会打开信息中心。在信息中心中用户可以快速了解有关产品及其使用方式的相关信息，如图 2-8 所示。单击信息中心左侧“Start a project”下的选项可以快速启动项目工程。信息中心最主要的内容是信息的向导，单击 Quick links 下对应的超文本链接将打开手册和一些技术文档，也能获取来自 ST 官网 www.st.com 的最新信息。首次使用 STM32CubeIDE 之前无需阅读所有材料，建议可在需要的时候返回信息中心获取参考信息。

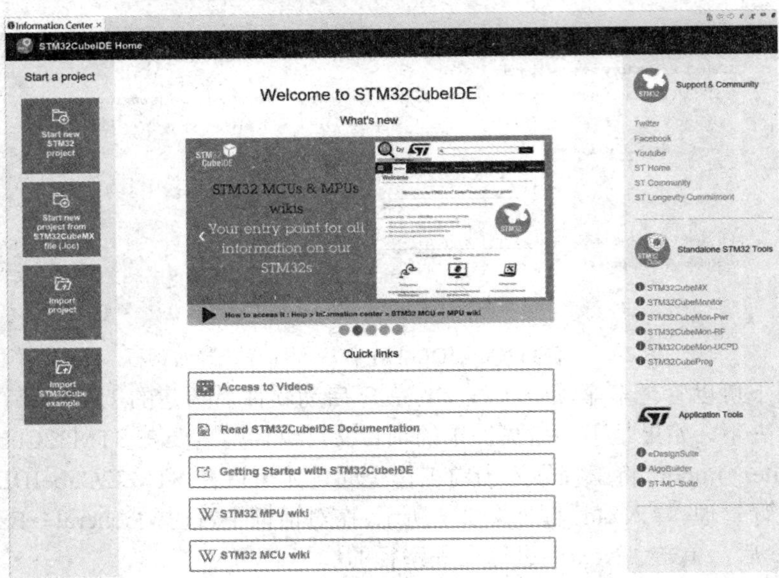

图 2-8　STM32CubeIDE 的信息中心

关闭信息中心后，如需再次查看信息中心，可通过菜单栏 Help→Information Center 随时进入信息中心窗口。

3. C/C++ 视图

Eclipse 编辑环境采用了多个视图，视图是一组专用窗口。C/C++ 视图专门用于书写和编辑代码以及浏览各个工程。编写和编译代码阶段的大部分时间都花费在该视图上。视图界面如图 2-9 所示。

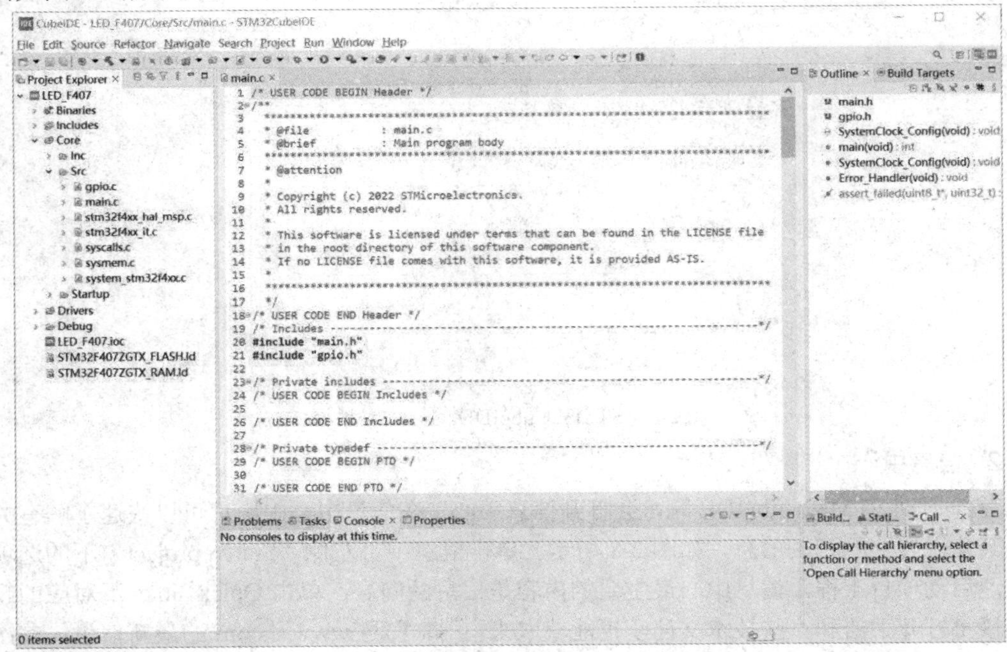

图 2-9　STM32CubeIDE 的 C/C++ 视图

视图中的 Project Explorer 窗口显示了当前工作空间下管理的所有项目工程，工程文件夹可以扩展至任意子层级。右键单击 Project Explorer 停靠视图中的工程名称，在弹出的功能清单中，通过 Open Project 或 Close Project 可打开或关闭工程，通过 Delete 可以移除工程，还有新建、工程编译等功能选项。

视图中间是代码编辑窗口，通过双击 Project Explorer 的代码文件，即可显示在代码编辑窗口内，如图 2-9 中所示为打开了的 main.c 代码内容。

Outline 视图是当前选中的文件内代码概览。当前打开的代码文件中包含的头文件、函数、宏、类型、变量等都会在 Outline 窗口中显示，单击 Outline 窗口中的函数或头文件名可以快速定位到代码编辑窗口中其所在的位置，对于代码量较大的文件，Outline 窗口可以提高浏览代码的效率。

除了 C/C++ 视图场景，还有 Debug 场景视图，用于程序调试时的工作场景。

4. 控件

菜单栏下的一行图标就是 STM32CubeIDE 的控件，可以通过单击控件快速进行某项功能的操作，当然也可以通过主菜单栏启动对应功能。图 2-10 所示为 STM32CubeIDE 的控件图标，这些图标与 C/C++ 视图相对独立。所有控件图标都有对应的工具提示，只需将鼠标悬停至图标上方即可激活提示。

CubeIDE - LED_F407/Core/Src/main.c - STM32CubeIDE
File Edit Source Refactor Navigate Search Project Run Window Help

图 2-10　STM32CubeIDE 的控件

各控件图标功能如下：

：使用此图标可创建新 C 源代码文件、头文件或新目标，例如工程、库或存储集。此功能对应主菜单选项中的 File→New 功能。

：点击此图标可以保存代码编辑窗口当前打开并修改过的源码文件。此功能对应主菜单选项中的 File→Save 功能。

：点击此图标可以保存所有修改过的工程文件。此功能对应主菜单选项中的 File→Save All 功能。

：点击此图标编译当前选中的工程。此功能对应主菜单选项中的 Project→Build Project 功能。

：使用此图标启动调试，或者单击箭头对调试配置进行设置。此功能可通过主菜单中的 Run→选项启动。

：使用此图标启动运行代码，或者单击箭头对运行配置进行设置，用于代码下载方式的配置，完成配置后，再启动运行，即可下载代码到芯片中。

：手电筒图标用于启动各种搜索工具；利用箭头可浏览最近访问的工程区域。

2.1.4 HAL 库的应用

1. 从寄存器到固件库

在 51 单片机的开发过程中，我们常常是直接操作寄存器，对寄存器进行读写来控制引脚状态的。在学习 STM32 的过程中，本书也会介绍一些寄存器的配置，便于读者更深入地理解嵌入式系统底层的工作原理。在 STM32 开发过程中，也可以和 51 单片机一样，直接操作寄存器来进行引脚的配置或定时器的配置等来实现具体功能，但是 STM32 这种级别的 MCU 寄存器有数百个，而用户需要掌握每个寄存器的用法才能进行 STM32 开发，这会使得很多初学者知难而退。

ST(意法半导体)推出了官方的固件库，将这些寄存器底层操作都封装起来，提供一整套接口(API)供开发者调用，用户在开发过程中不需要详细掌握寄存器的配置方法，只要知道调用哪些固件库函数即可，只要掌握了固件库开发思想，就大大降低了初学者入门的难度。ST 早期推出的是标准库，标准库也得到了广泛的应用。由于 STM32 产品系列越来越多，为了更方便地实现跨 STM32 产品的最大可移植性，ST 公司推出了最新的抽象层嵌入式软件，即 STM32Cube HAL 库。目前 ST 已经停止了标准库的更新，主推 HAL 库的使用，而 HAL 库已经可以支持 STM32 全线产品，可见模块化的 HAL 库开发是未来 STM32 开发的趋势。

HAL 库是 Hardware Abstraction Layer 的缩写，中文名称是硬件抽象层。本书所用的开发平台 STM32CubeIDE 中 MCU 功能的实现都基于 STM32Cube HAL 库的开发，HAL 库将每个外设封装为一个对象，通过使用 STM32CubeMx 软件生成初始化硬件的代码。STM32Cube HAL 是一款 STM32 抽象层嵌入式软件，和标准库对比起来，HAL 库更加抽象，ST 最终的目的是要实现在 STM32 系列 MCU 之间无缝移植，甚至在其他 MCU 之间也能实现快速移植。同时 HAL 库提供了一整套一致的中间件组件，如 RTOS、USB、TCP/IP、图形等等，所有的嵌入式软件工具都有一整套的例子。

2. HAL 驱动程序特点

HAL 驱动程序的设计目的是提供一组丰富的 API，并方便地与应用程序上层进行交互。每个驱动程序的开发都由一个通用的 API 驱动，该 API 规范了驱动程序的结构、函数和参数名。HAL 的主要特点如下：

(1) 跨系列可移植的 API 集合，包括通用的外围特性以及特定外围特性的扩展 API。

(2) 支持三种 API 编程模式：轮询、中断、DMA。

(3) APIs 兼容 RTOS：RTOS 可以完全地重用 APIs，在轮询模式下可使用超时机制。

(4) 支持外设多实例，允许对给定外设的多个实例(USART1，USART2…)进行并发 API 调用。

(5) 所有 HAL API 都可实现用户回调函数机制：

① 外围设备 Init/DeInit HAL APIs 可以调用用户回调函数来执行外围系统级初始化/取消初始化(时钟、GPIOs、中断、DMA)。

② 外围设备中断事件。

③ 错误事件。

(6) 对象锁定机制：安全的硬件访问，防止对共享资源的多次虚假访问。

(7) 用于所有阻塞进程的超时：超时可以是一个简单的计数器或一个时基。

3. HAL API 命名规则

以通用 HAL API 为例，其命名遵从以下规则：

(1) 系统、源程序文件和头文件命名。

stm32f4xx_hal_ppp(c/h)。“stm32f4xx_hal”作为开头，ppp 表示任一外设缩写，ppp 可以是 gpio、exti、tim、usart 或 smartcard，具体取决于外围设备模式。例如 stm32f4xx_hal_gpio.h，stm32f4xx_hal_gpio.c。

(2) 外设函数的命名。

HAL_PPP_Function。以 HAL 开头加下划线加外设缩写，用以分隔外设缩写和函数名的其他部分。例如 HAL_GPIO_WritePin()，HAL_GPIO_Init()。

(3) 初始化结构类型名称的命名。

PPP_InitTypeDef。例如 GPIO 初始化结构类型的定义：GPIO_InitTypeDef。

(4) 句柄结构体类型名称的命名。

PP_HandleTypedef。例如外部中断句柄类型的定义：EXTI_HandleTypeDef。

(5) 在一个文件中使用的常量是在这个文件中定义的。在多个文件中使用的常量是在头文件中定义的。除外围驱动器函数参数外，所有常量都是大写的。

(6) 用于将 PPP 外围寄存器重置为其默认值的函数称为 PPP_DeInit，例如 TIM_DeInit。

通过 STM32CubeMx 生成的工程文件中，HAL 库外设文件在 Driver 文件夹下，具体如图 2-11 所示。HAL 库文件和函数在开发过程中的详细使用，将具体在每个章节的任务中介绍。

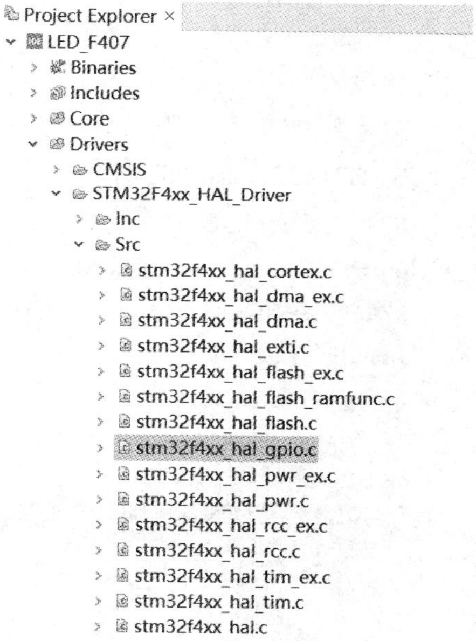

图 2-11　HAL 库外设文件

4. HAL 库常用驱动程序简介

(1) HAL_Init()。

应用程序启动时必须先调用 HAL 库全局初始化函数 HAL_Init()，你会看到在后续任务中，主函数 main()的初始化部分都包含了 HAL_Init()，该函数主要实现的功能有：

① 初始化数据/指令缓存和预取队列。

② 设置 Systick 定时器，以最低优先级每 1 ms(基于 HSI 时钟)生成一个中断。

③ 设置 NVIC 优先级组别。

④ 调用 HAL_MspInit()用户回调函数以执行系统级初始化(时钟、GPIO、DMA、中断)。HAL_MspInit()在 HAL 驱动程序中被定义为“弱”空函数，可由用户根据具体需要重定义。

(2) HAL_GetTick()。

此函数获取外部设备驱动程序用于处理超时的当前 SysTick 计数器值(在 SysTick 中断中递增)。

(3) HAL_Delay()。

此函数使用 SysTick 计时器实现延迟(以毫秒为单位)。使用 HAL_Delay()时必须小心，因为此函数根据 SysTick ISR 中递增的变量提供精确的延迟(以毫秒表示)。这意味着，如果从外围 ISR 调用 HAL_Delay()，则 SysTick 中断必须具有比外围中断最高的优先级(数值更低)，否则调用者 ISR 将被阻塞。

(4) HAL_PPP_Init()。

外围设备初始化是通过 HAL_PPP_Init()完成的，而外围设备(PPP)使用的硬件资源初始化在初始化期间通过调用 MSP 回调函数 HAL_PPP_MspInit()来执行。

(5) HAL_PPP_MspInit()。

在每个外设驱动程序中，MSP 回调函数 HAL_PPP_MspInit()被声明为空，作为弱函数。用户可以使用它们来设置低级初始化代码，也可以省略它们并使用自己的初始化例程。例如在串口初始化函数 HAL_UART_Init()中，调用了 HAL_UART_MspInit()配置串口连接的 MCU 的引脚工作模式，该函数代码内容可通过 STM32CubeMX 图形化配置 USART 引脚后自动生成。

关于其他的 HAL 库函数介绍将在后续的任务中根据使用情况分析说明。

5. STM32CubeIDE 对 HAL 库的支持

STM32CubeIDE 中通过下载软件包来支持不同芯片的 HAL 库函数，可以通过菜单栏选择 Help→Manage Embedded Software Packages 手动下载软件包。STM32CubeIDE MCU 软件包下载界面如图 2-12 所示，在 STM32Cube MCU Packages 中选中需要下载的芯片软件包，单击“Install”按钮即可在线下载，下载完成后会显示软件包的版本信息。

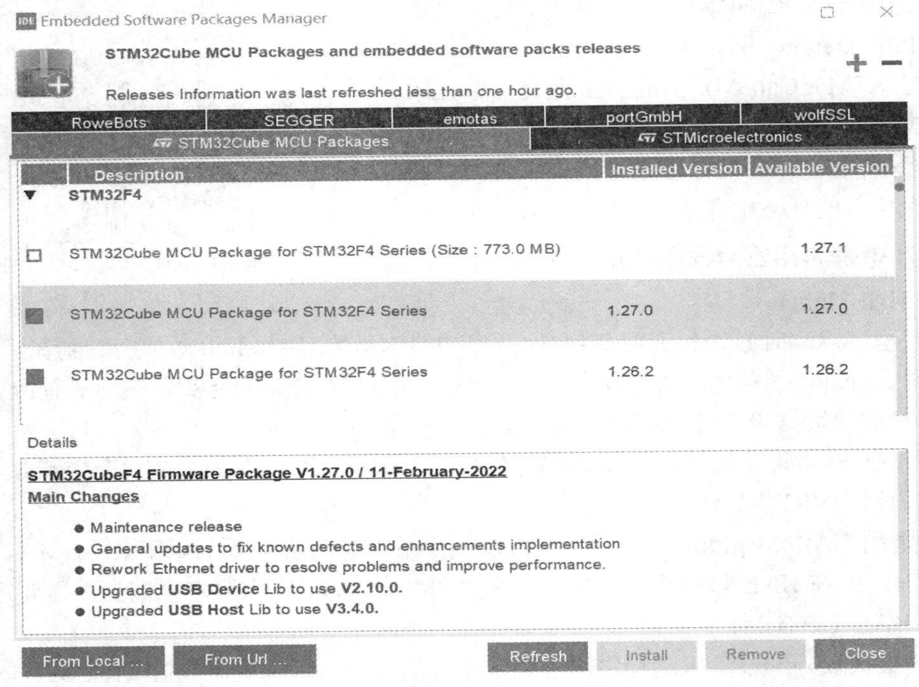

图 2-12　STM32CubeIDE MCU 软件包下载界面

2.2 下载和调试驱动安装

程序下载有多种方法：USB、串口、JTAG、SWD 等，其中串口只能下载代码，不能实时跟踪调试代码，JTAG、SWD 可以通过 ST-LINK 或 J-Link(SEGGER)仿真器下载代码，也可以进入调试模式实时跟踪程序。

2.2.1 串口下载程序

STM32 的串口下载一般是通过串口 1 下载的，而目前很多笔记本电脑都不支持串行接口，因此目前市面上大部分 STM32 开发板提供了串口转 USB 接口电路。开发板串口下载连接电脑端的是 USB 接口，只需一根 USB 线，看起来像是 USB 下载，实际上是通过 USB 转成串口然后再下载的。STM32 开发板如果使用了 CH340G 和 MCU 的串口 1 连接，CH340G 芯片将串口转 USB 接口，电脑端则需安装 CH340 或 CH341 驱动才能识别 MCU 的串口。

CH340 驱动安装非常简单。首先需要进行硬件连接：开发板与电脑用串口线连接后，给开发板上电。然后，只需要双击可执行文件 ch341ser.exe 开始安装驱动，安装成功会有如图 2-13 所示的结果。安装完成之后，可以在电脑的设备管理器的端口设备里面找到 USB 串口，如图 2-14 所示，识别到了串口 COM4。此时，就可以进行串口程序下载了。如果出现串口识别失败的情况，可多次安装和插拔 USB 线进行反复尝试。

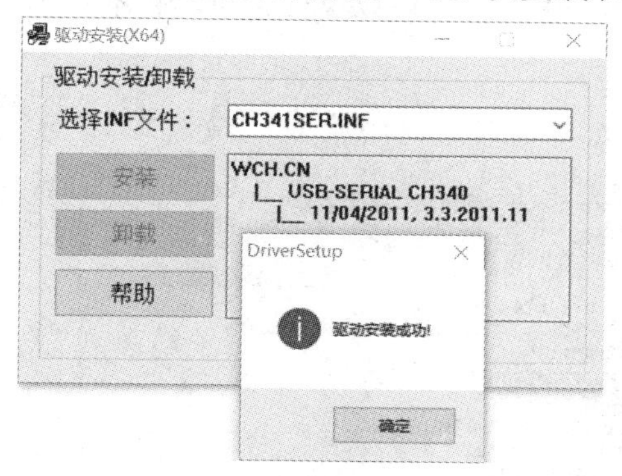

图 2-13　CH340 驱动安装

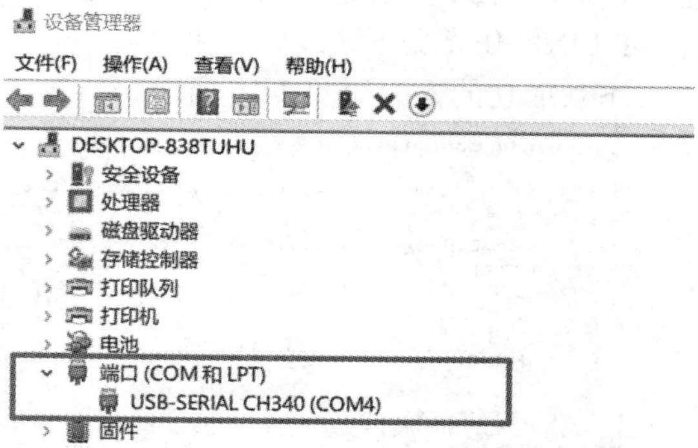

图 2-14　电脑端识别串口成功

串口程序下载可以选择 FlyMcu，该软件是 mcuisp 的升级版本，支持 STM32F4 芯片的程序下载。该软件可以在 www.mcuisp.com 免费下载，配置界面如图 2-15 所示。

FlyMcu 配置过程如下：

首先查看界面的串口是否自动识别成功，由图 2-15 可知已识别到 COM3，波特率可选择 76800，如果未识别成功，可以选择搜索串口进行识别。

单击 ... 按钮选择需下载代码编译后的 Hex 文件，其他具体选项说明如下：

(1) 选择编程后执行，可以在下载完程序之后自动运行代码。

(2) 选择编程前重装文件，FlyMcu 会在每次编程之前，将 Hex 文件重新装载一遍，便于代码调试。

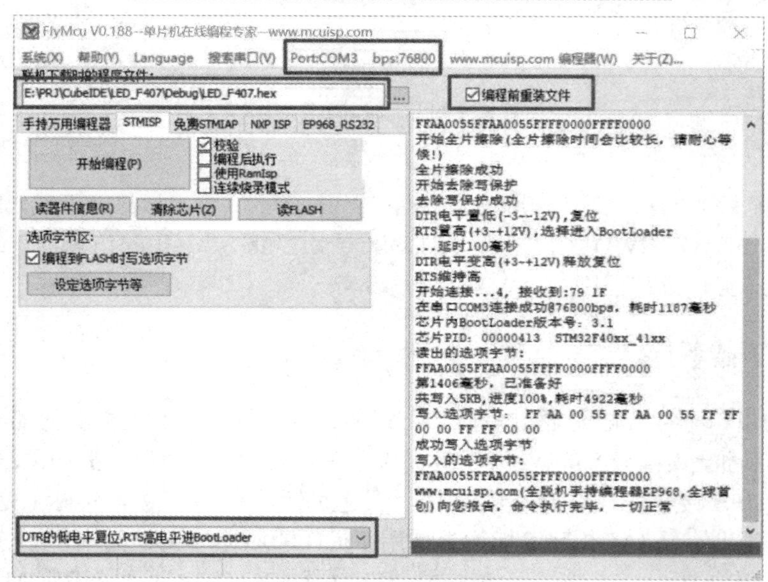

图 2-15　FlyMcu 配置界面

(3) 选择 DTR 的低电平复位，RTS 高电平进 BootLoader，FlyMcu 就会通过 DTR 和 RTS 信号来控制板载的一键下载功能电路，以实现一键下载功能。如果不选择，则无法实现一键下载功能，在实验板中的 MCU 的 BOOT0 接 GND 的条件下这是必要的选项。

(4) 单击“开始编程”按钮进行下载，注意，通过串口对 STM32F4 下载代码需要整片擦除，而 STM32F4 的整片擦除是非常慢的，需等待几十秒钟，才可以执行完成。相对来说，用 ST-LINK 仿真器下载速度要快很多。

下载成功的界面如图 2-16 所示。

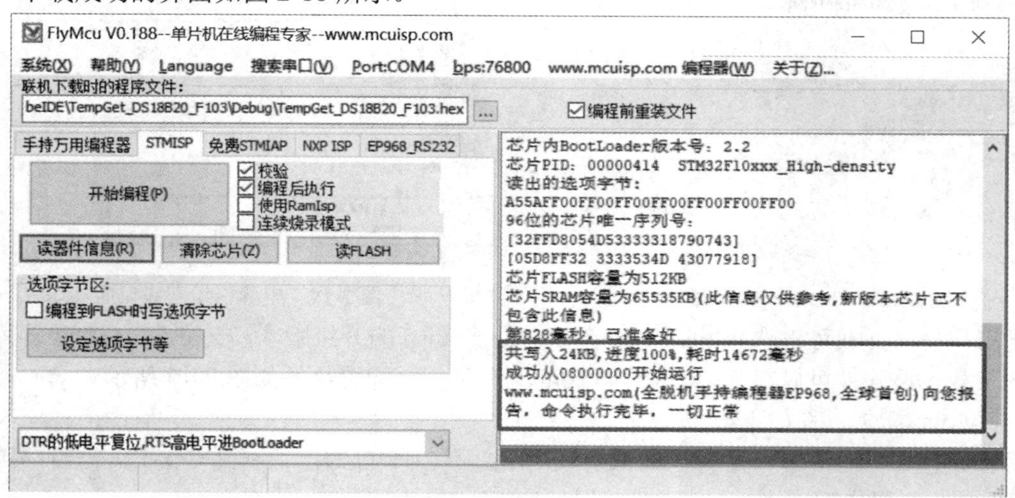

图 2-16　FlyMcu 下载成功界面

这里还需要说明一下，在 STM32CubeIDE 开发平台中，编译后生成的是.elf 文件，即可以用过 ST-LINK 下载的文件，默认没有打开.hex 文件的输出，如果想通过串口下载代码，需要在 STM32CubeIDE 开发平台中进行配置，使其编译完代码后输出.hex 文件。具体配置方法是：在 STM32CubeIDE 菜单栏中选择 Project→Properties，在弹出的 Properties 配置窗口中，按图 2-17 进行操作，把编译输出选项里面的 Convert to Intel Hex file 选项打钩。如此，在编译完成后，Console 窗口会显示生成 xxx.hex 文件。

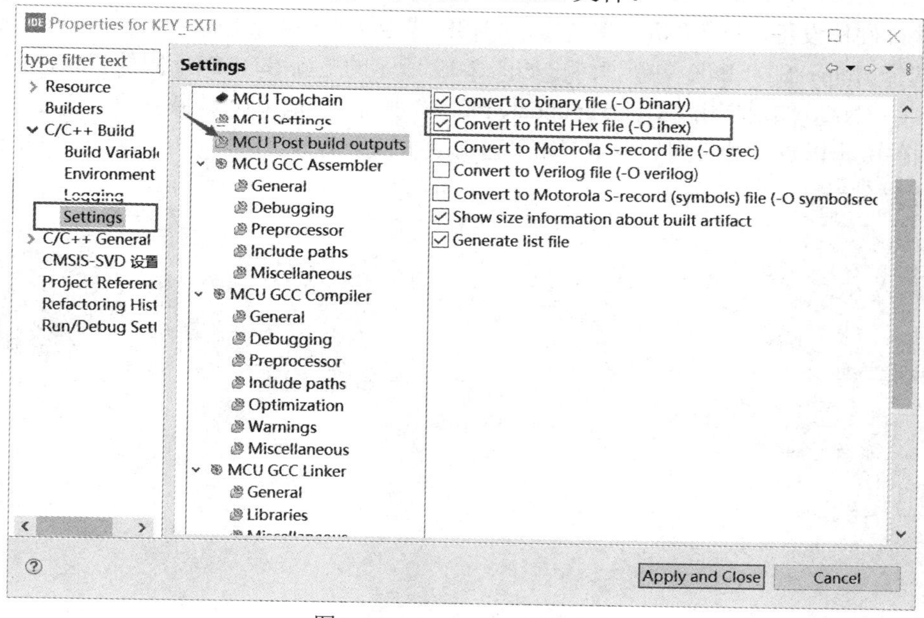

图 2-17　Properties 配置界面

2.2.2　ST-LINK 仿真器下载程序

STM32CubeIDE 下载调试支持 ST-LINK 和 J-Link(SEGGER)仿真器。将 STM32 实验板通过仿真器与计算机连接后，就可以在 STM32CubeIDE 平台上在线调试代码，特别是对于代码比较复杂的工程，如果出现问题且难以快速定位问题代码位置，可以通过仿真器硬件在线调试的功能定位到问题代码，是代码调试的有效手段。

STM32 支持两种调试接口：串行接口(SW)和 JTAG 调试接口，其中串行线调试端口(SW-DP)提供 2 引脚(时钟 + 数据)接口，JTAG 调试端口(JTAG-DP)提供 5 引脚标准 JTAG 接口。各章节具体任务中使用的实验板采用 ST-LINK 仿真器，实物图如图 2-18 所示。硬件连接上将 ST-LINK 仿真器通过 USB 线连接到电脑 USB 口和板子的串行线调试端口接口上，所以电脑端需安装 ST-LINK 驱动才能识别仿真器。ST-LINK 支持 SWD 模式和 JTAG 模式的烧写与调试，其中 SWD 模式下需要四根线，除了时钟线和数据线，还有 VCC 线和 GND 线。

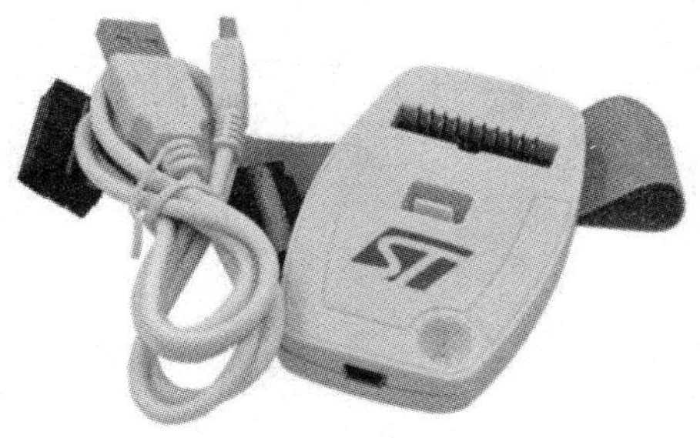

图 2-18　ST-LINK 仿真器

安装完 ST-LINK 驱动后，如果是第一次使用 STM32CubeIDE 下载调试，则需要先检查仿真器固件版本是否符合 STM32CubeIDE 的要求，若不符合则需要更新固件。具体方法为：首先连接好硬件设备，ST-LINK 仿真器通过 USB 线连接到电脑 USB 口；在 STM32CubeIDE 菜单栏选择 Help→ST-LINK 更新，跳出如图 2-19 所示的更新 ST-LINK 固件窗口，拔下并重新连接 ST-LINK，然后点击“Open in update mode”按钮，如果硬件连接正常，会显示仿真器类型、固件版本以及可升级到的版本。如果当前版本低于可升级版本，可以点击“Upgrade”按钮进行固件升级。

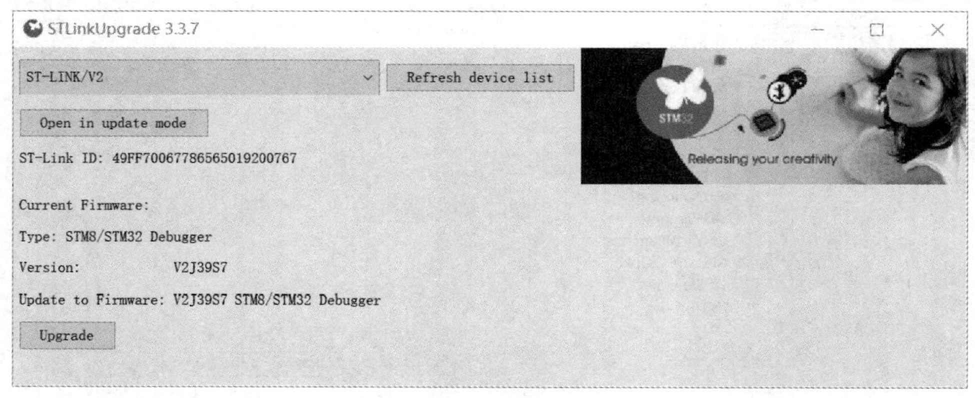

图 2-19 更新 ST-LINK 固件

ST-LINK 固件升级完成后，就可以使用 ST-LINK 进行代码下载和在线调试。关于 STM32CubeIDE 平台下使用 ST-LINK 进行代码下载将在具体任务中进行介绍。

思考与练习

1. STM32CubeIDE 有哪些突出特点可以令用户选择其进行 STM32 的开发？
2. 如何理解 HAL 库的作用？
3. STM32 代码下载方式有哪几种？各有哪些优缺点？
4. 进行串口下载时，什么情况下需要安装 CH340 驱动？
5. STM32 有哪些调试接口？引脚数目分别是多少？
6. STM32F407 芯片调试接口的引脚是如何封装的？
7. 在 STM32CubeIDE 开发平台中如何检查仿真器的固件版本是否合适？

第二部分

基础实战篇

第3章 STM32 I/O应用实战

学习 STM32 嵌入式系统应用开发，基本都要从通用输入输出(GPIO)模块开始，因为GPIO是嵌入式芯片与外界发生联系的基本通道，也是应用嵌入式系统的基础，因此本章将从GPIO展开内容介绍。

3.1 初识STM32的I/O口

STM32的I/O口，又叫作GPIO(General-Purpose Inputs/Outputs)，是STM32数字输入输出的基本模块，可以实现STM32与外部环境的数字交换。GPIO的引脚与外部硬件设备连接，可实现与外部通信、控制外部硬件或者采集外部硬件数据(如LED和按键等)的功能。

GPIO的每个端口组有16个引脚，STM32不同型号的芯片，具有不同的端口组和不同的引脚数量。比如：STM32F407微控制器有9组GPIO端口，可以被软件设置成各种不同的功能及模式。这里，端口用GPIOx(x是A、B、C、D、E、F、G、H、I等)表示，即GPIOA、GPIOB、…，每组端口有16个引脚(0～15)，分别用Px0、Px1、…Px15(x是端口号A、B、C、…)表示。

根据每个I/O端口的特定硬件特征，GPIO端口的每个位(即引脚)可以由软件分别配置成多种模式，总的来说分为输入、输出和复用三种状态，每种状态下都有多种配置模式，分别为上拉输入、下拉输入、浮空输入、模拟输入、开漏输出、推挽式输出、推挽式复用功能输出、开漏复用功能输出，具体见表3-1。

表3-1 GPIO的配置模式

状 态	配置模式	HAL库代码中宏定义名称
通用输出	开漏(Push-Pull)	GPIO_MODE_OUTPUT_PP
	推挽式(Open-Drain)	GPIO_MODE_OUTPUT_OD
复用功能输出	开漏(Push-Pull)	GPIO_MODE_AF_PP
	推挽式(Open-Drain)	GPIO_MODE_AF_OD
输入	上拉	GPIO_MODE_INPUT，GPIO_PULLUP
	下拉	GPIO_MODE_INPUT，GPIO_PULLDOWN
	浮空	GPIO_MODE_INPUT，GPIO_NOPULL
	模拟	GPIO_MODE_ANALOG

不同工作模式下 I/O 口的电压标准说明如下：

(1) 非模拟输入模式：端口能够读取当前的输入电平值，读取电压的范围为 5 V/3.3 V～0 V。返回有效值只有一位，即非“1”即“0”，实际返回字节。

(2) 模拟输入模式：端口能够读取当前电路的模拟电压值，分辨率为 4096(12 bit)，采集范围为 3.3～0 V。采集电压尽可能不要超过 3.3 V，否则可能会对芯片产生损坏。

(3) 通用输出模式：端口能够输出电平，控制输出口的电压范围为 3.3～0 V。实际输出时高电平为 3.3 V，低电平为 0 V。

(4) 复用模式：端口复用到芯片内置的各种功能寄存器上，比如串口发送接收，SPI 通信，Can 总线等。这些寄存器没有直接的输出口，都是通过复用端口完成它们的功能。

那么这些模式又是如何配置的？具体的原理和应用场景又是如何呢？下面两个小节分别给出了 GPIO 输入模式的应用和输出模式的应用典型实例，通过任务的实现和分析来详细说明如何实现 GPIO 的配置来完成一定的功能。

3.2　任务 1　GPIO 实现跑马灯的控制

3.2.1　任务分析

任务内容：基于嵌入式 MCU 设计并实现一个跑马灯系统。具体要求：系统上电后，微控制器控制两个 LED 灯间隔 200 ms 依次闪烁，并以此循环往复。

任务分析：LED 亮灭的控制需要根据实际硬件设计进行分析，通过硬件原理图分析确定 MCU 的哪些 GPIO 引脚控制 LED 灯。软件实现上，依据硬件电路设计，确定控制 LED 灯亮灭的 GPIO 引脚的工作模式，实现 GPIO 初始化代码，以及通过输出的电平高低控制 LED 灯的亮灭的功能代码。

3.2.2　硬件设计与实现

1. LED 灯简介

LED(Light Emitting Diode，发光二极管)是一种能够将电能转化为可见光的固态的半导体器件。LED 的“心脏”是一个半导体的晶片，晶片的一端附在一个支架上，一端是负极，另一端连接电源的正极，整个晶片被环氧树脂封装起来。

本任务采用贴片 LED 灯，其特点如下：

(1) 发光原理是冷性发光，而非加热或放电发光，所以元件寿命为钨丝灯泡的 50～100 倍，约十万小时。

(2) 无需暖灯时间，点亮响应速度比一般电灯快(约 3～400 ns)。

(3) 电光转换效率高，耗电量小，比灯泡省约 1/3～1/20 的能源消耗。

(4) 耐震性佳、可靠度高、系统运转成本低。

(5) 小型、薄型、轻量化，无形状限制，容易制成各式应用。

2. LED灯硬件电路

本任务中LED灯硬件电路连接如图3-1所示，LED0与PF9连接，LED1与PF10连接，引脚输出低电平LED灯被点亮，反之LED灯灭。LED驱动电路中为避免损坏器件，还增加了电阻(510R)，以此保证通过LED灯的电流不超过额定电流，故将此电阻称为限流电阻。

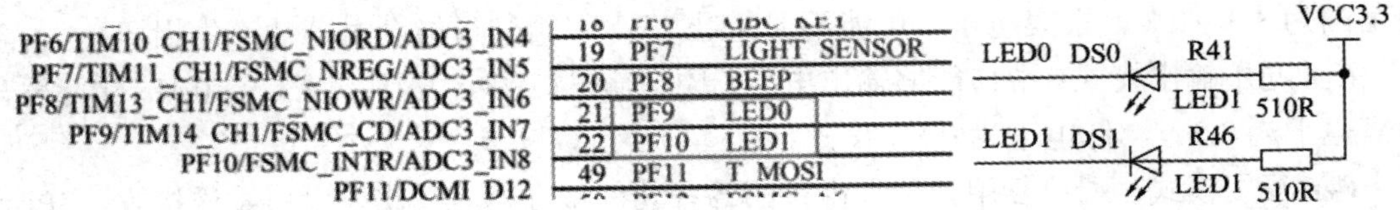

图3-1　STM32引脚和LED连接硬件电路图

3.2.3　软件设计与实现

本任务需要通过GPIO引脚控制LED灯的亮灭，实现跑马灯的效果，GPIO控制LED灯的引脚分别为PF9、PF10，引脚输出低电平LED灯点亮，输出高电平LED灯熄灭。

1. GPIO的输出模式的选择

分析STM32 GPIO的输出模式时，首先要看一下GPIO端口位的基本结构，图3-2为每一个GPIO端口位(引脚)的内部结构，其中2.7 V＜V_{DD}＜3.6 V，V_{DD_FT}是和5 V容忍I/O相关的电位，与V_{DD}不同。复位期间和刚复位后，复用功能未开启，I/O端口被配置成浮空输入模式，即上拉与下拉都关闭。

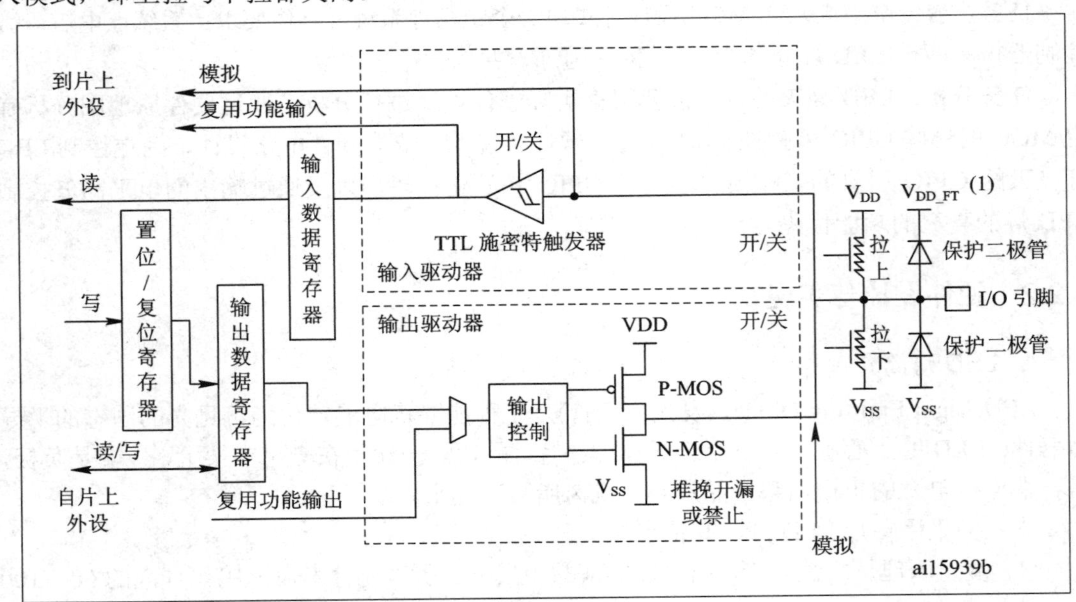

图3-2　GPIO端口位的基本结构

如图3-3所示，当作为输出配置时，写到输出数据寄存器(GPIOx_ODR)上的值输出到相应的I/O引脚。此时，输出缓冲器被激活，施密特触发输入被激活，上拉和下拉电阻被禁止。输出缓冲器是由P-MOS和N-MOS管组成的单元电路，推挽/开漏输出模式是根据其工作方式来命名的，由输出控制器进行选择控制。

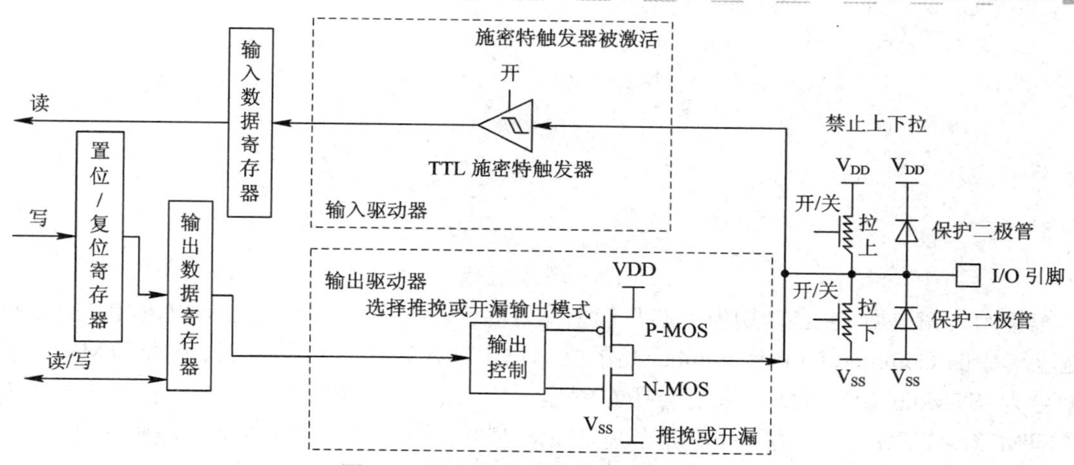

图 3-3　输出状态下的 GPIO 内部配置

推挽电路是两个参数相同的三极管或 MOSFET，以推挽方式存在于电路中，各负责正负半周的波形放大任务。电路工作时，两只对称的功率开关管每次只有一个导通，所以导通损耗小、效率高。推挽模式下，输出寄存器上的 0 激活 N-MOS，而输出寄存器上的 1 激活 P-MOS。因此，推挽模式可以输出高低电平，连接数字器件。

开漏输出模式下，输出寄存器上的 0 激活 N-MOS，输出低电平，而输出寄存器上的 1 将端口置于高阻状态(P-MOS 从不被激活)。一般来说，开漏是用来连接不同电平的器件，用来匹配电平，因为开漏引脚不连接外部的上拉电阻时，只能输出低电平，如果需要同时具备输出高电平的功能，则需要接上拉电阻，这样的优点是通过改变上拉电源的电压，便可以改变传输电平，比如输出 5 V。

本任务 LED 灯驱动需求输出高低电平，配置 2 个 GPIO 引脚的模式为推挽输出模式。

2. 软件配置实现过程

说明：本任务是本书第一个任务，因此会给出详细的软件设计配置流程，后续任务中相同的功能步骤就不再重复描述。

1) 使用 STM32CubeIDE 新建工程

打开 STM32CubeIDE 开发平台，在菜单栏中选择 File→New→STM32 Project，如图 3-4 所示。点击后，弹出如图 3-5 所示的初始化信息窗口，等待目标芯片选择器初始化完成，需耐心等待几秒钟。

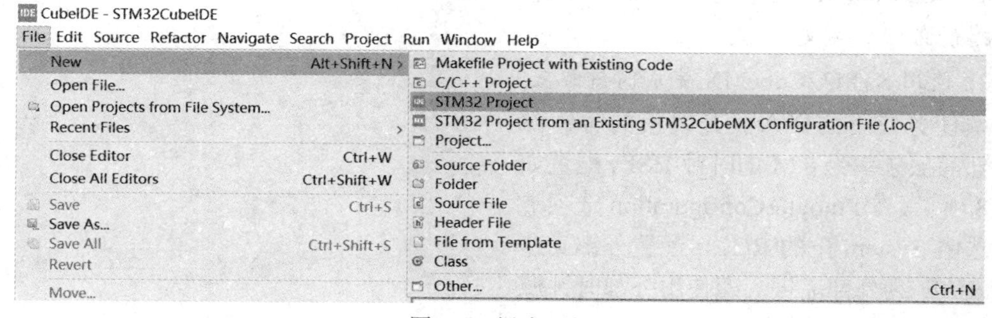

CubeIDE - STM32CubeIDE
File Edit Source Refactor Navigate Search Project Run Window Help
New Alt+Shift+N > | Makefile Project with Existing Code
Open File... | C/C++ Project
Open Projects from File System... | STM32 Project
Recent Files > | STM32 Project from an Existing STM32CubeMX Configuration File (.ioc)
| Project...
Close Editor Ctrl+W | Source Folder
Close All Editors Ctrl+Shift+W | Folder
Save Ctrl+S | Source File
Save As... | Header File
Save All Ctrl+Shift+S | File from Template
Revert | Class
Move... | Other... Ctrl+N

图 3-4　新建工程

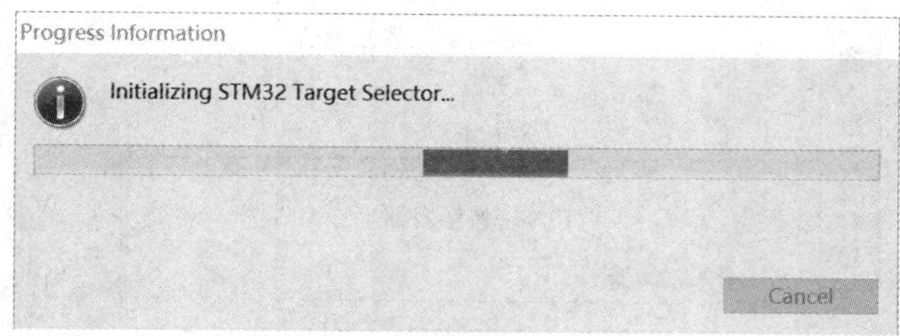

图 3-5　初始化信息

初始化完成后，会自动切换到芯片选型配置界面，如图 3-6 所示。在 MCU/MPU Selector 选项卡中的 Commercial Part Number 后的文本框中输入芯片型号，本书选用的 STM32 芯片型号为 STM32F407ZGT6，系统会在右侧显示搜索到的型号列表，选中我们要用的型号“STM32F407ZGT6”，并单击星形标签收藏此型号，便于下次快速地从收藏中找到。选择完成后，单击“Next”按钮继续配置工程。

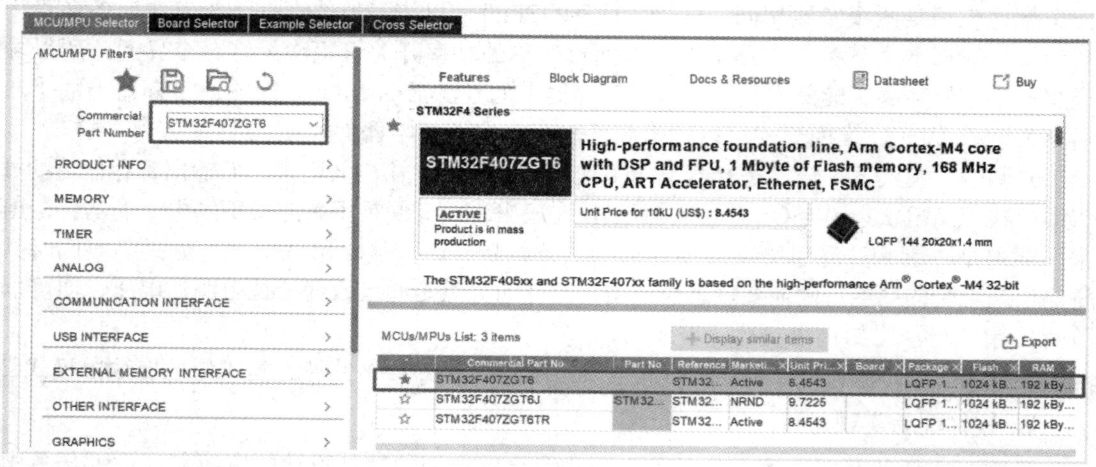

图 3-6　芯片选型配置

如图 3-7 所示，在跳出的新建工程路径配置窗口中输入工程名称“LED”，其他选项默认(工程路径即打开 STM32CubeIDE 时的工作空间路径)，单击“Finish”按钮后将进入 STM32CubeMx 图形化配置界面。注意工程路径必须是英文路径。

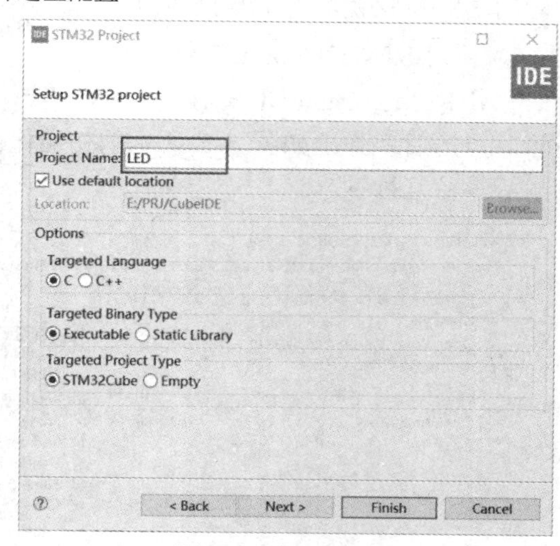

图 3-7　命名工程名

2) 使用 STM32CubeMX 完成时钟配置

本任务使用的嵌入式开发板的时钟源为外部晶振频率为 8 M 的时钟 HSE，配置如图 3-8 所示，在 Pinout&Configuration 选项卡下，选中 System 下的 RCC，配置外部高速时钟 HSE 为外部晶振，即使用外部时钟源 HSE，此时，可以观察到在 Pinout view 中时钟对应的引脚颜色变绿，即该引脚状态为已被使用。当然，如果你使用的实验板时钟源为内部时钟源，那么 HSE 和 LSE 一样都设置为“Disable”状态。

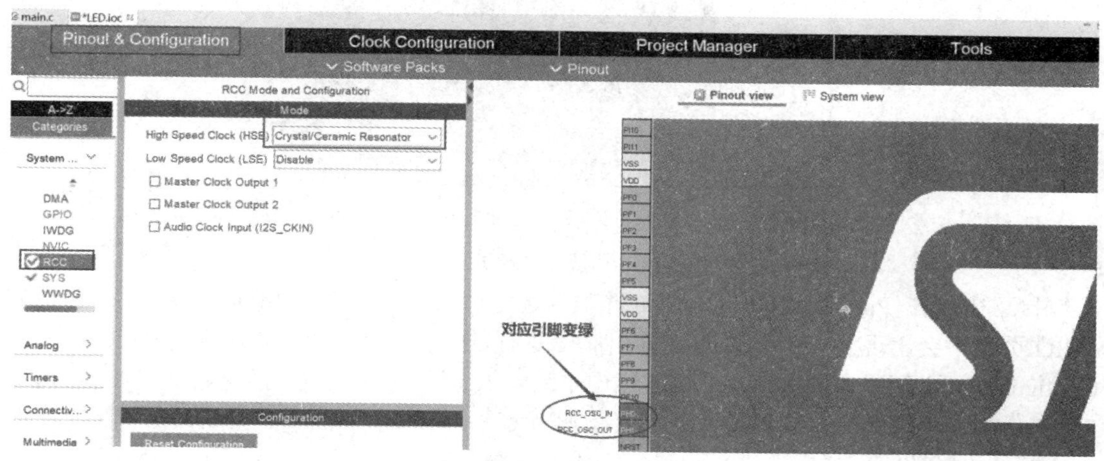

图 3-8　外部时钟源 HSE 选择配置界面

配置完 RCC 后，在 Clock Configuration 选项卡中按照图 3-9 所示进行配置，HSE 的输入频率设置为 8 MHz，锁相环时钟源(PLL Source Mux)选择 HSE，系统时钟源(System Clock Mux)选择 PCLK，其他分频和倍频参数按照图中进行配置，最终保证系统时钟 SYSCLK 为最大频率 168 MHz，APB1 和 APB2 的驱动时钟分别为最大频率 42 MHz 和 84 MHz。

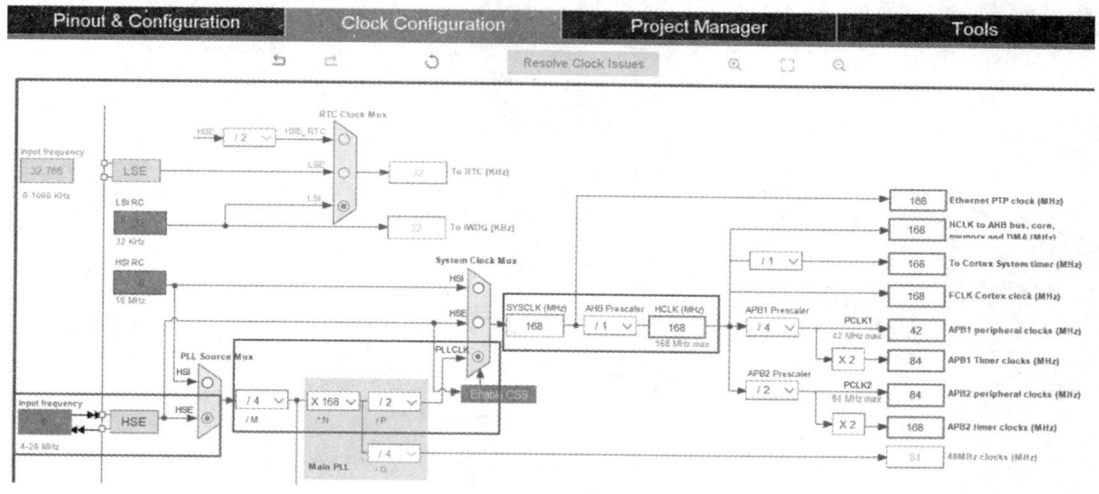

图 3-9　时钟树配置

3) 使用 STM32CubeMX 完成 GPIO 端口引脚初始化配置

按照硬件连接，两个 LED 灯对应的 GPIO 控制引脚分别为 PF9、PF10，因此需在 STM32 CubeMX 中分别对这两个引脚进行配置。以下给出 PF9 的配置，其他引脚操作相同。

先在 Pinout view 的搜索栏中输入想要配置的引脚“PF9”进行搜索，被搜索到的 PF9 引脚会有灰、黑两种颜色切换的闪烁提示，用鼠标点击该引脚，跳出引脚工作模式列表，选中“GPIO_Output”作为本任务的工作模式。具体操作如图 3-10 所示。

图 3-10 引脚工作模式的配置

接下来，在 Pinout&Configuration 选项卡选中 GPIO，右侧 Configuration 显示窗中的 GPIO 页签下会出现上一步配置的 PF9 引脚信息行，选中 PF9 信息行，在其下方出现的 PF9 Configuration 中配置 PF9 内容，GPIO 输出电平为“High”，工作模式为推挽输出“Output Push Pull”，响应速度为“Low”，设置 PF9 引脚标签为 LED0，如图 3-11 所示。

其他引脚按照同样方法进行配置，完成以后进入下一步。

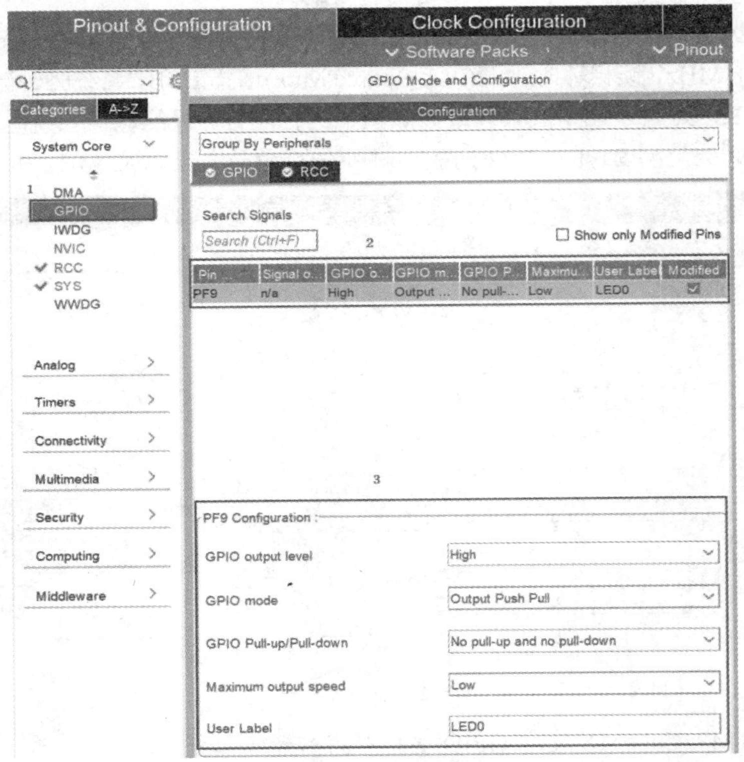

图 3-11 引脚配置

4) 配置调试端口

STM32 微控制器支持 JTAG 接口和 SWD 接口与仿真器连接进行在线调试和代码下载。本任务中，我们选用 ST-Link 仿真器，需要配置调试端口。

JTAG 接口的引脚配置如图 3-12 所示，其中 PA13、PA14、PA15 和 PB3、PB4 共 5 个

引脚作为 STLink 调试下载接口。

网络标号	引脚	编号	功能
	PA7	43	PA7/SPI1_MOSI/TIM8_CH1N/ADC12_IN7/TIM3_CH2
OV_VSYNC	PA8	100	PA8/USART1_CK/TIM1_CH1/MCO
USART1_TX	PA9	101	PA9/USART1_TX/TIM1_CH2
USART1_RX	PA10	102	PA10/USART1_RX/TIM1_CH3
USB_D-	PA11	103	PA11/USART1_CTS/CAN_RX/TIM1_CH4/USBDM
USB_D+	PA12	104	PA12/USART1_RTS/CAN_TX/TIM1_ETR/USBDP
JTMS	PA13	105	PA13/JTMS_SWDIO
JTCK	PA14	109	PA14/JTCK_SWCLK
GBC_LED JTDI	PA15	110	PA15/JTDI/SPI3_NSS/I2S3_WS
LCD_BL	PB0	46	PB0/ADC12_IN8/TIM3_CH3/TIM8_CH2N
T_SCK	PB1	47	PB1/ADC12_IN9/TIM3_CH4/TIM8_CH3N
T_MISO BOOT1	PB2	48	PB2/BOOT1
FIFO_WEN JTDO	PB3	133	PB3/JTDO/TRACESWO/SPI3_SCK/I2S3_CK
FIFO_RCLK JTRST	PB4	134	PB4/JNTRST/SPI3_MISO
LED0	PB5	135	PB5/I2C1_SMBAI/SPI3_MOSI/I2S3_SD
IIC_SCL	PB6	136	PB6/I2C1_SCL/TIM4_CH1
IIC_SDA	PB7	137	PB7/I2C1_SDA/FSMC_NADV/TIM4_CH2
BEEP	PB8	139	PB8/TIM4_CH3/SDIO_D4
REMOTE_IN	PB9	140	

图 3-12 JTAG 接口的引脚

CubeMx 中对调试接口配置如图 3-13 所示，在 Pinout&Configuration 选项卡中选中 SYS，选中后在右侧的“SYS Mode and Configuration”中配置调试接口 Debug 为“JTAG(5 pins)”。配置完成后，可在“Pinout view”视图中观察到对应的 PA13、PA14、PA15、PB3、PB4 这 5 个引脚的状态为绿色，即表示正常配置使用，如图 3-14 所示。

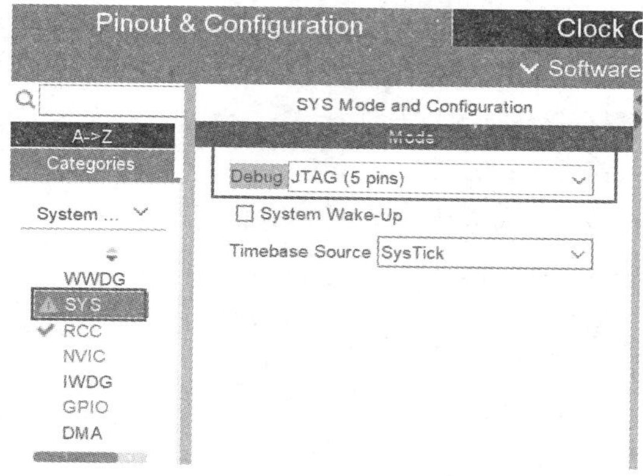

图 3-13 调试接口的配置

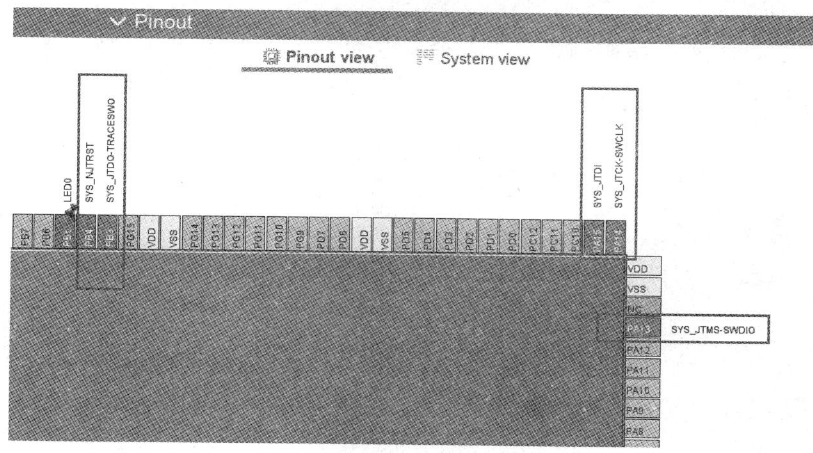

图 3-14 调试接口引脚图

5) 导出工程(后续工程中的此步骤不再赘述)

导出工程时一般会选择只生成必要库文件以节省工程空间，配置如图 3-15 所示。至此，CubeMX 的内容就配置完成了。

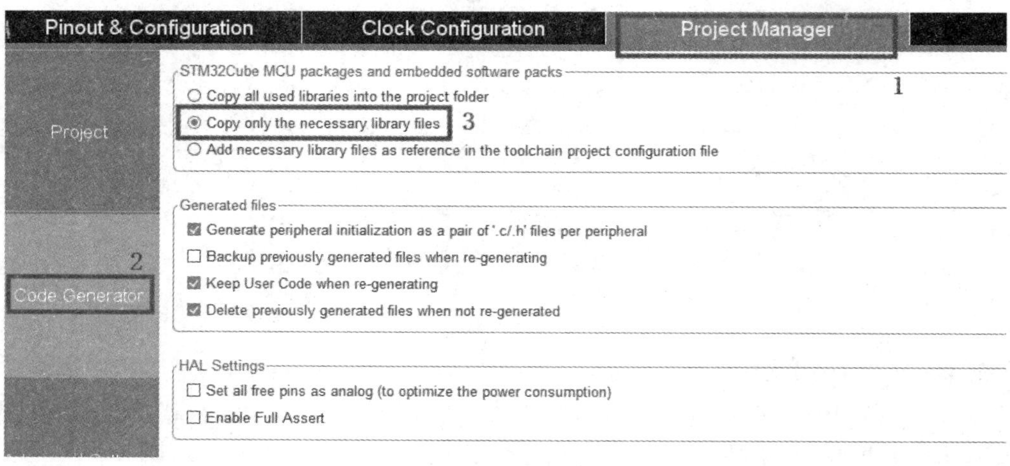

图 3-15 工程代码生成配置

注意：如果将 Generated files 中的第一项“Generate peripheral initialization as a pair of '.c/.h' files per peripheral”打钩，那么各外设都有各自独立的 .c/.h 文件用于存放配置代码，比如本任务中，对片内外设模块 GPIO 进行了配置，会生成一个 gpio.c 和 gpio.h 文件，并且把 GPIO 相关的配置代码放到 gpio.c 中。

点击工具栏中的保存按钮，或者按快捷键“Ctrl + S”，会弹出如图 3-16 所示的对话框，询问是否生成代码，选择“Yes”生成代码。此时，又会跳出如图 3-17 对话框，询问是否打开新的视图，也选择“Yes”。等待 IDE 生成代码后会在编辑器中打开 mian.c 代码，接下来就可以编写代码了。

图 3-16 询问是否生成代码

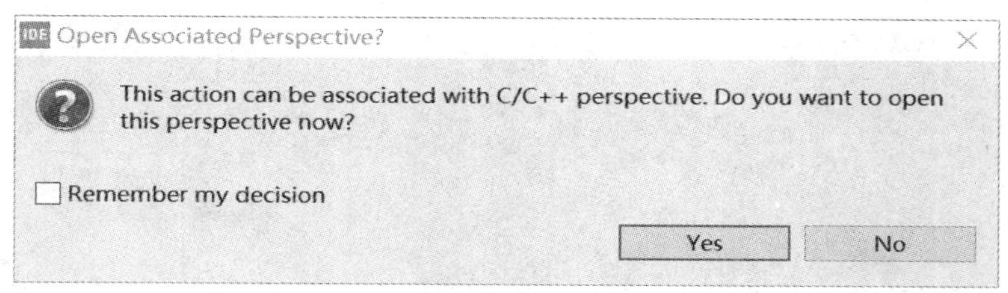

图 3-17 询问是否打开新的视图

6) LED 流水灯功能代码编写

下面介绍 CubeIDE 生成的工程结构。导出工程操作完成后，我们通过 CubeIDE 中的配置自动生成代码，工程的文件结构如图 3-18 所示。

Core 文件夹下有三个文件夹：

(1) Src 文件夹：包含用户源码文件，其中 main.c 是程序的运行入口，因为我们对 GPIO 进行了配置，因此也生成了 gpio.c 源码文件，主要用于对 GPIO 进行初始化等配置和定义。

(2) Inc 文件夹：包含和源码文件对应的头文件。

(3) Startup 文件夹：存放了与芯片型号匹配的启动文件。

Drivers 文件夹下有两个文件夹：

(1) CMSIS 文件夹：包含 CMSIS 驱动源码文件。

(2) STM32F4xx_HAL_Driver 文件夹：包含 STM32F4xx 芯片型号对应的 HAL 库函数源码文件。

```
Project Explorer
LED
  Includes
  Core
    Inc  ← 头文件
      gpio.h
      main.h
      stm32f4xx_hal_conf.h
      stm32f4xx_it.h
    Src  ← 源码
      gpio.c
      main.c
      stm32f4xx_hal_msp.c
      stm32f4xx_it.c
      syscalls.c
      sysmem.c
      system_stm32f4xx.c
    Startup  ← 启动文件
      startup_stm32f407igtx.s
  Drivers
    CMSIS
    STM32F4xx_HAL_Driver  ← HAL库
  LED.ioc  ← CueMX配置文件
  STM32F407IGTX_FLASH.ld
  STM32F407IGTX_RAM.ld
```

图 3-18　工程文件结构

根目录下的 LED.ioc 是 CubeMX 配置文件。

打开 main.c 源码文件，就可以编写流水灯代码。在 STM32CubeIDE 生成的源码中，不能随意增加个人代码，需要在注释要求的位置增加，以保证下次新增或修改 STM32CubeMx 配置后重新生成代码不覆盖用户编写部分。以 main.c 中的代码为例，用户代码需在注释 "/* USER CODE BEGIN XXX */" 和 "/* USER CODE END XXX */" 之间编写，如图 3-19 所示。

```
int main(void)
{
  /* USER CODE BEGIN 1 */

  /* USER CODE END 1 */

  /* MCU Configuration--------------------------------------------------------*/

  /* Reset of all peripherals, Initializes the Flash interface and the Systick. */
  HAL_Init();

  /* USER CODE BEGIN Init */

  /* USER CODE END Init */

  /* Configure the system clock */
  SystemClock_Config();  ← 系统时钟初始化

  /* USER CODE BEGIN SysInit */

  /* USER CODE END SysInit */

  /* Initialize all configured peripherals */
  MX_GPIO_Init();  ← GPIO初始化
  /* USER CODE BEGIN 2 */

  /* USER CODE END 2 */

  /* Infinite loop */
  /* USER CODE BEGIN WHILE */
  while (1)
  {
                      ← 在while内编写用户代码的位置
    /* USER CODE END WHILE */

    /* USER CODE BEGIN 3 */
  }
  /* USER CODE END 3 */
}
```

图 3-19　main 函数初始状态

编写 LED 流水灯功能代码，并在 main.c 的 while(1)中添加，如图 3-20 所示。最后点击菜单栏编译按钮 进行编译，在 Console 视图中查看编译和构建结果，如图 3-21 所示，为编译成功的打印结果，如果有打印报错信息，则需要查看报错信息并进行相应的修改。

```
while (1)
{
  /* USER CODE END WHILE */

  /* USER CODE BEGIN 3 */
    //LED跑马灯
    HAL_GPIO_WritePin(LED0_GPIO_Port, LED0_Pin,GPIO_PIN_RESET);   //LED0亮
    HAL_GPIO_WritePin(LED1_GPIO_Port, LED1_Pin,GPIO_PIN_SET);   //LED1灭
    HAL_Delay(200);
    HAL_GPIO_WritePin(LED0_GPIO_Port, LED0_Pin,GPIO_PIN_SET); //LED0灭
    HAL_GPIO_WritePin(LED1_GPIO_Port, LED1_Pin,GPIO_PIN_RESET);   //LED1亮
    HAL_Delay(200);
 }
 /* USER CODE END 3 */
}
```

图 3-20　LED 跑马灯代码

```
Problems  Tasks  Console  Properties
CDT Build Console [LED]
arm-none-eabi-objdump -h -S  LED.elf   > "LED.list"
   text    data     bss     dec     hex filename
   6012      20    1572    7604    1db4 LED.elf
arm-none-eabi-objcopy  -O binary  LED.elf  "LED.bin"
Finished building: default.size.stdout

Finished building: LED.list
Finished building: LED.bin



12:57:40 Build Finished. 0 errors, 0 warnings. (took 41s.922ms)
```

图 3-21　Console 编译构建结果

7) 下载调试

首先要确保设备的硬件已连接好。

在 STM32CubeIDE 中点击运行按钮 的下拉箭头，打开 Run Configurations 选项，如图 3-22 所示。在跳出的窗口中打开最后一个选项 STM32 Cortex-M C/C++ Application，在 Main 选项卡中，选择编译生成的下载文件 LED.elf，此文件就相当于 keil 中的.hex 文件，如图 3-23 所示。

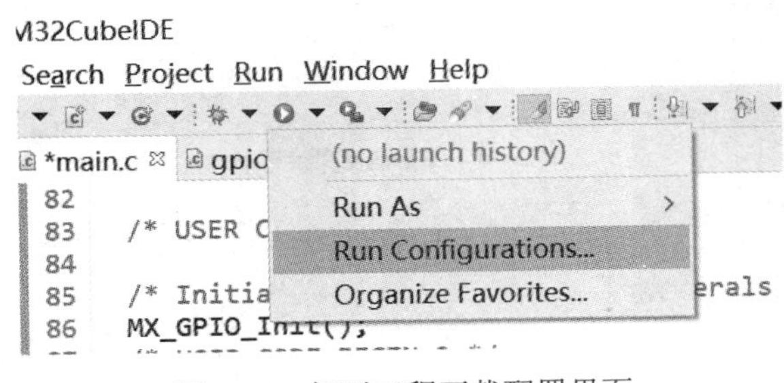

图 3-22　打开工程下载配置界面

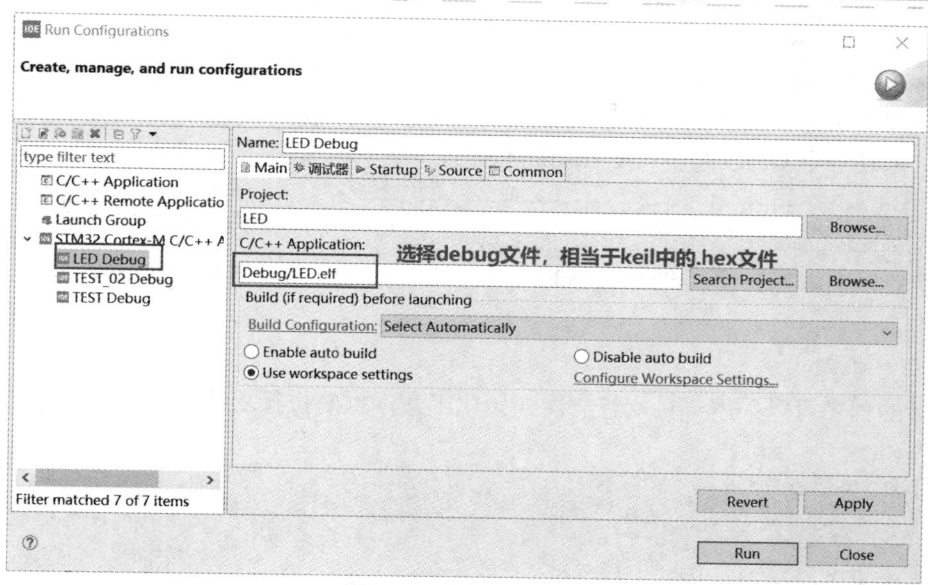

图 3-23　选择下载文件

切换到调试器选项卡，修改仿真器设置，如图 3-24 所示。配置完点击右下角的“Apply”按钮应用设置，关闭窗口，即可完成对仿真器的配置。这里设置为 Jlink，ST-Link 同理。

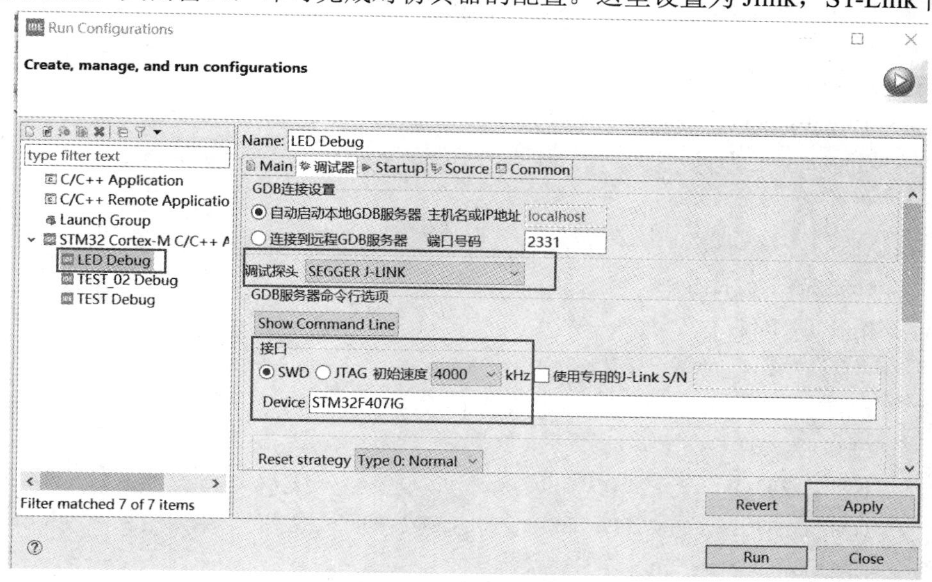

图 3-24　选择下载器

最后，点击 ▶ ▾ 按钮即可将代码下载至实验平台观察实验结果。模块上电后程序运行，LED 灯依次间隔 200 ms 闪烁，并以此循环。

3. 代码详解

1) HAL 库函数的调用

本书所有任务都调用了 HAL 库函数，因此在 main.h 头文件中可以找到包含 HAL 库函数头文件的代码：

```
/* Includes------------------------------------------------------------*/
#include"stm32f4xx_hal.h"
```

因此，如果新生成的源代码文件需要调用 HAL 库函数，只需要包含 main.h 头文件即可，比如本任务中 GPIO 配置头文件 gpio.h 就包含如下内容：

```
/* Includes------------------------------------------------------------*/
#include "main.h"
```

注意：以上内容在通过 STM32CubeIDE 生成工程时会自动在头文件中添加，无需用户写代码。

2) 程序框架

设计的程序可以采用“只执行一次初始化函数，重复执行功能函数”这种框架，如下所示：

```
int main(void)
{
    //init()
    while(1)
    {
        //test()
    }
}
```

本任务中 main()函数完整代码内容如下：

```
int main(void)
{
  HAL_Init();
  SystemClock_Config();
  MX_GPIO_Init();
  while (1)
  {
    //LED 跑马灯
    HAL_GPIO_WritePin(LED0_GPIO_Port, LED0_Pin,GPIO_PIN_RESET);          //LED0 亮
    HAL_GPIO_WritePin(LED1_GPIO_Port, LED1_Pin,GPIO_PIN_SET);            //LED1 灭
    HAL_Delay(200);
    HAL_GPIO_WritePin(LED0_GPIO_Port, LED0_Pin,GPIO_PIN_SET);            //LED0 灭
    HAL_GPIO_WritePin(LED1_GPIO_Port, LED1_Pin,GPIO_PIN_RESET);          //LED1 亮
    HAL_Delay(200);
  }
}
```

3) GPIO 初始化的代码实现

我们在 STM32CubeMx 中完成了 GPIO 的初始化配置，会自动转化成初始化代码，下

面分析这部分初始化代码的实现过程，便于初学者掌握其配置的基本原理和进行扩展应用。

在 main.c 代码的开始部分会有一段代码是调用了 GPIO 初始化函数 MX_GPIO_Init 进行 GPIO 初始化的，该函数在 gpio.c 中实现。注意，调用该函数必须要在 main.c 开头包含 gpio.h 头文件。函数的具体定义如下：

```
void MX_GPIO_Init(void)
{
  GPIO_InitTypeDef GPIO_InitStruct = {0};                    //定义引脚初始化结构体
  /* GPIO Ports Clock Enable */
  __HAL_RCC_GPIOF_CLK_ENABLE();                              //使能 GPIOF 的时钟
  /*Configure GPIO pin Output Level */
  HAL_GPIO_WritePin(GPIOF, LED0_Pin|LED1_Pin, GPIO_PIN_SET);  //初始化后 LED1、2 灭
  /*Configure GPIO pins : PFPin PFPin */
  GPIO_InitStruct.Pin = LED0_Pin|LED1_Pin;                   //对应引脚 9、10
  GPIO_InitStruct.Mode = GPIO_MODE_OUTPUT_PP;                //推挽输出
  GPIO_InitStruct.Pull = GPIO_NOPULL;                        //非输入模式，无上下拉
  GPIO_InitStruct.Speed = GPIO_SPEED_FREQ_LOW;               //低速
  HAL_GPIO_Init(GPIOF, &GPIO_InitStruct);                    //PF9、PF10 初始化
}
```

依据这段代码，可知 GPIO 初始化步骤主要如下：

(1) 开启外设时钟：

根据内核结构，GPIOF 挂在外设总线 AHB1 上，所以需要开启 AHB1 对应的 GPIO 端口时钟，此功能由 HAL 库函数__HAL_RCC_GPIOX_CLK_ENABLE()来实现，本任务需要用到端口 F，对应代码如下：

```
/* GPIO Ports Clock Enable */
  __HAL_RCC_GPIOF_CLK_ENABLE();
```

(2) 复位 GPIO 引脚：

配置引脚初始化状态，在 STM32CubeMx 中配置的 GPIO 默认值为低电平，也就是 LED 灯灭状态，这里我们调用 HAL 库函数 HAL_GPIO_WritePin()，此函数用于向输出数据寄存器(ODR)中写入输出状态(0 或 1)，具体定义如下：

```
void HAL_GPIO_WritePin(GPIO_TypeDef* GPIOx, uint16_t GPIO_Pin, GPIO_PinState PinState)
```

本任务中需要对 GPIOF 的 9、10 设置默认值 1，代码实现如下：

```
HAL_GPIO_WritePin(GPIOF, LED0_Pin|LED1_Pin, GPIO_PIN_SET);
```

代码中 LED0/1_Pin 的定义在 main.h 中给出，分别对应引脚 PF9、PF10，和硬件设计一致，具体定义如下：

```
/* Private defines -----------------------------------------------------------*/
#define LED0_Pin GPIO_PIN_9
#define LED0_GPIO_Port GPIOF
#define LED1_Pin GPIO_PIN_10
#define LED1_GPIO_Port GPIOF
```

这段代码也是自动生成的，这是因为在 STM32CubeMx 中配置 GPIO 引脚时我们设定了引脚标签名依次为 LED0、LED1。

(3) 初始化 GPIO 引脚：

在 HAL 库开发中，初始化 GPIO 是通过 GPIO 初始化函数 HAL_GPIO_Init()完成的：

```
void HAL_GPIO_Init(GPIO_TypeDef    *GPIOx, GPIO_InitTypeDef *GPIO_Init)
```

这个函数有两个参数，第一个参数是用来指定需要初始化的 GPIO 对应的 GPIO 组，STM32F4xx 取值范围为 GPIOA～GPIOI。第二个参数为初始化参数结构体指针，结构体类型为 GPIO_InitTypeDef，下面我们来看看这个结构体的定义：

```
typedef struct
{
uint32_t   Pin;
uint32_t   Mode;
uint32_t   Pull;
uint32_t   Speed;
uint32_t   Alternate;
}GPIO_InitTypeDef;
```

结构体中 Alternate 未使用，所以就不在这里介绍了，其他四个成员的介绍参见表 3-2。

表 3-2　GPIO_InitTypeDef 结构体内容解析

成员	含 义	配 置 选 项	对应寄存器
Pin	需要初始化的引脚，在 STM32F407 中每个通用 GPIO 组共有 16 个端口	GPIO_PIN_0～GPIO_PIN_15(使用符号“|”进行或运算便可以合并) GPIO_PIN_All(一次初始化全部 16 个端口)	—
Mode	引脚的工作模式	GPIO_MODE_INPUT(输入，需进一步配置) GPIO_MODE_OUTPUT_PP(推挽输出) GPIO_MODE_OUTPUT_OD(开漏输出) GPIO_MODE_AF_PP(复用推挽) GPIO_MODE_AF_OD(复用开漏) GPIO_MODE_ANALOG(模拟输入) ……(作为外部中断/事件输入，后续章节描述)	GPIO 端口输出类型寄存器(GPIOx_OTYPER) GPIO 端口模式寄存器(GPIOx_MODER)
Pull	上下拉电阻的选择配置，非模拟输入模式下有效	GPIO_NOPULL(无上下拉的浮空输入) GPIO_PULLUP(上拉输入) GPIO_PULLDOWN(下拉输入)	GPIO 端口上拉/下拉寄存器(GPIOx_PUPDR)
Speed	I/O 口驱动电路的响应速度，输出模式下有效	GPIO_SPEED_FREQ_LOW(2 MHz) GPIO_SPEED_FREQ_MEDIUM(25 MHz) GPIO_SPEED_FREQ_HIGH(50 MHz) GPIO_SPEED_FREQ_VERY_HIGH(100 MHz)	GPIO 端口输出速度寄存器(GPIOx_OSPEEDR)

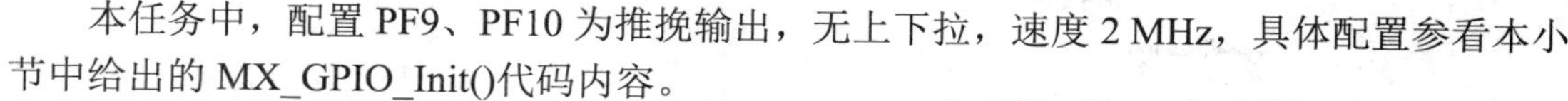

本任务中，配置 PF9、PF10 为推挽输出，无上下拉，速度 2 MHz，具体配置参看本小节中给出的 MX_GPIO_Init()代码内容。

以上三步构成了完整的 GPIO 初始化基本过程。

4) 跑马灯功能的实现

在 while(1)中无限循环执行以下代码，通过 LED0/1 的交替亮灭，实现跑马灯效果。

```
while (1)
{   //LED 跑马灯
    HAL_GPIO_WritePin(LED0_GPIO_Port, LED0_Pin,GPIO_PIN_RESET);   //LED0 亮
    HAL_GPIO_WritePin(LED1_GPIO_Port, LED1_Pin,GPIO_PIN_SET);     //LED1 灭
    HAL_Delay(200);
    HAL_GPIO_WritePin(LED0_GPIO_Port, LED0_Pin,GPIO_PIN_SET);     //LED0 灭
    HAL_GPIO_WritePin(LED1_GPIO_Port, LED1_Pin,GPIO_PIN_RESET);   //LED1 亮
    HAL_Delay(200);
}
```

代码中调用了 HAL 库提供的延时函数 HAL_Delay()实现延时 200 ms 的功能，该函数调用了 Systick 实现毫秒级的延时，如果需要微秒级的延时，可参考 Systick 延时的原理来实现。

3.3　任务 2　按键点灯的控制与实现

3.3.1　任务分析

任务内容：设计并实现一个按键控制 LED 灯系统，具体要求：系统上电后，按下四个按键 KEY0、KEY1、KEY2、WK_UP 分别控制翻转 LED1 与 LED2 的亮灭状态。

任务分析：LED 灯驱动控制在任务 1 中已经实现，这里只是需要通过检测到按键被按下后控制 LED 的状态的翻转，所以主要的工作是实现对按键的检测，以按键作为输入，因此本任务中按键控制连接的引脚需要设置为输入模式。

3.3.2　硬件设计与实现

1. 按键检测原理

按键本质上就是一个开关，这个开关的下部还有一个用于复位的弹簧。按下按键时可以导通 A 端与 B 端；松开后弹簧又将按键弹开保持电路开路状态，按键开闭状态如图 3-25 所示。需要说明的是，按键开关为机械弹性开关，当机械触点断开、闭合时，由于机械触点的弹性作用，一个按键开关在闭合时不会马上稳定地接通，在断开时也不会一下子断开。因而在闭合及断开的瞬间均伴随一连串的抖动。抖动时间的长短由按键的机械特性决定，一般为 5～10 ms。按键抖动情况如图 3-26 所示。

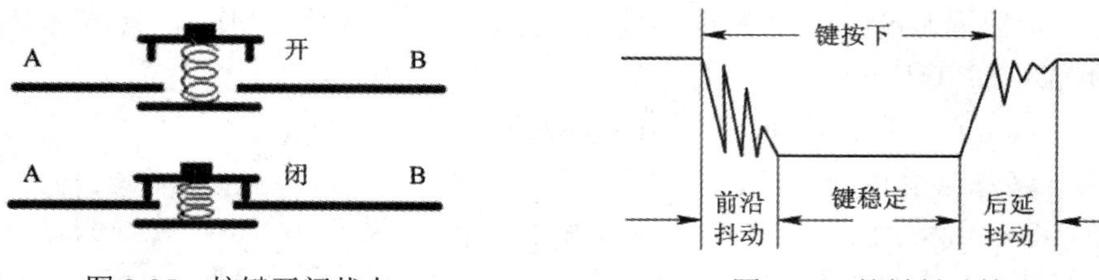

图 3-25　按键开闭状态　　图 3-26　按键抖动情况

键稳定的时间长短则是由操作人员的按键动作决定的，一般为零点几秒至数秒。按键抖动会引起一次按键被误读多次。为确保微控制器对按下按键仅作一次处理，必须去除按键抖动，这种去除按键抖动的操作叫作按键消抖。

按键消抖分为硬件消抖与软件消抖。

硬件消抖就是在按键上并联一个电容，利用电容的充放电特性来对抖动过程中产生的电压毛刺进行平滑处理，从而实现消抖。但在实际应用中，这种方式的效果并不是很好，而且还增加了成本和电路复杂度，所以实际应用并不多。在绝大多数情况下，更多的是使用软件来实现消抖的。

软件消抖就是使用程序完成消抖任务。从图 3-26 中可知：键按下后会产生一段前沿抖动，而这个抖动时长通常为 5～10 ms，之后就是键稳定状态。而键稳定的时长远多于前沿抖动时长，所以只需要在检测到按键按下后延时 10 ms 就能进入键稳定状态了。再去读取键稳定状态完成按键检测。同理，按键松开后也可以完成一次消抖延时。

2. 按键硬件连接分析

本任务使用的实验板上按键的硬件连接原理图如图 3-27 所示，四个独立按键 KEY0、KEY1、KEY2、WK_UP 分别连接 PE4、PE3、PE2、PA0。不同的是当四个按键都按下后 PA0 读取到的电平为高电平，而 PE2、PE3、PE4 读取到的电平为低电平。

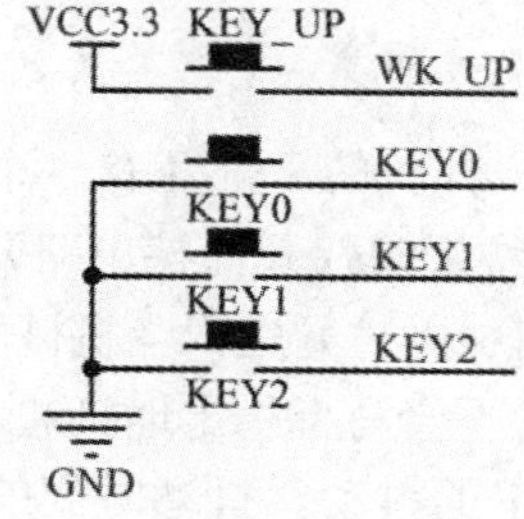

图 3-27　按键硬件连接原理图

3.3.3　软件设计与实现

本任务需要通过 GPIO 引脚检测按键状态，通过按下按键来控制 LED 灯的亮灭状态(可参考任务 1 中的 GPIO 应用)。这里，我们需要配置按键连接的 GPIO 引脚的工作模式为输入模式，而 3.1 小节给出的 GPIO 输入模式有浮空输入、上拉输入、下拉输入以及模拟输入，那么我们应该选择哪种模式？如何实现配置？下面先介绍这几种输入模式的差异。

1. GPIO 的输入模式

GPIO 被配置为上拉、下拉和浮空输入时，GPIO 端口内部结构中各模块的状态如下：

(1) 输出缓冲器被禁止；

(2) 施密特触发器输入被激活；

(3) 根据 GPIOx_PUPDR 寄存器中的值决定是否打开上拉和下拉电阻；

(4) 输入数据寄存器(GPIOx_IDR)每隔 1 个 AHB1 时钟周期对 I/O 引脚上的数据进行一次采样；

(5) 对输入数据寄存器(GPIOx_IDR)的读访问可得到 I/O 状态。

浮空/上拉/下拉输入配置结构图如图 3-28 所示。

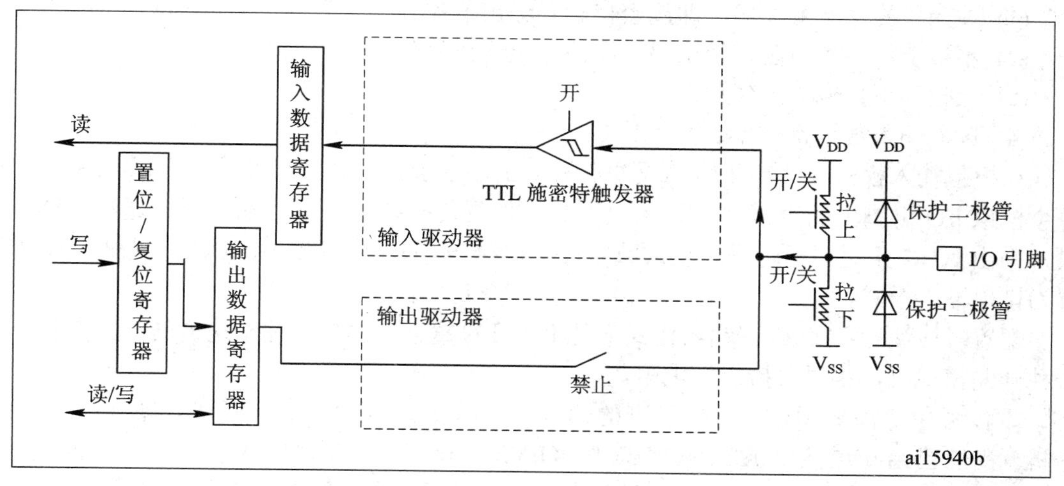

图 3-28　输入浮空/上拉/下拉配置结构图

这 3 种输入模式的主要区别如下：

上拉输入：上拉电阻开关闭合接 V_{DD}，下拉电阻开关打开，在引脚没有外部输入时，引脚被上拉至高电平，且保持高电平状态。

下拉输入：下拉电阻开关闭合接 GND，上拉电阻开关打开，在引脚没有外部输入时，引脚被下拉至低电平，且保持低电平状态。

浮空输入：输入引脚既不接高电平，也不接低电平。通俗来讲就是管脚什么都不接，处于浮空状态，由外部输入决定引脚的状态。当然，一般实际运用时，不建议引脚浮空，因为这样易受干扰。

模拟输入配置结构图如图 3-29 所示。

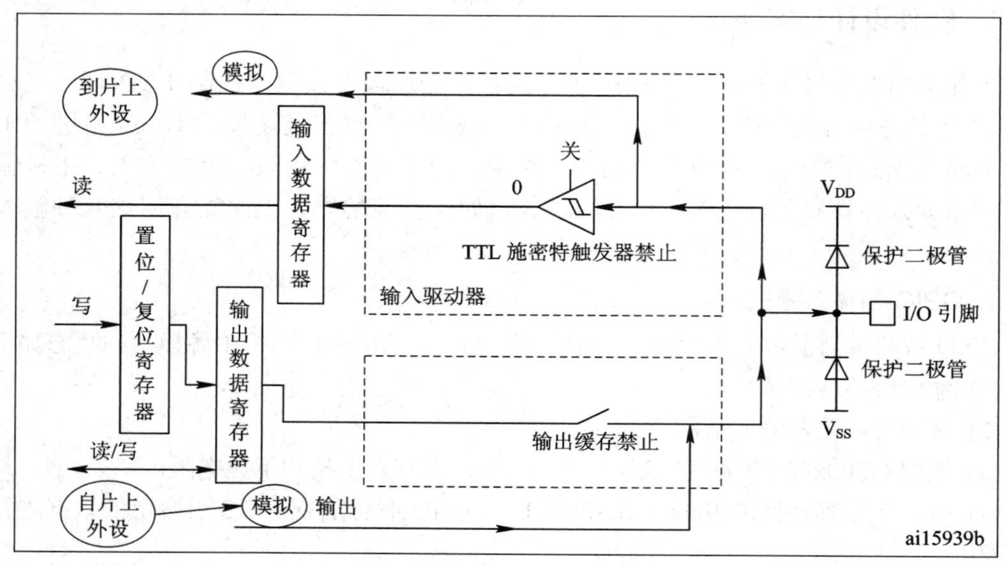

图 3-29　模拟输入配置结构图

GPIO 被配置为模拟输入模式时，GPIO 端口内部结构中的各模块状态如下：

(1) 关闭了施密特触发器，即施密特触发输出值被强制置为 0；

(2) 不接上、下拉电阻，经由另一线路把电压信号传送到片上外设模块；

(3) 上拉和下拉电阻被禁止；

(4) 读取输入数据寄存器时数值为 0。

在模拟输入模式中，由于输出缓冲器被禁止，且禁止了施密特触发输入，因此实现了每个模拟 I/O 引脚上的零消耗。具体应用时，如要使模拟电压信号输入后传送给 ADC 模块，则由 ADC 采集电压信号转换成数字信号传给 MCU。所以使用 ADC 外设时，必须设置为模拟输入模式。

配置时应注意：GPIO 在输入模式下是不需要设置端口的最大输出速度的；在使用任何一种开漏模式时，都需要接上拉电阻。

本任务中，需要通过 GPIO 引脚的输入判断按键是否被按下。根据对硬件原理图的分析，我们已经知道按键 KEY0、KEY1、KEY2 被按下后，其对应的引脚输入为低电平，按键 WK_UP 被按下后，其对应的引脚输入为高电平，为了区分按键按下和不按下的状态，引脚内部的上下拉状态必须要设置成按下按键时相反的电平状态。因此，KEY0、KEY1、KEY2 对应的引脚 PE4、PE3、PE2 工作模式设置为上拉输入(按键不按下的状态为高电平)，WK_UP 对应的引脚 PA0 工作模式设置为下拉输入(按键不按下的状态为低电平)。

2. 软件配置实现过程

本任务基于本章任务 1 跑马灯的工程进行进一步的修改和配置，重复步骤不再赘述。

1) 打开 STM32CubeMX 界面完成按键对应的 GPIO 端口引脚初始化配置

任务 1 中已经完成了 LED 灯对应的引脚(PF9、PF10)配置，按照硬件连接，4 个按键 KEY0、KEY1、KEY2、WK_UP 对应的引脚分别为 PE4、PE3、PE2、PA0，因此需在 STM32 CubeMX 中分别对这四个引脚进行配置，其中 PE4、PE3、PE2 工作模式设置为上拉输入，PA0 工作模式设置为下拉输入。双击文件 LED.ioc 重新打开 STM32CubeMX 配置文件进行配置。

为了不重复配置 LED 灯的引脚，新建一个工程时可以选择 File→New→STM32 Project from an Existing STM32CubeMX Configuration File(.ioc)来新建工程，如图 3-30 所示。

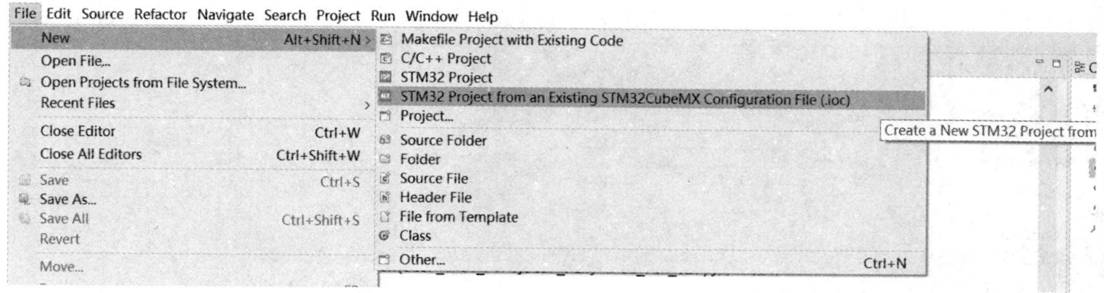

图 3-30　从已有的.ioc 中新建工程

在新建工程的配置窗口中，选择需要复制的 CubeMX 配置文件 LED.ioc，命名工程名为“KEY”，最后点击“Finish”完成配置，如图 3-31 所示。

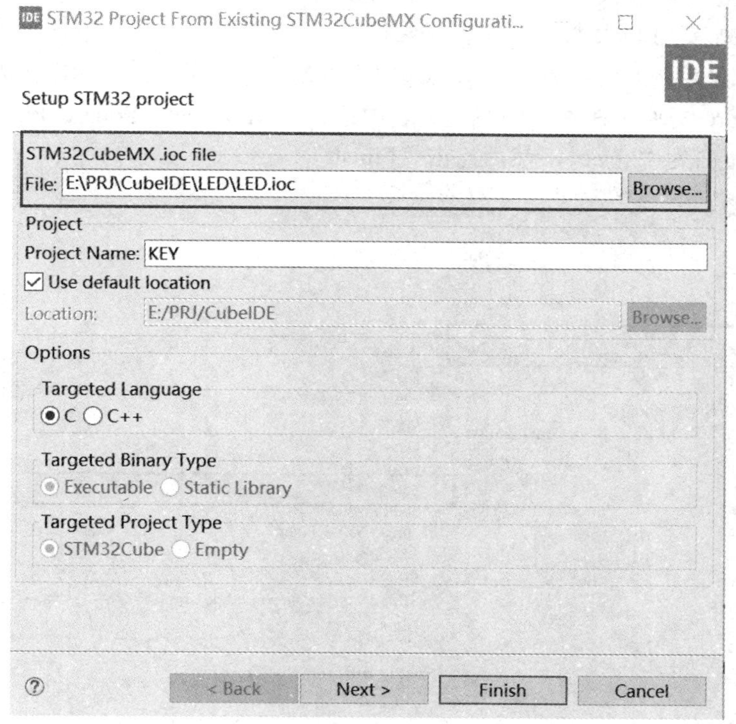

图 3-31　新建工程配置

打开 STM32CubeMX 后进行引脚配置，选中“GPIO_Input”作为按键的工作模式，引脚的具体配置如图 3-32(a)、(b)、(c)、(d)所示，其中 4 个按键 KEY0、KEY1、KEY2、WK_UP 分别命名为 S1、S2、S3、S4。

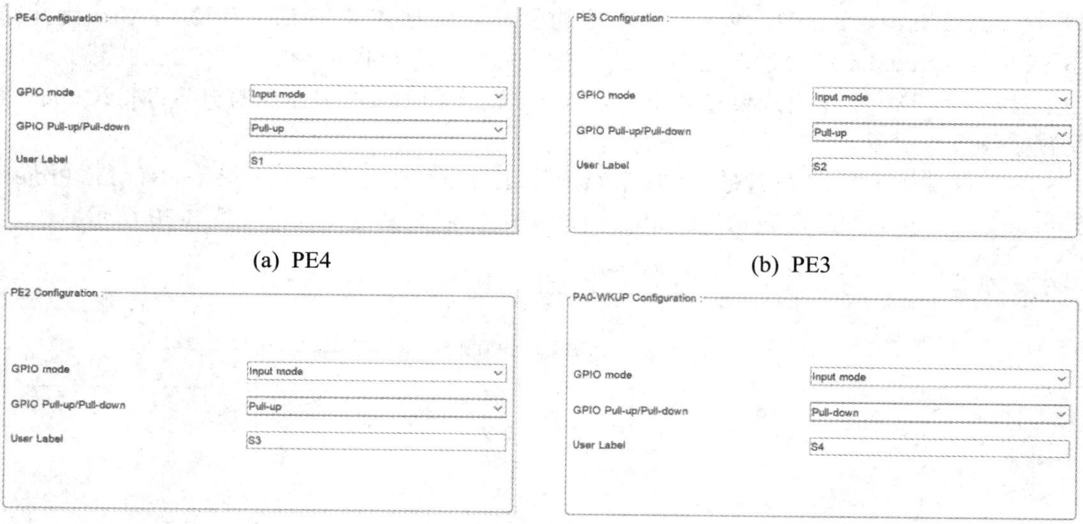

PE4 Configuration
GPIO mode Input mode
GPIO Pull-up/Pull-down Pull-up
User Label S1

(a) PE4

PE3 Configuration
GPIO mode Input mode
GPIO Pull-up/Pull-down Pull-up
User Label S2

(b) PE3

PE2 Configuration
GPIO mode Input mode
GPIO Pull-up/Pull-down Pull-up
User Label S3

(c) PE2

PA0-WKUP Configuration
GPIO mode Input mode
GPIO Pull-up/Pull-down Pull-down
User Label S4

(d) PA0

图 3-32 引脚配置

2) 生成代码

点击工具栏中的保存按钮，或者按下快捷键“Ctrl + S”生成代码。

3) 按键检测及 LED 灯控制功能代码编写

(1) 在 Src 文件夹下新生成一个 key.c 文件，如图 3-33 所示，具体操作为：右键单击工程文件夹下的 Src 文件，在弹出的下拉列表中选中“New”→“Source File”，在弹出的对话框中将文件命名为“key.c”，然后点击“Finish”。

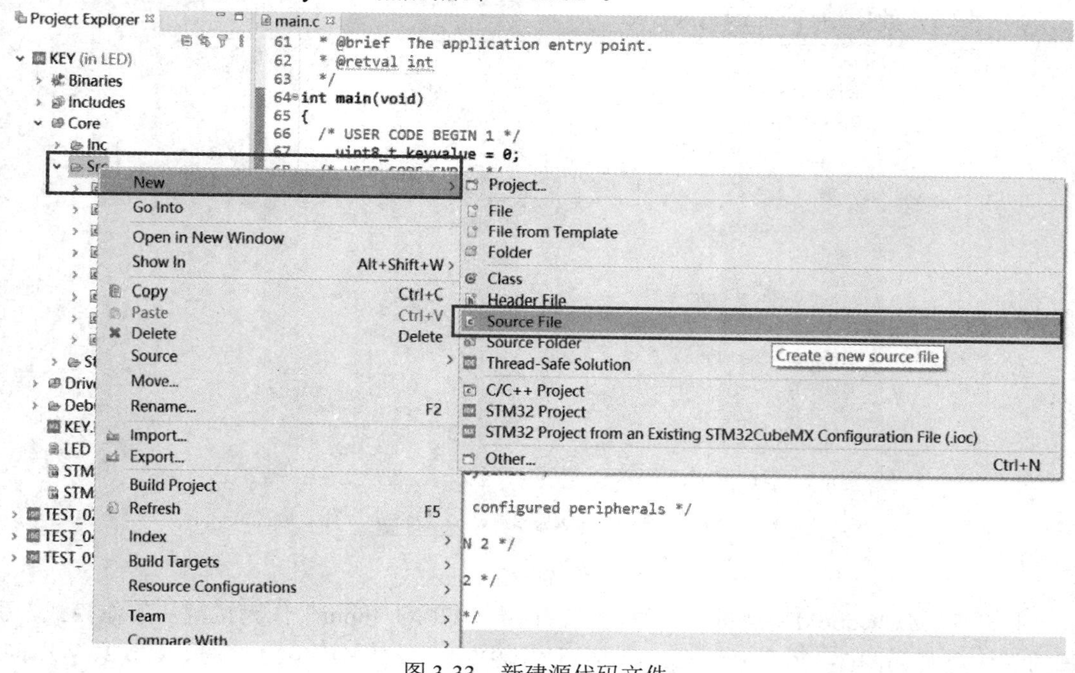

图 3-33 新建源代码文件

(2) 在 key.c 中写入按键扫描函数功能代码并保存，源码内容如图 3-34 所示。

```c
/****************************************************************
** 功能：  单键扫描功能
** 参数：  mode=1时检测到按键松开再返回值，mode=0时不需要松开检测就返回键值
** 返回值：
****************************************************************/
uint8_t Key_Scan(uint8_t mode)
{
    volatile uint8_t keybits = 0, key_value = 0;
    keybits = READ_KEY_BITS();
    if( keybits )
    {
        HAL_Delay(20);          //消抖
        keybits = READ_KEY_BITS();
        switch(keybits)
        {
            case 0x8:
                key_value = 1;  //S1
            break;
            case 0x4:
                key_value = 2;  //S2
            break;
            case 0x2:
                key_value = 3;  //S3
            break;
            case 0x1:
                key_value = 4;  //S4
            break;
            default://其他情况：比如按下多个键，不做反应
            break;
        }
        //如果模式为1时，松开按键才会返回值
        if(mode)
        {
            //先读取再判断do{}while();
            do
            {
                keybits = READ_KEY_BITS();
            }
            while( keybits );       //等待按键释放
        }
    }
    return key_value;           //返回键值
}
```

图 3-34　key.c 代码

(3) 用同样的方法右键单击 Inc 文件生成一个“Header File”的同名文件 key.h，并添加代码，如图 3-35 所示。

```c
#ifndef INC_KEY_H_
#define INC_KEY_H_

#ifdef __cplusplus
extern "C" {
#endif

#include "main.h"
#include "stdint.h"


#define READ_S1()        HAL_GPIO_ReadPin(S1_GPIO_Port,S1_Pin)
#define READ_S2()        HAL_GPIO_ReadPin(S2_GPIO_Port,S2_Pin)
#define READ_S3()        HAL_GPIO_ReadPin(S3_GPIO_Port,S3_Pin)
#define READ_S4()        HAL_GPIO_ReadPin(S4_GPIO_Port,S4_Pin)
#define READ_S1_BIT3()   (READ_S1()<<3)          //1000，按下有效
#define READ_S2_BIT2()   ((!READ_S2())<<2)       //0100，按下有效
#define READ_S3_BIT1()   ((!READ_S3())<<1)       //0010，按下有效
#define READ_S4_BIT0()   (!READ_S4())            //0001，按下有效
#define READ_KEY_BITS() READ_S1_BIT3()|READ_S2_BIT2()|READ_S3_BIT1()|READ_S4_BIT0()

extern uint8_t Key_Scan(uint8_t mode);


#ifdef __cplusplus
}
#endif

#endif /* INC_KEY_H_ */
```

图 3-35　key.h 代码

(4) 在 main.c 中增加一个包含头文件“key.h”的代码：

```
#include "key.h"
```

在 while(1)正确的位置添加代码调用按键扫描函数 Key_Scan 来控制 LED 灯的亮灭，代码如下：

```
while (1)
  {
        keyvalue = Key_Scan(1);          //单键扫描函数，松开后返回键值
        switch(keyvalue)
        {
            case 1:                      //按键 S1 控制 LED0 亮灭状态
                HAL_GPIO_TogglePin(LED0_GPIO_Port,LED0_Pin);
            break;
            case 2:                      //按键 S2 控制 LED1 亮灭状态
                HAL_GPIO_TogglePin(LED1_GPIO_Port,LED1_Pin);
            break;
            case 3:                      //按键 S3 控制 LED0、LED1 全灭状态
                HAL_GPIO_WritePin(LED0_GPIO_Port, LED0_Pin,GPIO_PIN_SET); //LED0 灭
                HAL_GPIO_WritePin(LED1_GPIO_Port, LED1_Pin,GPIO_PIN_SET); //LED1 灭
            break;
            case 4:                      //按键 S4 控制 LED0、LED1 全亮状态
                HAL_GPIO_WritePin(LED0_GPIO_Port, LED0_Pin,GPIO_PIN_RESET); //LED0 亮
                HAL_GPIO_WritePin(LED1_GPIO_Port, LED1_Pin,GPIO_PIN_RESET); //LED1 亮
            break;
            default:
            break;
        }
  }
```

(5) 保存所有修改，点击菜单栏编译按钮进行编译。

4) 下载调试

在 STM32CubeIDE 中点击运行按钮的下拉箭头，打开 Run Configurations 选项，在跳出的窗口中打开最后一个选项 STM32 Cortex-M C/C++ Application，在 Main 选项卡中，选择编译生成的下载文件 Key.elf。切换到调试器选项卡，进行仿真器设置。

最后，点击按钮即可将代码下载至实验平台观察实验结果。模块上电后程序运行，分别按下按键 S1、S2、S3、S4 观察 LED 灯的状态，预期结果为：S1 对应按键 KEY0 按下，LED0 状态翻转；S2 对应按键 KEY1 按下，LED1 状态翻转；S3 对应按键 KEY2 按下，LED0 和 LED1 全灭；S3 对应按键 WK_UP 按下，LED0 和 LED1 全亮。

3. 代码详解

1) GPIO 初始化代码分析

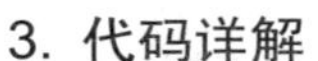

GPIO 引脚的初始化配置通过调用函数 MX_GPIO_Init()来实现，MX_GPIO_Init()的定义代码由 STM32CubeMx 配置完成后自动生成，按键初始化部分具体内容如下：

```
GPIO_InitTypeDef GPIO_InitStruct = {0};
/* GPIO Ports Clock Enable */
  __HAL_RCC_GPIOE_CLK_ENABLE();
  __HAL_RCC_GPIOA_CLK_ENABLE();
//按键 S1、S2、S3 对应引脚初始化
  GPIO_InitStruct.Pin = S3_Pin|S2_Pin|S1_Pin;
  GPIO_InitStruct.Mode = GPIO_MODE_INPUT;    //输入模式
  GPIO_InitStruct.Pull = GPIO_PULLUP;        //上拉输入
  HAL_GPIO_Init(GPIOE, &GPIO_InitStruct);
//按键 S4 对应引脚初始化
  GPIO_InitStruct.Pin = S4_Pin;
  GPIO_InitStruct.Mode = GPIO_MODE_INPUT;    //输入模式
  GPIO_InitStruct.Pull = GPIO_PULLDOWN;      //下拉输入
  HAL_GPIO_Init(S4_GPIO_Port, &GPIO_InitStruct);
```

以上代码中在任务 1 LED 灯对应引脚初始化的基础上增加了按键 S1、S2、S3、S4 对应的引脚初始化，其中引脚宏定义为 Sx_Pin(x = 1, 2, 3, 4)，这是因为通过 STM32CubeMx 设置了每个引脚的“User Label”后，生成代码时会在 main.h 中自动生成引脚名称的宏定义，以便增加代码的可读性。按键引脚 S1_Pin、S2_Pin、S3_Pin 设置为上拉输入模式“GPIO_PULLUP”，按键引脚 S4_Pin 设置为下拉输入模式“GPIO_PULLDOWN”。

2) 按键扫描功能代码

在 main()函数中，按键扫描调用了函数 Key_Scan()：

```
uint8_t Key_Scan(uint8_t mode)
{
    volatile uint8_t keybits = 0, key_value = 0;
    keybits = READ_KEY_BITS();
    if( keybits )
    {
        HAL_Delay(20);              //消抖
        keybits = READ_KEY_BITS();
        switch(keybits)
        {
            case 0x8:
                key_value = 1;      //S1
            break;
```

```
            case 0x4:
                key_value = 2;          //S2
            break;
            case 0x2:
                key_value = 3;          //S3
            break;
            case 0x1:
                key_value = 4;          //S4
            break;
            default:                    //其他情况：比如按下多个键，不做反应
            break;
        }
        //如果模式为 1，松开按键才会返回值
        if(mode)
        {
            //先读取再判断 do{}while();
            do
            {
                keybits = READ_KEY_BITS();
            }
            while( keybits );           //等待按键释放
        }
    }
    return key_value;                   //返回键值
}
```

按键扫描函数 Key_Scan()的入参为 mode，mode = 1 时检测到按键松开再返回键值，mode = 0 时不需要松开按键就返回键值，在 if(mode)的条件判断代码中进行控制。本实例中取 mode = 1，即等待按键松开后返回键值。Key_Scan()的返回值为 key_value，key_value 的取值为 1/2/3/4，分别表示 S1/S2/S3/S4 被按下。从 Key_Scan()的代码来看，只支持单键扫描，如果同时多个按键被按下则无效。

按键状态的读取函数 READ_KEY_BITS()是一个宏函数，在 key.h 中定义，具体代码如下：

```
#define READ_S1()        HAL_GPIO_ReadPin(S1_GPIO_Port,S1_Pin)
#define READ_S2()        HAL_GPIO_ReadPin(S2_GPIO_Port,S2_Pin)
#define READ_S3()        HAL_GPIO_ReadPin(S3_GPIO_Port,S3_Pin)
#define READ_S4()        HAL_GPIO_ReadPin(S4_GPIO_Port,S4_Pin)
#define READ_S1_BIT3()   ((!READ_S1())<<3)   //1000，按下有效
#define READ_S2_BIT2()   ((!READ_S2())<<2)   //0100，按下有效
```

```
#define READ_S3_BIT1()    ((!READ_S3())<<1)   //0010，按下有效
#define READ_S4_BIT0()    (READ_S4())         //0001，按下有效
#define READ_KEY_BITS()  READ_S1_BIT3()|READ_S2_BIT2()|READ_S3_BIT1()|READ_S4_BIT0()
```

首先通过 HAL_GPIO_ReadPin()读取按键引脚的输入情况(低电平“0”或高电平“1”)每个按键引脚通过#define 分别定义为 READ_S1()、READ_S2()、READ_S3()和 READ_S4()。然后将四个按键状态按顺序拼接成一个 4 位的二进制数，代码中 READ_KEY_BITS()的结果就代表了四个按键的状态结果，其中，每一位代表一个按键的输入状态，从高位到低位依次是 S1、S2、S3、S4。

3.4　任务 3　STM32 I/O 的位带操作实现

3.4.1　位带操作原理

Cortex-M4(简称 CM4)内核是一个 32 位的处理器，而外设控制常要针对一个 32 位的字中的某个位(Bit)操作，比如要改写 GPIO 输出数据寄存器中一个位的值来控制其对应的引脚状态，普通的操作过程需要 3 个步骤：

(1) 从 GPIO 输出寄存器读取一个字的数据到寄存器变量；

(2) 设置寄存器变量中该位的值为 0 或 1，同时屏蔽其他位(不改)；

(3) 将寄存器变量的一个字数据写入 GPIO 输出数据寄存器。

位带操作可以使用普通的加载/存储指令来对单一的比特进行读写。在 CM4 中，有两个名为位段区域的预定义存储器区域支持这种操作，其中一个位于 SRAM 区域的第一个 1 MB，另一个则位于外设区域的第一个 1 MB；这两个区域的地址除了可以像普通的 RAM 一样使用外，它们还都有自己的“位带别名区”，位带别名区把每个比特膨胀成一个 32 位的字，如图 3-36 所示。当通过位带别名区访问这些字时，就可以达到访问原始比特的目的。

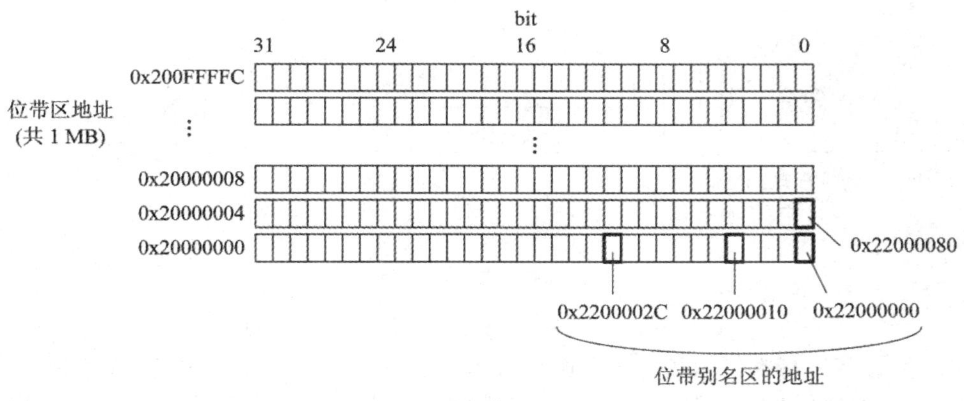

(a) 位带区

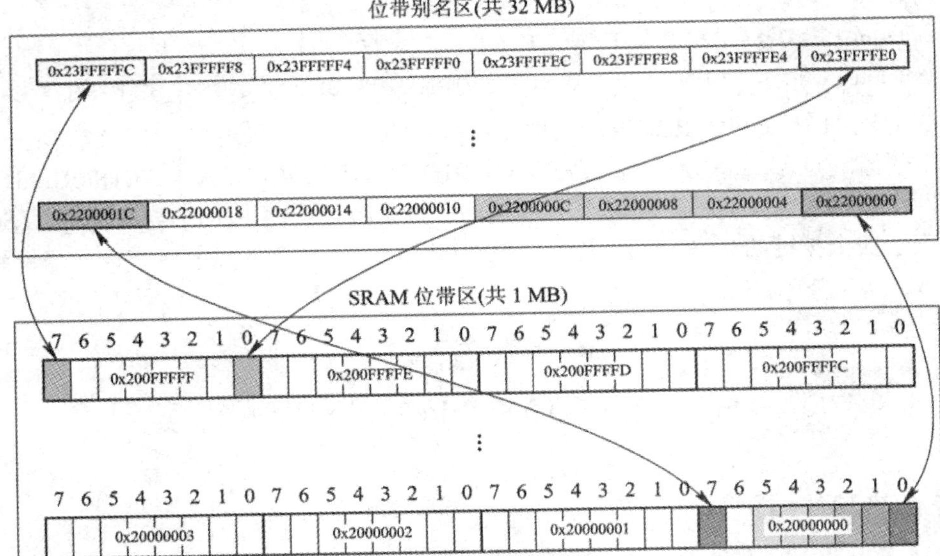

(b) 位带区与位带别名区的膨胀映射关系

图 3-36 位带区与位带别名区的膨胀关系

举例：设置地址 0x2000_0000 中的第 2 位，则使用位带操作的设置过程如图 3-37 所示。

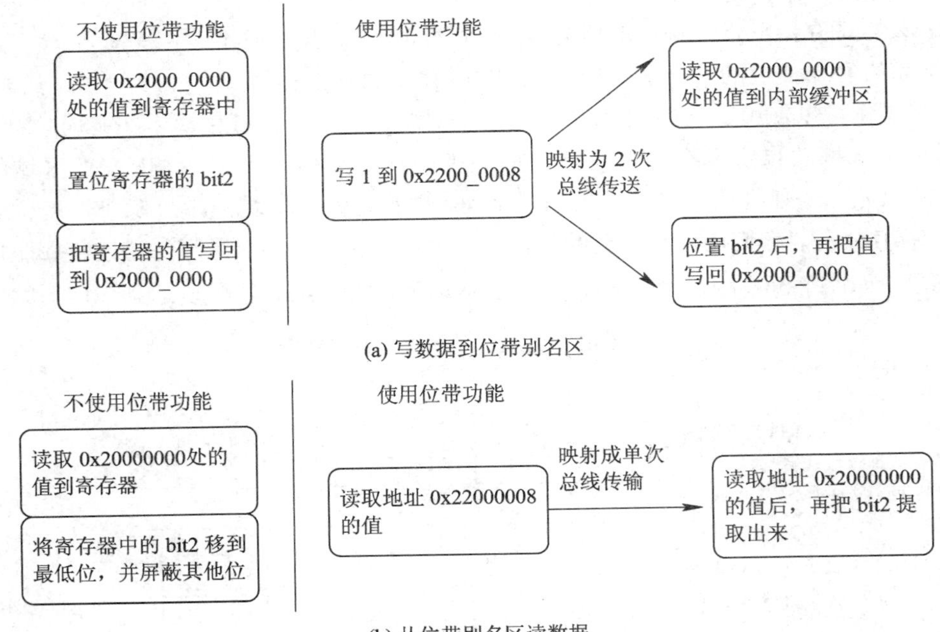

(a) 写数据到位带别名区

(b) 从位带别名区读数据

图 3-37 位带操作和普通操作读写过程的比对

可见，位带读写操作相对普通操作要简单一些，且效率更高。位带操作的概念最早出现在 51 单片机这样的 8 位微控制器中，但 8 位机需要特殊的数据类型和操作指令才能进行位带操作。如今，位带操作在 Cortex-M3 和 Cortex-M4 中不断发展进化，这里的位带操作不再需要特殊的数据类型和操作指令，而是定义了特殊的存储器区域，对这些区域的数据访问会被自动转换为位操作。

CM4 使用如下术语来表示位带存储的相关地址：

(1) 位带区：支持位带操作的地址区。支持位带操作的两个内存区的范围如下：

① 0x2000_0000～0x200F_FFFF(SRAM 区，1 MB)。

② 0x4000_0000～0x400F_FFFF(外设区，1 MB)。

(2) 位带别名区：专门用于位带操作的特殊地址区。对别名地址的访问最终作用到位带区的访问上(注意：中途有一个地址映射过程)。对应上面两个内存区的位带别名区分别是：

① 0x2200_0000～0x230F_FFFF(SRAM 区，32 MB)。

② 0x4200_0000～0x430F_FFFF(外设区，32 MB)。

在位带区中，每个比特都映射到位带别名区的一个字，这个字只有最低位有效的字。当一个别名地址被访问时，会先把该地址变换成位带地址。对于读操作，读取位带地址中的一个字，再把需要的位右移到最低位，并把最低位返回。对于写操作，把需要写的位左移至对应的位序号处，然后执行一个原子的“读—改—写”过程。

位带别名区和位带区的映射公式为

$$\text{bit\_word\_addr} = \text{bit\_band\_base} + (\text{byte\_offset} \times 32) + (\text{bit\_number} \times 4)$$

式中：bit_word_addr 表示别名存储区中映射为目标位的字的地址；bit_band_base 表示别名区的开始地址，即 0x2200_0000 或 0x4200_0000；byte_offset 表示位带区中包含目标位的字节的编号；Bit_number 表示目标位所在的位置(0-7)。

举例：字地址 0x20000300 中位号 2 的位对应的别名区地址是多少？具体计算过程如下：

$$\text{bit\_band\_base} = \text{0x2200\_0000}$$

$$\text{byte\_offset} = \text{0x2000\_0300} - \text{0x2000\_0000} = \text{0x300}$$

$$\text{bit\_word\_addr} = \text{0x2200\_0000} + \text{0x300} \times 32 + 2 \times 4 = \text{0x2200\_6008}$$

经过计算，字地址 0x20000300 中位号 2 的位对应的别名区地址是 0x2200_6008。

位带操作的优越性：位带操作可以通过 GPIO 的管脚来单独控制每个 LED 的点亮与熄灭；便于操作串行接口器件(典型器件如 74HC165、CD4094)。总之，位带操作对于硬件 I/O 密集型的底层程序极为有用。另外，位带操作可用来化简跳转的判断，使得代码更整洁，在多任务中位带操作用于实现共享资源在任务间的“互锁”访问。

3.4.2 位带操作的代码实现

此处仍以任务 1 中跑马灯的功能为基础，将位带操作应用到该任务中。硬件设计无须变化，软件代码需要做以下修改：

(1) 在 gpio.h 下增加位带地址和映射关系的宏定义：

```
//位带别名区地址计算
#define BITBAND(addr, bitnum) ((addr & 0xF0000000)+0x2000000+((addr &0xFFFFF)<<5)+(bitnum<<2))
#define MEM_ADDR(addr)   *((volatile unsigned long   *)(addr))
#define BIT_ADDR(addr, bitnum)   MEM_ADDR(BITBAND(addr, bitnum))
```

```
//输出数据寄存器 IO 口地址映射
#define GPIOA_ODR_Addr    (GPIOA_BASE+20)
#define GPIOB_ODR_Addr    (GPIOB_BASE+20)
#define GPIOC_ODR_Addr    (GPIOC_BASE+20)
#define GPIOD_ODR_Addr    (GPIOD_BASE+20)
#define GPIOE_ODR_Addr    (GPIOE_BASE+20)
#define GPIOF_ODR_Addr    (GPIOF_BASE+20)
#define GPIOG_ODR_Addr    (GPIOG_BASE+20)
#define GPIOH_ODR_Addr    (GPIOH_BASE+20)
#define GPIOI_ODR_Addr    (GPIOI_BASE+20)
//输入数据寄存器 IO 口地址映射
#define GPIOA_IDR_Addr    (GPIOA_BASE+16)
#define GPIOB_IDR_Addr    (GPIOB_BASE+16)
#define GPIOC_IDR_Addr    (GPIOC_BASE+16)
#define GPIOD_IDR_Addr    (GPIOD_BASE+16)
#define GPIOE_IDR_Addr    (GPIOE_BASE+16)
#define GPIOF_IDR_Addr    (GPIOF_BASE+16)
#define GPIOG_IDR_Addr    (GPIOG_BASE+16)
#define GPIOH_IDR_Addr    (GPIOH_BASE+16)
#define GPIOI_IDR_Addr    (GPIOI_BASE+16)
//IO 口操作，只对单一的 IO 口!
//确保 n 的值小于 16!
#define PFout(n)    BIT_ADDR(GPIOF_ODR_Addr,n)    //输出
#define PFin(n)     BIT_ADDR(GPIOF_IDR_Addr,n)    //输入
#define LED0 PFout(9)
#define LED1 PFout(10)
```

本任务用到了端口 F，代码中计算映射地址仅给出 F 端口输出和输入引脚位带区的定义 PFout(n)和 PFin(n)，其他端口用户可以此为参考完成。另外需要注意的是，本任务使用的是 STM32F4xx 系列芯片，其输入数据寄存器 GPIOx_IDR 的地址偏移为 16，输出数据寄存器 GPIOx_ODR 的地址偏移为 20，因此代码中赋值为基地址 GPIOx_BASE + 偏移量(16/20)，如果使用其他系列的芯片，偏移量可能不同，需要查看芯片手册确定偏移量，修改代码后方可使用。

(2) 在 main.c 的主函数 main()下的 while(1)中修改为 LED 灯的位带操作控制代码：

```
while (1)
{
    LED0=0;    //LED0 亮
    LED1=1;    //LED1 灭
    HAL_Delay(200);
```

```
        LED0=1;     //LED0 灭
        LED1=0;     //LED1 亮
        HAL_Delay(200);
    }
```

从代码中可以看到，位带操作的代码更直接、简洁。

3.5 拓展知识

3.5.1 STM32 I/O 的配置寄存器

对于 STM32F4xx 系列芯片，每个通用 I/O 端口包括以下几种寄存器：

• GPIO 配置寄存器

① GPIO 端口模式寄存器 GPIOx_MODER；

② GPIO 端口输出类型寄存器 GPIOx_OTYPER；

③ GPIO 端口输出速度寄存器 GPIOx_OSPEEDR；

④ GPIO 端口上拉/下拉寄存器 GPIOx_PUPDR。

• 数据寄存器(GPIOx_IDR 和 GPIOx_ODR)

① GPIO 端口输入数据寄存器 GPIOx_IDR；

② GPIO 端口输出数据寄存器 GPIOx_ODR。

• 置位/复位寄存器(GPIOx_BSRR)

• 锁定寄存器(GPIOx_LCKR)

• 复用功能选择寄存器

① GPIO 复用功能高位寄存器 GPIOx_AFRH；

② GPIO 复用功能低位寄存器 GPIOx_AFRL。

关于寄存器的详细说明可以查阅 STM32F4xx 参考手册，本书中不详细展开介绍。

3.5.2 STM32 I/O 相关的 HAL 库函数

GPIO 配置的 HAL 库函数在 stm32f4xx_hal_gpio.c 源代码文件中定义，GPIO 配置相关的 HAL 库函数主要有以下几种：

• HAL_GPIO_Init

功能：GPIO 初始化，每个引脚可独立配置，也可同时传入多个引脚进行配置，包括 GPIO 工作模式、响应速度等相关寄存器的配置，无返回值。

函数原型：

```
void HAL_GPIO_Init(GPIO_TypeDef    *GPIOx, GPIO_InitTypeDef *GPIO_Init)
```

• HAL_GPIO_DeInit

功能：GPIO 去初始化，设置 GPIO 配置寄存器内容为复位时的默认值，无返回值。

函数原型：

```
void HAL_GPIO_DeInit(GPIO_TypeDef    *GPIOx, uint32_t GPIO_Pin)
```

• HAL_GPIO_ReadPin

功能：从输入数据寄存器(IDR)中读取引脚状态值(0 或 1)，返回引脚状态值“0”或“1”。

函数原型：

```
GPIO_PinState HAL_GPIO_ReadPin(GPIO_TypeDef* GPIOx, uint16_t GPIO_Pin)
```

返回值为枚举类型 GPIO_PinState：

```
typedef enum
{
    GPIO_PIN_RESET = 0,
    GPIO_PIN_SET
}GPIO_PinState;
```

• HAL_GPIO_WritePin

功能：向输出数据寄存器(ODR)中写入输出状态(0 或 1)，无返回值。

函数原型：

```
void HAL_GPIO_WritePin(GPIO_TypeDef* GPIOx,uint16_t GPIO_Pin,GPIO_PinState PinState)
```

• HAL_GPIO_TogglePin

功能：翻转引脚的状态值(0 变 1，1 变 0)，无返回值。

函数原型：

```
void HAL_GPIO_TogglePin(GPIO_TypeDef* GPIOx, uint16_t GPIO_Pin)
```

思考与练习

1. 简述 GPIO 有哪几种工作模式。
2. 分析推挽输出和开漏输出的区别。
3. 对于任务 1，修改跑马灯功能为全亮和全灭，调用 HAL_GPIO_TogglePin 函数实现。
4. 分析几种输入模式的区别，简述它们分别适合哪些应用场景。
5. 对于任务 2 的功能，完善按键检测函数，添加函数输入变量 mode，输入变量 mode 为 2 时支持长按检测。当按键时长超过两秒时返回键值 5～8。按键时长超过五秒时返回键值 9～12。并能够控制对应 LED 灯的状态。
6. 采用位带操作的方法，实现按键的位带读取代码。

第 4 章　STM32 外部中断的应用

外部中断是微控制器实时处理外部事件的一种内部机制。当某种外部事件发生时，单片机的中断系统将迫使 MCU 暂停正在执行的程序，转而去进行中断事件的处理；中断处理完毕后，返回被中断的程序处继续执行。一般情况下，微控制器的程序是封闭状态下自主运行的，如果在某一时刻需要响应一个外部事件(比如按键按下)，这时就会用到外部中断。

STM32 允许多种多样的中断，如外部 IO 中断、ADC、USART、I2C 等。中断在 STM32 中是非常重要的技术，用好 STM32 的中断对灵活应用 STM32 进行功能开发非常有用。本章主要针对外部 IO 中断开展实践，读者通过本章的学习，首先认识 STM32 外部中断的工作原理，然后通过一个任务进行外部中断应用设计的实践操作，掌握 STM32 应对外部突发事件的处理方法。

4.1　认识 STM32 的外部中断

4.1.1　STM32 的中断向量表

STM32F407xx 具有 82 个可屏蔽中断，13 个系统异常中断，表 4-1 给出了其中一部分内容，读者可查看芯片手册了解更详细的中断内容。表中前 13 个无位置编号的为系统异常中断，其中 3 个优先级为负的系统异常中断优先级固定不可改，分别是复位(Reset)、不可屏蔽中断(NMI)、硬件错误(HardFault)。中断编号为 0～81 的是可屏蔽中断，其优先级可设置，优先级数值越小表示优先级别越高。

表 4-1　STM32F407 的中断向量表

位置	优先级	优先级类型	名 称	说　明	地址
	—	—	—	保留	0x0000 0000
	−3	固定	Reset	复位	0x0000 0004
	−2	固定	NMI	不可屏蔽中断。RCC 时钟安全系统(CSS)连接到 NMI 向量	0x0000 0008
	−1	固定	HardFault	硬件错误	0x0000 000C
	0	可编程设置	MemManage	存储器管理	0x0000 0010

续表

位置	优先级	优先级类型	名 称	说 明	地址
	1	可编程设置	BusFault	预取指失败，存储器访问失败	0x0000 0014
	2	可编程设置	UsageFault	未定义的指令或非法状态	0x0000 0018
	—	—	—	保留	0x0000 001C-0x0000 002B
	3	可编程设置	SVCall	通过 SWI 指令调用的系统服务	0x0000 002C
	4	可编程设置	Debug Monitor	调试监控器	0x0000 0030
	—	—	—	保留	0x0000 0034
	5	可编程设置	PendSV	可挂起的系统服务	0x0000 0038
	6	可编程设置	SysTick	系统嘀嗒定时器	0x0000 003C
0	7	可编程设置	WWDG	窗口看门狗中断	0x0000 0040
1	8	可编程设置	PVD	连接到 EXTI 线的可编程电压检测(PVD)中断	0x0000 0044
2	9	可编程设置	TAMP_STAMP	连接到 EXTI 线的入侵和时间截中断	0x0000 0048
3	10	可编程设置	Systick	连接到 EXTI 线的 RTC 唤醒中断	0x0000 004C
4	11	可编程设置	FLASH	Flash 全局中断	0x0000 0050
5	12	可编程设置	RCC	RCC 全局中断	0x0000 0054
6	13	可编程设置	EXTI0	EXTI 线 0 中断	0x0000 0058
7	14	可编程设置	EXTI1	EXTI 线 1 中断	0x0000 005C
8	15	可编程设置	EXTI2	EXTI 线 2 中断	0x0000 0060
9	16	可编程设置	EXTI3	EXTI 线 3 中断	0x0000 0064
10	17	可编程设置	EXTI4	EXTI 线 4 中断	0x0000 0068
11	18	可编程设置	DMA1 Stream0	DMA1 流 0 全局中断	0x0000 006C
—	—	—	—	—	—
23	30	可编程设置	EXTI9_5	EXTI 线[9：5]中断	0x0000 009C
—	—	—	—	—	—
40	47	可编程设置	EXTI15_10	EXTI 线[15：10]中断	0x0000 00E0

在代码工程中，中断向量表可以从启动文件中查找到，不同型号 STM32 芯片的中断向量表有些区别，在启动文件(比如 startup_stm32f407xx.s)中，已经有相应芯片可用的全部中断的服务函数定义。而且在编写中断服务函数时，需要从启动文件中定义的中断向量表查找中断服务函数名。表中的地址栏就是各自中断服务函数的入口地址，即中断向量，这也正是中断向量表的重要作用，即当发生了异常或中断并且要响应它时，Cortex 内核需要定位其处理例程的入口地址，而这些入口地址存储在相应的中断向量中。

4.1.2　外部中断/事件控制器(EXTI)

1. 外部中断/事件控制器工作原理

STM32 的外部中断/事件控制器(EXTI)有两个功能：一个是产生中断，另一个是产生事件。STM32F407xxx 的外部中断/事件控制器内部结构如图 4-1 所示。

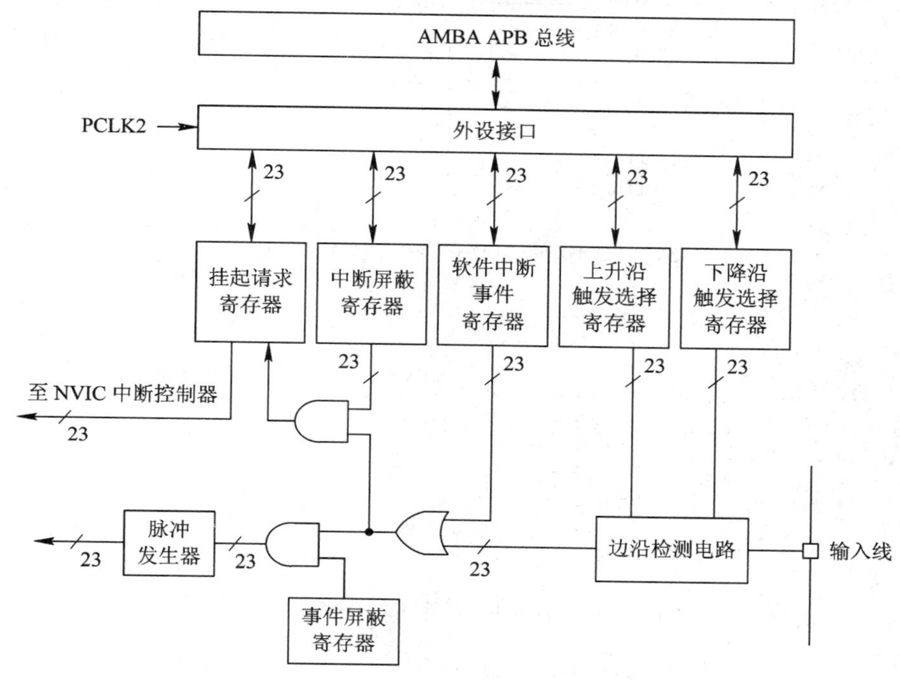

图 4-1　外部中断/事件控制器框图

EXTI 包含多达 23 个用于产生中断/事件请求的边沿检测器，分别用于检测 23 个外部中断/事件输入线，每根中断/事件输入线都可单独进行配置，以选择类型(中断或事件)和相应的触发事件(上升沿触发、下降沿触发或边沿触发)。每根输入线还可单独屏蔽。挂起寄存器用于保持中断输入线的中断状态。EXTI 的具体功能如下：

(1) 要产生中断，必须先配置好并使能中断线。根据需要的边沿检测设置两个触发寄存器，同时在中断屏蔽寄存器的相应位写“1”使能中断请求。当外部中断线上出现选定信号沿时，便会产生中断请求，对应的挂起位也会置“1”。在挂起寄存器的对应位写“1”，将清除该中断请求。

(2) 要产生事件，必须先配置好并使能事件线。根据需要的边沿检测设置两个触发寄存器，同时在事件屏蔽寄存器的相应位写“1”允许事件请求。当事件线上出现选定信号沿时，便会产生事件脉冲，对应的挂起位不会置“1”。

(3) 通过在软件中对软件中断/事件寄存器写“1”，也可以产生中断/事件请求。

2. 外部中断/事件线的映射

STM32 的每个 I/O 端口都可以作为外部的中断输入口。将 23 根外部中断/事件输入线定义为 EXTI0～EXTI22，其中 EXTI0～EXTIO15 映射到 GPIOx_Pin0～GPIOx_Pin15，映射关系如图 4-2 所示。以 EXTI0 为例，EXTI0 可以映射到 PA0, PB0, …, PI0，但不代表可以同时映射到这 9 个引脚，如果设置了 PA0 作为 EXTI0 的输入线，那么其他引脚就不能再用 EXTI0 了。

SYSCFG_EXTICR1 寄存器中的 EXTI0[3:0] 位

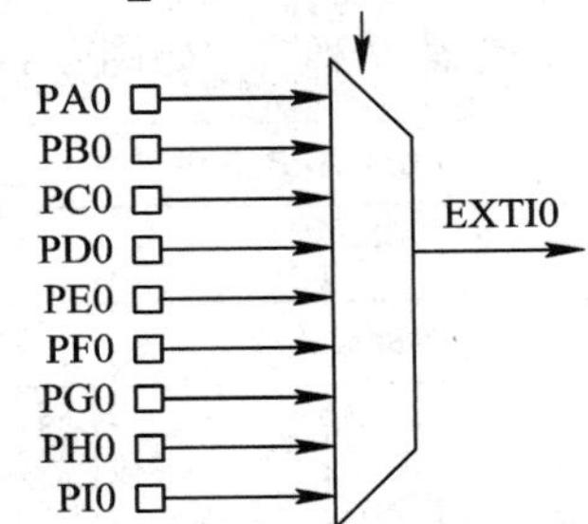

SYSCFG_EXTICR1 寄存器中的 EXTI1[3:0] 位

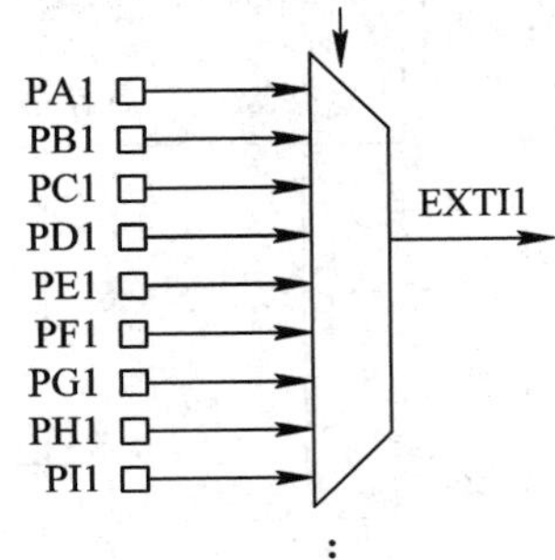

⋮

SYSCFG_EXTICR4 寄存器中的 EXTI15[3:0] 位

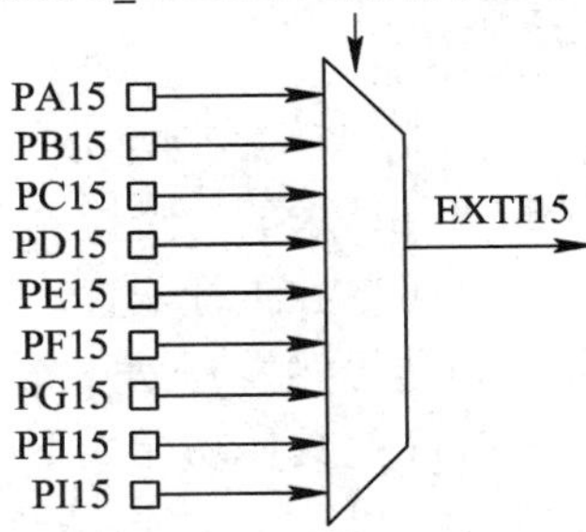

图 4-2　EXTI 与 GPIO 引脚映射关系

以 GPIO 引脚作为输入线的 EXTI 可以用于检测外部输入事件，本章后面的任务就是通过按键连接的 GPIO 引脚输入作为中断触发事件，从而在中断处理函数中实现对 LED 灯状态的控制，这种方式比按键查询的方式具有更高的执行效率。

另外 7 根 EXTI 线连接的不是某个实际的 GPIO 引脚，而是其他外设产生的事件信号，分别是：

(1) EXTI 线 16 连接到 PVD 输出。

(2) EXTI 线 17 连接到 RTC 闹钟事件。

(3) EXTI 线 18 连接到 USB OTG FS 唤醒事件。

(4) EXTI 线 19 连接到以太网唤醒事件。

(5) EXTI 线 20 连接到 USB OTG HS(在 FS 中配置)唤醒事件。

(6) EXTI 线 21 连接到 RTC 入侵和时间戳事件。

(7) EXTI 线 22 连接到 RTC 唤醒事件。

3. 中断服务函数

中断服务函数是用户用来编写中断响应事件的。GPIO 引脚作为输入线的外部中断线 EXTI0～EXTI15，在中断向量表中只分配了 7 个中断向量(查看表 4-1 可知)，也就是只能使用 7 个中断服务函数，如表 4-2 所示。其中 EXTI0～EXTI4 中断线都有独立的中断服务函数，EXTI5～EXTI9 共用一个中断服务函数，EXTI10～EXTI15 共用一个中断服务函数。需要强调的是，中断服务函数名是在启动文件(startup_stm32f407xx.s)中定义的，用户不可随意修改。

表 4-2　外部中断线的向量表和中断服务函数名

位置	优先级	优先级类型	名 称	说 明	地 址	中断服务函数名
6	13	可设置	EXTI0	EXTI 线 0 中断	0x0000_0058	EXTI0_IRQHandler
7	14	可设置	EXTI1	EXTI 线 1 中断	0x0000_005C	EXTI1_IRQHandler
8	15	可设置	EXTI2	EXTI 线 2 中断	0x0000_0060	EXTI2_IRQHandler
9	16	可设置	EXTI3	EXTI 线 3 中断	0x0000_0064	EXTI3_IRQHandler
10	17	可设置	EXTI4	EXTI 线 4 中断	0x0000_0068	EXTI4_IRQHandler
23	30	可设置	EXTI9_5	EXTI 线[9：5]中断	0x0000_009C	EXTI9_5_IRQHandler
40	47	可设置	EXTI15_10	EXTI 线[15：10]中断	0x0000_00E0	EXTI5_10_IRQHandler

4.1.3　中断管理机制

1. 嵌套向量中断控制器

为了管理配置中断，Cortex-M4 在内核水平上搭载了一个嵌套向量中断控制器(Nested Vectored Interrupt Controller，NVIC)，NVIC 把外部的中断信号关联到单片机内核中，对各种中断进行分类，按先后顺序发送给内核，让内核处理对应的中断。NVIC 的优点在于嵌套向量中断控制器(NVIC)和处理器内核接口紧密配合，可以实现低延迟的中断处理和晚到中断的高效处理。包括内核异常在内的所有中断均通过 NVIC 进行管理。

当有多个外设中断同时到达 NVIC 时，NVIC 会根据其在向量表中设置的优先级判断哪个中断可优先执行。NVIC 还具有中断嵌套的管理机制，即在进入一个中断处理程序之后，还能在中断之内再次产生中断，当然，中断是否能嵌套还是需要依据优先级进行判断。

2. 中断优先级

STM32 的中断源具有两种优先级属性：抢占优先级和响应优先级(又称为子优先级)。每个中断源都需要指定这两种中断优先级。优先级数值越小，优先级别越高。抢占优先级的抢占是指打断其他中断的属性，即低抢占优先级的中断 A 可以被高抢占优先级的中断 B 打断，执行完中断服务函数 B 后再返回继续执行中断服务函数 A，由此会出现中断嵌套。

响应优先级在抢占优先级相同的情况下使用，通过响应优先级判断中断的执行顺序。

当两个中断源的抢占优先级相同时，分以下几种情况：

(1) 如果两个中断同时到达，则中断控制器会先处理响应优先级高的中断。

(2) 当一个中断到来后，如果正在处理另一个中断，则这个后到的中断就要等到前一个中断处理完之后才能被处理(高响应优先级的中断不可以打断低响应优先级的中断，即抢占优先级相同时，这两个中断将没有嵌套关系)。

(3) 如果它们的抢占式优先级和响应优先级都相等，则根据它们在中断表中的排位顺序决定先处理哪一个。

从表 4-1 中我们可以看到，STM32 有 3 个系统异常：复位(Reset)、NMI、HardFault，它们有固定的优先级，并且它们的优先级号是负数，从而高于所有其他异常和中断。而所有其他中断的优先级则都是可编程的，但不能编程为负数。Cortex-M4 优先级配置寄存器共有 8 位，而 STM32F 系列 MCU 的 NVIC 只采用了 4 位二进制数设置中断优先级，这 4 位二进制数可以分为两段，一段用于设置抢占优先级，另一段用于设置响应优先级。分段的组合如表 4-3 所示。

表 4-3　优先级分组

中断分组输入参数	bit 分配情况	中断优先级分配结果
NVIC_PriorityGroup_0	0：4	0 位抢占优先级(0)，4 位响应优先级(0～15)
NVIC_PriorityGroup_1	1：3	1 位抢占优先级(0～1)，3 位响应优先级(0～7)
NVIC_PriorityGroup_2	2：2	2 位抢占优先级(0～3)，2 位响应优先级(0～3)
NVIC_PriorityGroup_3	3：1	3 位抢占优先级(0～7)，1 位响应优先级(0～1)
NVIC_PriorityGroup_4	4：0	4 位抢占优先级(0～15)，0 位响应优先级(0)

4.2　任务　按键检测的设计与实现

4.2.1　任务分析

任务内容：设计并实现一个由外部中断完成的按键控制 LED 灯系统，系统上电后，按键按下会触发外部中断，通过外部中断实现按键控制 LED 灯的亮灭状态。

任务分析：本任务的功能与第 3 章任务 2 的功能是一样的，第 3 章任务 2 中采用按键查询的方式检测按键状态，而本任务中利用 EXTI 的中断线来判断外部按键事件，并且在按键按下后触发中断处理，即 LED 灯状态的变化。这种实现方式要比查询更加高效。

4.2.2　硬件设计与实现

本任务中用到的 LED 灯电路设计延续第 3 章任务 1 的设计，此处不再详细描述。

按键硬件电路设计可查看图 3-27，KEY0、KEY1、KEY2、WK_UP 分别连接 PE4、PE3、

PE2、PA0，由 EXTI 中断线与 GPIO 的映射关系可知，四个按键的 GPIO 引脚分别作为 EXTI4、EXTI3、EXTI2、EXTI0 的输入线。从按键的硬件电路设计上可知，按键 KEY0～KEY2 按下前 GPIO 引脚输入为高电平，按下后输入为低电平，因此 EXTI4、EXTI3、EXTI2 采用下降沿检测输入信号，按键按下触发中断；按键 WK_UP 按下前输入为低电平，按下后输入为高电平，EXTI0 采用上升沿检测输入信号，按键按下触发中断。

4.2.3　软件设计与实现

1. 软件配置实现过程

基于 STM32CubeIDE 新建工程，芯片选用 STM32F407ZGT6。

1) 在新建工程中打开 STM32CubeMX 界面完成配置

(1) 完成时钟配置。

(2) 完成 2 个 LED 端口配置。

(3) 完成 4 个按键端口配置。

此处按键作为外部中断的输入线，所以按键对应的 GPIO 引脚需要配置为外部中断模式，按键对应的 GPIO 引脚为 PE4、PE3、PE2、PA0，其映射的外部中断线为 EXTI4、EXTI3、EXTI2、EXTI0，具体配置如图 4-3 所示，在 STM32CubeMX 的 Pinout view 中找到引脚 PE4、PE3、PE2、PA0，点击引脚，在跳出的引脚工作模式列表中分别选中“GPIO_EXTI4”“GPIO_EXTI3”“GPIO_EXTI2”“GPIO_EXTI0”作为其工作模式。

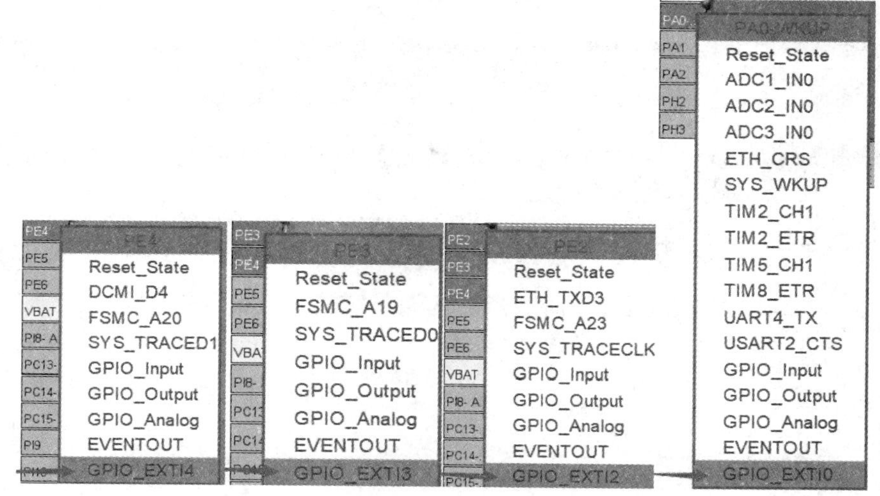

图 4-3　引脚中断工作模式的配置

配置 PE4、PE3、PE2 的“GPIO mode”为“External Interrupt Mode with Falling edge trigger detection”，即为下降沿触发的外部中断，而 PA0 配置其“GPIO mode”为“External Interrupt Mode with Rising edge trigger detection”，即上升沿触发的外部中断。另外由于按键的硬件电路没有上下拉电阻，故按照实际硬件连接情况，PE4、PE3、PE2 的“GPIO Pull-up/Pull-down”都配置为“Pull-up”，PA0 配置为“Pull-down”，即需要配置内部上下拉电阻。具体以 PE4 的 GPIO 配置为例，如图 4-4 所示。

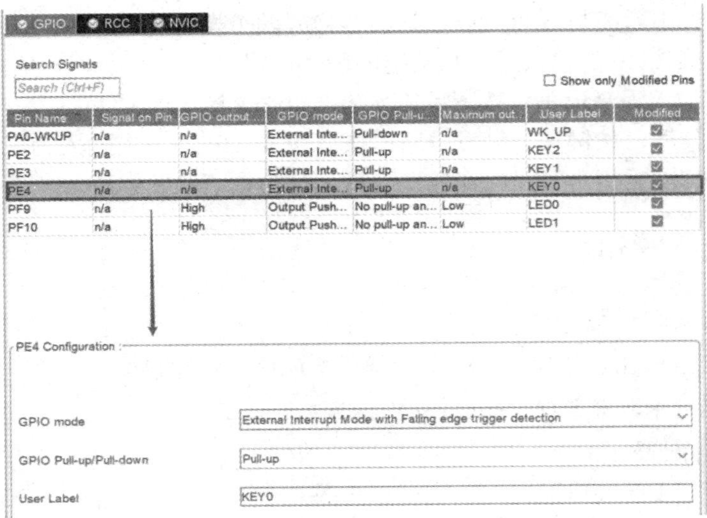

图 4-4　中断模式下按键引脚的配置

(4) 中断优先级配置。

如图 4-5 所示，选择 System Core 下的 NVIC 选项，选择优先级组“Priority Group”为“0 bits for pre-emption”，查看表 4-3，即 0 位抢占优先级，4 位响应优先级，通过响应优先级的不同判断其中断优先级。然后配置 EXTI line interrupt0、EXTI line interrupt2、EXTI line interrupt3、EXTI line interrupt4 的中断优先级分别为 2、3、4、5，并将使能(Enable)选项打钩，则优先级从高到低依次为 WK_UP＞KEY2＞KEY1＞KEY0。

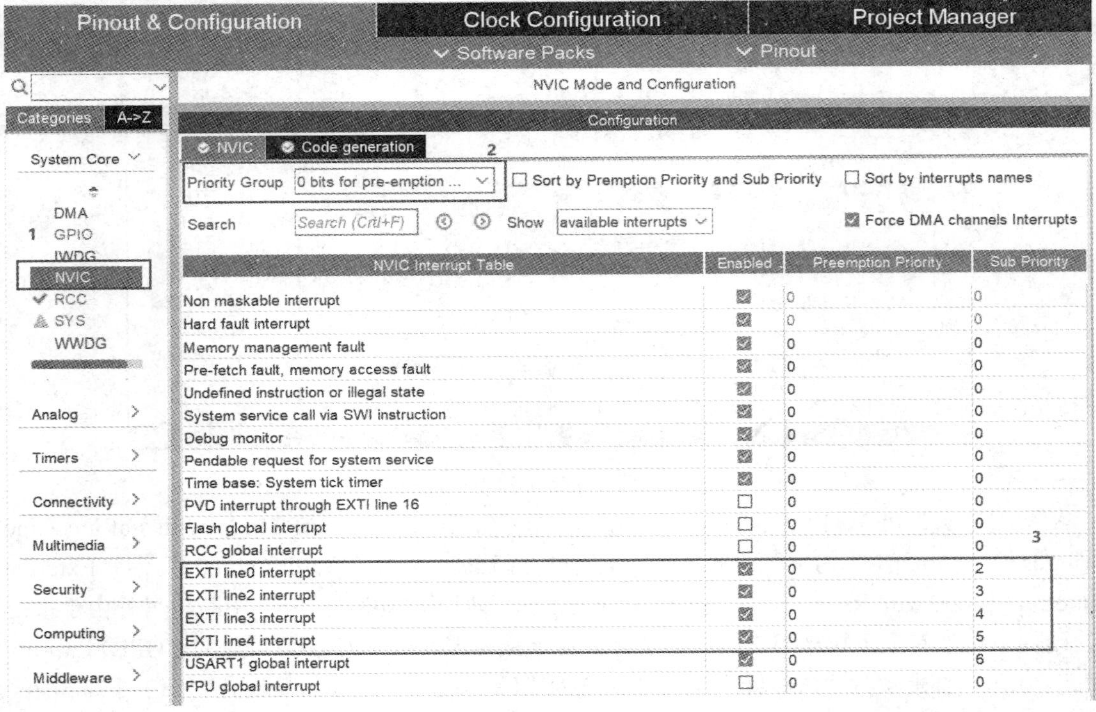

图 4-5　NVIC 中优先级配置

2) 导出工程

导出工程后的 scr 文件目录下主要包括了主函数 main.c、按键引脚配置 gpio.c 等。

3) 代码编写

各个引脚和中断的初始化代码都由平台自动生成，用户只需要编写中断服务函数中各个引脚的公共回调函数内容即可。可以在 gpio.c 中新建外部中断回调函数 void HAL_GPIO_EXTI_Callback(uint16_t GPIO_Pin)，所有的外部中断执行都在这个函数中实现。函数代码如图 4-6 所示。

```
main.c    main.c    gpio.c ×
}

/* USER CODE BEGIN 2 */
void HAL_GPIO_EXTI_Callback(uint16_t GPIO_Pin)
{
    if(GPIO_Pin == GPIO_PIN_4)//KEY0按下
    {
        HAL_GPIO_TogglePin(LED0_GPIO_Port,LED0_Pin);//翻转LED0
    }
    if(GPIO_Pin == GPIO_PIN_3)//KEY1按下
    {
        HAL_GPIO_TogglePin(LED1_GPIO_Port,LED1_Pin);//翻转LED1
    }
    if(GPIO_Pin == GPIO_PIN_2)//KEY2按下
    {
        HAL_GPIO_WritePin(LED0_GPIO_Port, LED0_Pin,GPIO_PIN_SET); //LED0灭
        HAL_GPIO_WritePin(LED1_GPIO_Port, LED1_Pin,GPIO_PIN_SET);  //LED1灭
    }
    if(GPIO_Pin == GPIO_PIN_0)//WK_UP按下
    {
        HAL_GPIO_WritePin(LED0_GPIO_Port, LED0_Pin,GPIO_PIN_RESET); //LED0亮
        HAL_GPIO_WritePin(LED1_GPIO_Port, LED1_Pin,GPIO_PIN_RESET);  //LED1亮
    }
}
/* USER CODE END 2 */
```

图 4-6　函数代码

完成后保存 gpio.c。

4) 下载调试

准备好电脑端和实验板硬件连接，完成运行配置后，点击运行按钮 将代码下载至实验平台观察实验结果。预期结果为：S1 对应按键 KEY0 按下，LED0 状态翻转；S2 对应按键 KEY1 按下，LED1 状态翻转；S3 对应按键 KEY2 按下，LED0 和 LED1 全灭；S3 对应按键 WK_UP 按下，LED0 和 LED1 全亮。

2. 代码详解

1) GPIO 初始化和中断初始化代码分析

GPIO 引脚的初始化配置通过调用函数 MX_GPIO_Init()来实现，函数 MX_GPIO_Init()的代码内容由 STM32CubeMx 配置完成后自动生成，LED 初始化已经在第 3 章任务 1 中进行了分析，这里主要分析中断相关的初始化代码内容。下面首先看一下 KEY0～KEY2 的引脚初始化代码：

```
/*Configure GPIO pins : KEY2_Pin KEY1_Pin KEY0_Pin */
  GPIO_InitStruct.Pin = KEY2_Pin|KEY1_Pin|KEY0_Pin;
  GPIO_InitStruct.Mode = GPIO_MODE_IT_FALLING;
```

```
GPIO_InitStruct.Pull = GPIO_PULLUP;
HAL_GPIO_Init(GPIOE, &GPIO_InitStruct);
```

KEY0～KEY2 的引脚初始化定义中，Mode 为 GPIO_MODE_IT_FALLIN，即外部中断且下降沿触发，Pull 为 GPIO_PULLUP，即上拉电阻，和 STM32CubeMx 配置一致。按键 WK_UP 的引脚初始化代码如下：

```
/*Configure GPIO pin : WK_UP_Pin */
  GPIO_InitStruct.Pin = WK_UP_Pin;
  GPIO_InitStruct.Mode = GPIO_MODE_IT_RISING;
  GPIO_InitStruct.Pull = GPIO_PULLDOWN;
  HAL_GPIO_Init(KEY4_GPIO_Port, &GPIO_InitStruct);
```

WK_UP 的引脚初始化定义中，Mode 为 GPIO_MODE_IT_RISING，即外部中断且上升沿触发，Pull 为 GPIO_PULLDOWN，和 STM32CubeMx 配置一致。四个按键引脚的中断优先级和中断使能代码如下：

```
/* EXTI interrupt init*/
  HAL_NVIC_SetPriority(EXTI0_IRQn, 0, 2);
  HAL_NVIC_EnableIRQ(EXTI0_IRQn);
  HAL_NVIC_SetPriority(EXTI2_IRQn, 0, 3);
  HAL_NVIC_EnableIRQ(EXTI2_IRQn);
  HAL_NVIC_SetPriority(EXTI3_IRQn, 0, 4);
  HAL_NVIC_EnableIRQ(EXTI3_IRQn);
  HAL_NVIC_SetPriority(EXTI4_IRQn, 0, 5);
  HAL_NVIC_EnableIRQ(EXTI4_IRQn);
```

以上代码调用了 HAL 函数 HAL_NVIC_SetPriority()完成了 4 个按键的中断优先级配置和 HAL 函数 HAL_NVIC_EnableIRQ()开启中断使能。4 个按键的引脚分别为 PA0 和 PE2～PE4，对应的外部中断线为 EXTI0、EXTI2、EXTI3、EXTI4，因此，代码中分别配置了 EXTI0_IRQn、EXTI2_IRQn、EXTI3_IRQn、EXTI4_IRQn 中断线的中断优先级和使能状态，其中抢占优先级都为 0，响应优先级 KEY0、KEY1、KEY2、WK_UP 依次为 5、4、3、2，和 STM32CubeMx 配置一致。

2) 外部中断服务函数和回调函数

外部中断线 EXTI0、EXTI2、EXTI3、EXTI4 的中断服务函数分别为 EXTI0_IRQHandler、EXTI2_IRQHandler、EXTI3_IRQHandler、EXTI4_IRQHandler，在源码文件 stm32f4xx_it.c 中定义。按键上升沿或下降沿触发中断后会先进入按键对应的中断服务函数，STM32CubeMx 配置完后，会自动生成中断服务函数的代码。以 EXTI0_IRQHandle()为例，代码如下：

```
void EXTI0_IRQHandler(void)
{
    HAL_GPIO_EXTI_IRQHandler(KEY4_Pin);
}
```

EXTI0_IRQHandler()函数中只有一行代码，用于跳转到 GPIO 的外部中断服务函数 HAL_GPIO_EXTI_IRQHandler()，其入参为该按键对应的引脚号，该函数为 HAL 库函数，封装在 stm32f4xx_hal_gpio.c 中。HAL_GPIO_EXTI_IRQHandler()的实现代码如下：

```
void HAL_GPIO_EXTI_IRQHandler(uint16_t GPIO_Pin)
{
    if(__HAL_GPIO_EXTI_GET_IT(GPIO_Pin) != RESET)       //确认一下引脚的中断是否被产生
    {
        __HAL_GPIO_EXTI_CLEAR_IT(GPIO_Pin);             //产生后，清除中断标志位
        HAL_GPIO_EXTI_Callback(GPIO_Pin);               //调用回调函数
    }
}
```

这段代码加了注释，便于读者理解。清除中断标志位可方便下一次中断的产生，否则中断只能进入一次。可以看到，在这个中断服务函数中，调用了回调函数 HAL_GPIO_EXTI_Callback()，这个回调函数在 HAL 库中是弱定义的(前缀为__weak)，所以可以重新定义此函数，代码后续只认重新定义的函数。

经过两次的跳转，最终到了中断回调函数 HAL_GPIO_EXTI_Callback()，我们在此函数中实现了 LED 灯的控制功能：

```
void HAL_GPIO_EXTI_Callback(uint16_t GPIO_Pin)
{
    if(GPIO_Pin == GPIO_PIN_4)       //KEY0 按下
    {
        HAL_GPIO_TogglePin(LED0_GPIO_Port, LED0_Pin);                         //翻转 LED0
    }
    if(GPIO_Pin == GPIO_PIN_3)       //KEY1 按下
    {
        HAL_GPIO_TogglePin(LED1_GPIO_Port, LED1_Pin);                         //翻转 LED1
    }
    if(GPIO_Pin == GPIO_PIN_2)       //KEY2 按下
    {
        HAL_GPIO_WritePin(LED0_GPIO_Port, LED0_Pin, GPIO_PIN_SET);           //LED0 灭
        HAL_GPIO_WritePin(LED1_GPIO_Port, LED1_Pin, GPIO_PIN_SET);           //LED1 灭
    }
    if(GPIO_Pin == GPIO_PIN_0)       //WK_UP 按下
    {
        HAL_GPIO_WritePin(LED0_GPIO_Port, LED0_Pin, GPIO_PIN_RESET);         //LED0 亮
        HAL_GPIO_WritePin(LED1_GPIO_Port, LED1_Pin, GPIO_PIN_RESET);         //LED1 亮
    }
}
```

4.3 拓展知识

4.3.1 外部中断的配置寄存器

• 中断屏蔽寄存器(EXTI_IMR)

位 22:0 MRx：x 线上的中断屏蔽(Interrupt mask on line x)。

0：屏蔽来自 x 线的中断请求。

1：开放来自 x 线的中断请求。

• 事件屏蔽寄存器(EXTI_EMR)

位 22:0 MRx：x 线上的事件屏蔽。

0：屏蔽来自 x 线的事件请求。

1：开放来自 x 线的事件请求。

• 上升沿触发选择寄存器(EXTI_RTSR)

位 22:0 TRx：线 x 的上升沿触发事件配置位。

0：禁止输入线上升沿触发(事件和中断)。

1：允许输入线上升沿触发(事件和中断)。

• 下降沿触发选择寄存器 (EXTI_FTSR)

位 22:0 TRx：线 x 的下降沿触发事件配置位。

0：禁止输入线下降沿触发(事件和中断)。

1：允许输入线下降沿触发(事件和中断)。

• 软件中断事件寄存器(EXTI_SWIER)

位 22:0 SWIERx：线 x 上的软件中断。

当该位为“0”时，写“1”将设置 EXTI_PR 中相应的挂起位。如果在 EXTI_IMR 和 EXTI_EMR 中允许产生该中断，则产生中断请求。

通过清除 EXTI_PR 的对应位(写入“1”)，可以清除该位为“0”。

• 挂起寄存器(EXTI_PR)

位 22:0 PRx：挂起位。

0：没有发生触发请求。

1：发生了选择的触发请求。

当在外部中断线上发生了选择的边沿事件，该位被置“1”。在此位中写入“1”可以清除它，也可以通过改变边沿检测的极性清除。

关于寄存器的详细说明可以查阅 STM32F4xx 参考手册，本书中不详细展开。本案例中，在 HAL_GPIO_Init()、__HAL_GPIO_EXTI_CLEAR_IT()等函数中就封装了相关寄存器的配置，篇幅有限不一一分析，读者可自行深入探究。

4.3.2　GPIO 作为外部中断的 HAL 库函数

• HAL_GPIO_EXTI_IRQHandler

功能：GPIO 外部中断服务函数，处理外部中断请求。无返回值。

函数定义：

```
void HAL_GPIO_EXTI_IRQHandler(uint16_t GPIO_Pin);
```

输入参数只有一个：GPIO_Pin，即对应的中断线号。

• HAL_GPIO_EXTI_Callback

功能：GPIO 作为外部中断的回调函数，该函数为弱定义，功能一般由用户自己实现。无返回值。

函数定义：

```
void HAL_GPIO_EXTI_Callback(uint16_t GPIO_Pin);
```

思考与练习

1. STM32F407xx 系列芯片中哪些异常是编号为负的内核异常？其优先级如何？
2. STM32F407xx 中 EXTI 线总共有几条？其与 GPIO 如何映射？
3. 在本章任务中，假设 4 个按键同时被按下，按照任务中的配置，如何响应中断？
4. 使用外部中断实现跑马灯，并且体现高优先级中断打断低优先级中断的操作。

第 5 章 STM32 串口通信的应用

串口通信是 STM32 芯片与外部设备进行串行通信的常用方式。这里所说的“串口”即 USART 或 UART，是 MCU 常用的外部通信接口，也是软件开发重要的调试手段，因此 STM32 的 USART/UART 串口通信的使用方法也是应用 STM32 的基础。本章重点针对 USART 开展应用实践。

5.1 认识 STM32 的串口通信

5.1.1 串口通信概述

STM32 的串口非常强大，有两种串口通信接口，分别为 USART 和 UART。USART 的全称是 universal synchronous/asynchronous receiver transmitters，即通用同步异步收发器，支持同步通信(带时钟信号)和异步通信；UART 的全称为 universal asynchronous receiver transmitters，即通用异步收发器，只支持异步通信。STM32F407xx 系列芯片嵌入 4 个 USART(USART1、USART2、USART3、USART6)和 2 个 UART(UART4、UART5)。

STM32 的 USART 能够灵活地与外部设备进行全双工数据交换，满足外部设备对工业标准 NRZ 异步串行数据格式的要求。USART 通过小数波特率发生器提供了多种波特率选择，它支持同步单向通信和半双工单线通信，还支持 LIN(局域互连网络)、智能卡协议与 IrDA(红外线数据协会)SIR ENDEC 规范，以及调制解调器操作(CTS/RTS)，此外，USART 还支持多处理器通信，通过配置多个缓冲区使用 DMA 可实现高速数据通信，具体功能如下：

(1) 可配置为 16 倍过采样或 8 倍过采样，为速度容差与时钟容差的灵活配置提供了可能。

(2) 小数波特率发生器系统，通用可编程收发波特率(有关最大 APB 频率时的波特率值，请参见数据手册)。

(3) LIN 主模式同步停止符号发送功能和 LIN 从模式停止符号检测功能，对 USART 进行 LIN 硬件配置时可生成 13 位停止符号和检测 10/11 位停止符号。

(4) 用于同步发送的发送器时钟输出。

(5) IrDA SIR 编码解码器，正常模式下，支持 3/16 位持续时间。

(6) 智能卡仿真功能，智能卡接口支持符合 ISO 7816-3 标准中定义的异步协议智能卡，智能卡工作模式下，支持 0.5 或 1.5 个停止位。

(7) 使用 DMA(直接存储器访问)实现可配置的多缓冲区通信，使用 DMA 在预留的 SRAM 缓冲区中收/发字节。

(8) 发送器和接收器具有单独使能位。

(9) 传输检测标志：接收缓冲区已满、发送缓冲区为空、传输结束标志。

(10) 奇偶校验控制：发送奇偶校验位，检查接收的数据字节的奇偶性。

(11) 四个错误检测标志：溢出错误、噪声检测、帧错误、奇偶校验错误。

(12) 十个具有标志位的中断源：CTS 变化、LIN 停止符号检测、发送数据寄存器为空、发送完成、接收数据寄存器已满、接收到线路空闲、溢出错误、帧错误、噪声错误、奇偶校验错误。

(13) 多处理器通信，如果地址不匹配，则进入静默模式。

(14) 从静默模式唤醒(通过线路空闲检测或地址标记检测)。

(15) 两个接收器唤醒模式：地址位(MSB，第 9 位)，线路空闲。

5.1.2 USART 串口内部结构

1. USART 串口引脚

USART 串口内部结构如图 5-1 所示，其中可以看到共有 6 个引脚，分别是 TX、RX、SW_RX、nRTS、nCTS 以及 SCLK。

任何 USART 双向通信均至少需要 RX 和 TX 两个引脚。

RX：接收数据输入引脚，即串行数据输入引脚。过采样技术可区分有效输入数据和噪声，从而用于恢复数据。

TX：发送数据输出引脚。如果关闭发送器，该输出引脚模式由其 I/O 端口配置决定。如果使能了发送器但没有待发送的数据，则 TX 引脚处于高电平。在单线和智能卡模式下，该 I/O 引脚用于发送和接收数据。

在同步模式下连接时需要以下引脚：

SCLK：发送器时钟输出引脚。该引脚用于输出发送器数据时钟，以便按照 SPI 主模式进行同步发送(起始位和结束位上无时钟脉冲，可通过软件向最后一个数据位发送时钟脉冲)。RX 上可同步接收并行数据。这一点可用于控制带移位寄存器的外设(如 LCD 驱动器)。时钟相位和极性可通过软件编程。在智能卡模式下，SCLK 可向智能卡提供时钟。

在硬件流控制模式下需要以下引脚：

nCTS：清除发送的引脚，用于在当前传输结束时阻止下一次的数据发送(高电平时)。

nRTS：请求发送的引脚，用于指示 USART 已准备好接收数据(低电平时)。

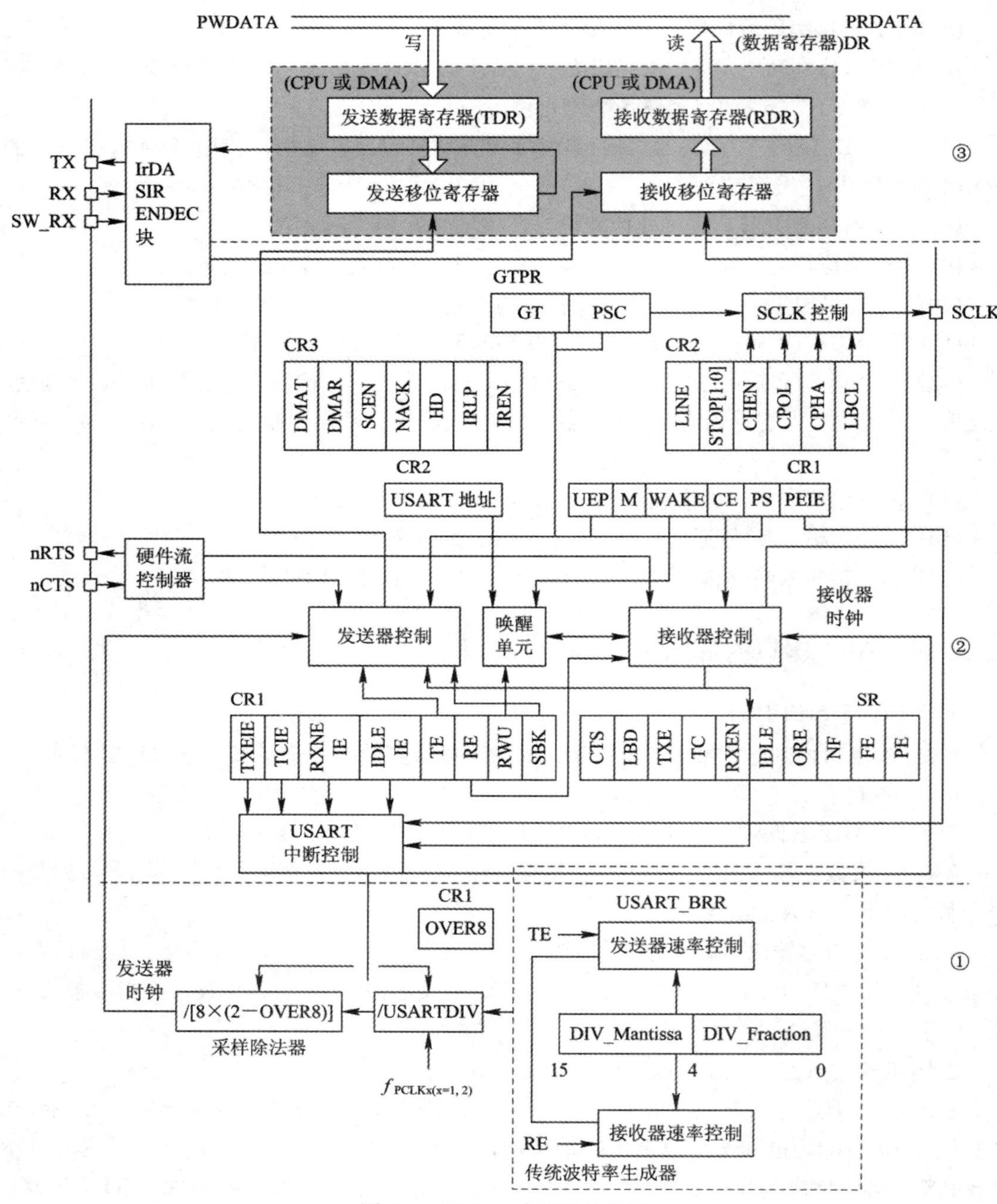

图 5-1 USART 内部结构框图

2. 内部结构

在图 5-1 中，我们将串口功能划分为三个部分：① 波特率控制部分；② 收发控制部分；③ 数据存储转移部分。

1) 波特率控制

串口波特率用于确定串口传输速度的快慢，单位为 b/s(bits per second)，即每秒发送的

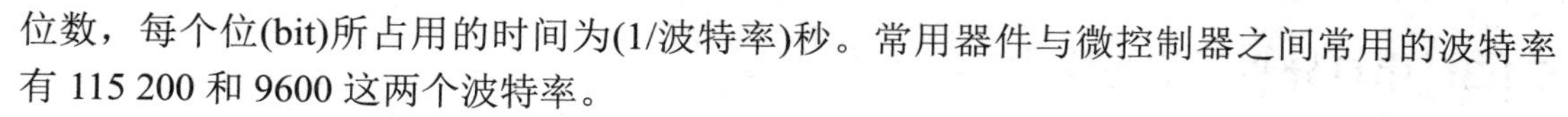

位数，每个位(bit)所占用的时间为(1/波特率)秒。常用器件与微控制器之间常用的波特率有 115 200 和 9600 这两个波特率。

波特率计算公式如下：

$$\text{Tx/Rx baud} = f_{PCLKx}/(16*\text{USARTDIV})$$

其中 f_{PCLKx}(串口时钟源)由微控制器总线决定，以 STM32F407VGT6 为例：USART2、USART3 使用 PCLK1(APB1 总线时钟，最高 42 MHz)，USART1、USART6 使用 PCLK2(APB2 总线时钟，最高 84 MHz)。

USARTDIV 为串口时钟分频系数，由图 5-1 部分①虚线框内的传统波特率生成器输出。串口的时钟源经过 USARTDIV 分频后分别输出作为发送器时钟及接收器时钟，控制发送和接收的时序。USARTDIV 的取值由波特比率寄存器 USART_BRR 的取值决定，USART_BRR 寄存器包括两部分，分别是 DIV_Mantissa(USARTDIV 的整数部分)和 DIVFraction(USARTDIV 的小数部分)，计算公式如下：

$$\text{USARTDIV} = \text{DIV\_Mantissa} + (\text{DIVFraction}/16)$$

波特比率寄存器 USART_BRR 的格式如图 5-2 所示。

31	30	29	28	27	26	25	24	23	22	21	20	19	18	17	16
Reserved															
15	14	13	12	11	10	9	8	7	6	5	4	3	2	1	0
DIV_Mantissa[11:0]												DIV_Fraction[3:0]			
rw	rw	rw	rw	rw	rw	rw	rw	rw	rw	rw	rw	rw	rw	rw	rw

图 5-2　波特比率寄存器 USART_BRR 的数据格式

位 15:4 DIV_Mantissa[11:0]：USARTDIV 的尾数，这 12 个位用于定义 USART 除数(USARTDIV)的尾数。

位 3:0 DIV_Fraction[3:0]：USARTDIV 的小数，这 4 个位用于定义 USART 除数(USARTDIV)的小数。

所以串口的波特率可通过设置对应的分频系数来控制。而使用库函数会自动设置分频系数。需要注意的是，使用异步通信必须将接收方和发送方设置成相同的波特率才能正常通信，而且在通信过程中不应改变 USART_BRR 中的值。

2) 收发控制

如图 5-1 部分②所示，围绕着发送器控制和接收器控制部分，有多个寄存器：CR1、CR2、CR3、SR，即 USART 的三个控制寄存器(Control Register)及一个状态寄存器(Status Register)。通过向寄存器写入各种控制参数，来控制发送和接收串口数据，如奇偶校验位、停止位等，还包括对 USART 中断的控制；串口的状态在任何时候都可以从状态寄存器 SR 中查询得到。具体的控制和状态检查，在应用时都是使用库函数来实现的。

3) 数据存储转移

如图 5-1 部分③所示，输出存储转移控制分为发送控制和接收控制，发送通过发送数据寄存器 TDR 和发送移位寄存器完成，并由第二部分的发送控制单元决定其时序，接收通过接收数据寄存器 RDR 和接收移位寄存器完成，并由第二部分的接收控制单元决定其时序。

5.1.3 串口异步通信协议

串行通信的数据是按位顺序传输的。STM32 中串口异步通信定义的数据有：起始位、数据位(8 位或者 9 位)、奇偶校验位(第 9 位)和停止位(1 位，0.5 位，2 位，1.5 位)。

起始位是异步通信中用于同步的初始信号位，恒为低电平。

数据位就是需要传输的数据，最高可设置九位。可以选择九位全数据、八位全数据、八位数据 + 一位奇偶校验位。奇偶校验位可用于判断传输数据完整性，可以用于检测数据传输是否错误。

停止位用于向接收方确定发送数据结束，恒为高电平。可以自由选择停止位的时长，可以使用半个数据位、一个数据位、一个半数据位、两个数据位。

设置完成后，需要接收方和发送方都改成相同的通信协议才能正常通信。

异步串口通信的数据包以帧为单位，常用的帧结构可设置成 9 位字长：1 位起始位 + 8 位数据位 + 1 位奇偶校验位(可选) + 1 位停止位，如图 5-3(a)所示。也可设置成 8 位，此时的数据位有 8 位，最后一位可以设置成奇偶校验位，如图 5-3(b)所示。

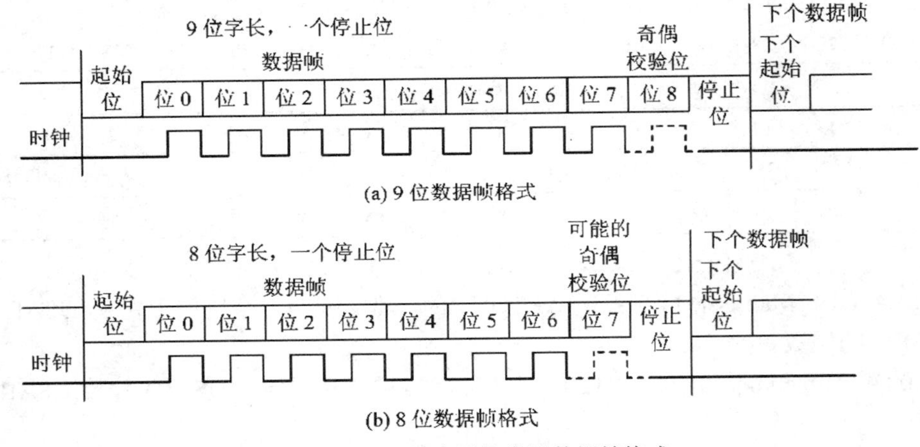

(a) 9 位数据帧格式

(b) 8 位数据帧格式

图 5-3　串口异步通信常用数据帧格式

本任务中设置：帧字长 8 bit，无奇偶校验位，1 位停止位。

5.2 任务　简单串口通信功能的实现

5.2.1 任务分析

任务内容： 使用 PC 的串口调试助手显示和发送数据，用户通过 PC 端串口调试助手发送指定命令的信息后，微控制器按照指定命令控制 LED 灯状态变化，并将接收的数据再次传输至 PC 的串口助手显示。

任务分析： 本任务采用 STM32F407ZGT6 芯片上的 USART1 进行异步串口通信，首先需要将实验板和 PC 通过串口连接，而目前大多笔记本电脑没有 9 针串口接口，所以需要通过 USB 口进行连接，硬件设计需要考虑 USB 转串口的设计。LED 灯的硬件设计同第 3

章任务 1。软件实现上需要考虑串口初始化、串口收发以及串口中断处理。

5.2.2　硬件设计与实现

1. 串口引脚的连接

从前面的介绍中我们知道每个 USART 的引脚有 6 个，USART1 通过 IO 引脚复用功能实现其与 IO 引脚的映射，异步通信主要使用 TX 和 RX 引脚，在 STM32F407ZGT6 芯片上，串口 TX 和 RX 与 IO 引脚的复用映射如表 5-1 所示。本任务中使用 USART1，我们选择 RX 映射到 PA10，TX 映射到 PA9。实验板上电路原图如图 5-4 所示，USART1 与 USB 串口并没有在 PCB 上连接在一起，需要通过跳线帽来连接。把 P6 的 RXD 和 TXD 用跳线帽与 PA9 和 PA10 连接起来，使得 USART1 的引脚与 USB 串口驱动芯片 CH340G 连接起来。

表 5-1　串口复用引脚

串　口	RX	TX
USART1	PA10(PB7)	PA9(PB6)
USART2	PA3(PD6)	PA2(PD5)
USART3	PB11(PC11/PD9)	PB10(PC10/PD8)
UART4	PC11(PA1)	PC10(PA0)
UART5	PD2	PC12
USART6	PC7(PG9)	PC6(PG14)

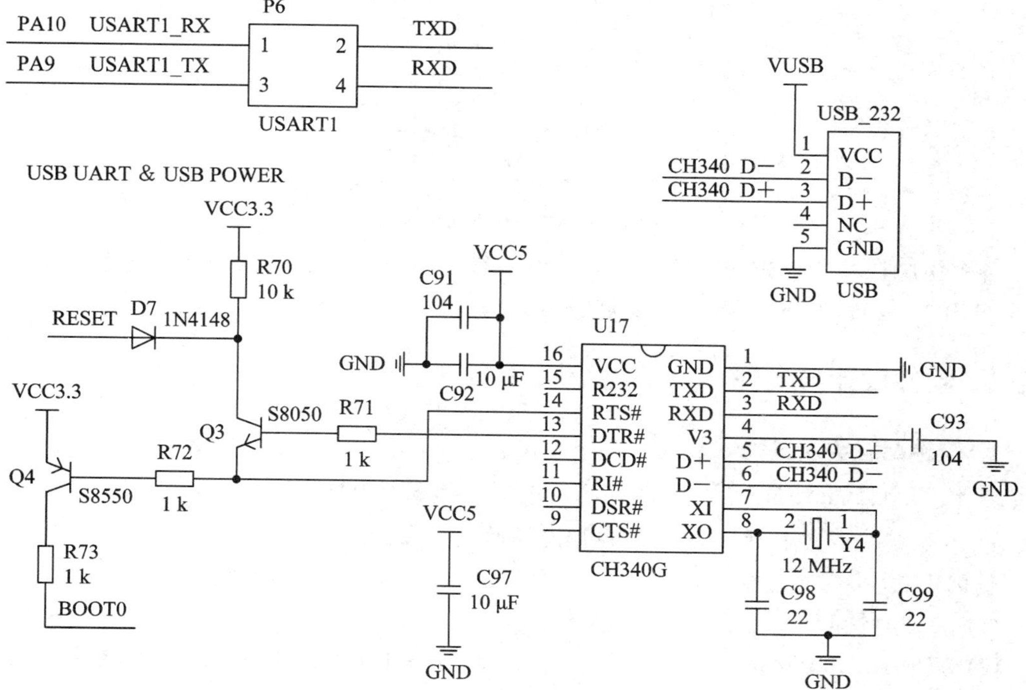

图 5-4　USART1 引脚与 USB 串口驱动芯片 CH340 硬件连接原理图

2. USB 转串口芯片 CH340

CH340 是一个 USB 总线的转接芯片，可实现 USB 转串口、USB 转 IrDA 红外或者 USB 转打印口，如图 5-5 所示。在串口方式下，CH340 提供常用的 MODEM 联络信号，用于为计算机扩展异步串口，或者将普通的串口设备直接升级到 USB 总线。

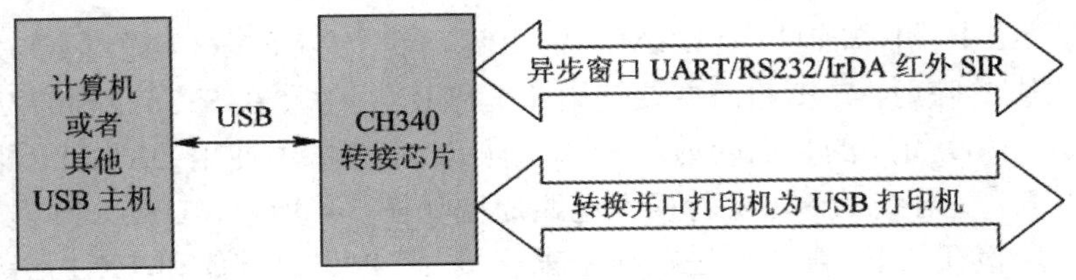

图 5-5　CH340 芯片 USB 总线转接示意图

本书采用的实验板中使用了 CH340G 芯片，其芯片引脚封装如图 5-6 所示，共 16 个引脚。其中部分引脚说明如下：

(1) TXD 为串行数据输出引脚，实验板中通过跳线帽连接到 USART1_RX；

(2) RXD 为串行数据输入引脚，内置可控的上拉和下拉电阻，实验板中通过跳线帽连接到 USART1_TX；

(3) UD+ 为 USB 信号线，直接连到 USB 总线的 D+ 数据线；

(4) UD− 为 USB 信号线，直接连到 USB 总线的 D− 数据线。

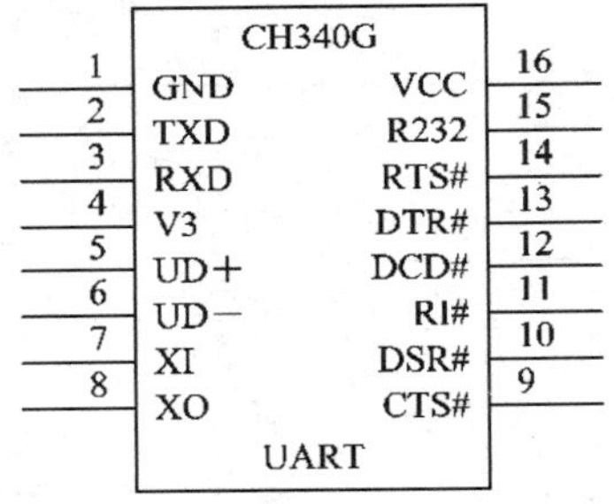

图 5-6　CH340G 芯片封装

各个引脚在实验板中的具体硬件电路连接参见图 5-4。总之，CH340 连接了 STM32 MCU 的串口和 PC 端的 USB 口，实现了串口通信。

5.2.3　软件设计与实现

1. 软件配置实现过程

基于 STM32CubeIDE 新建工程，芯片选用 STM32F407ZGT6。

1) 在新建工程中打开 STM32CubeMX 界面完成配置

具体步骤如下：

(1) 完成时钟配置。

(2) 完成 LED0、LED1 端口配置(参考第 3 章任务 1 中引脚 PF9、PF10 的配置)。

(3) 完成串口引脚复用配置，如图 5-7 所示，PA9、PA10 分别配置为复用模式，复用外设为 USART1_TX 和 USART1_RX，此时引脚状态为未使能。

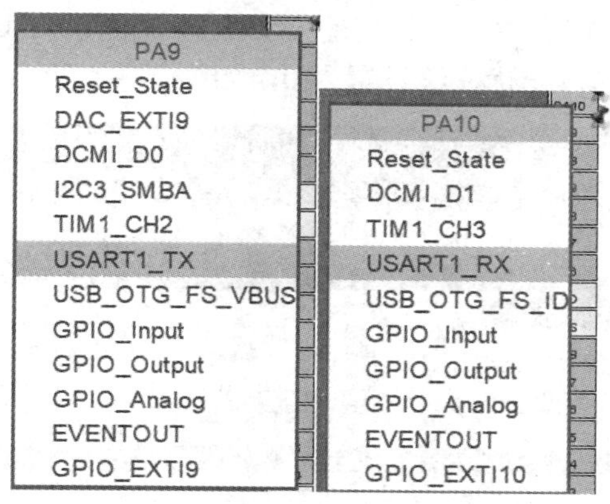

图 5-7　USART1 引脚复用配置

(4) 串口参数配置。

如图 5-8 所示，串口 USART1 的配置步骤如下：

① 在 Pinout&Configuration 选项卡中 Connectivity 类型下选择 USART1；

② 将 Mode 配置为“Asynchronous”，此时，对应的默认复用引脚 PA10、PA9 也被使能；

③ 在“Parameter Settings”中进行串口参数配置，波特率为 115 200，串口一帧字长为 8 bit，无奇偶校验位，1 位停止位，数据方向为收发模式，过采样模式为 16 倍过采样。

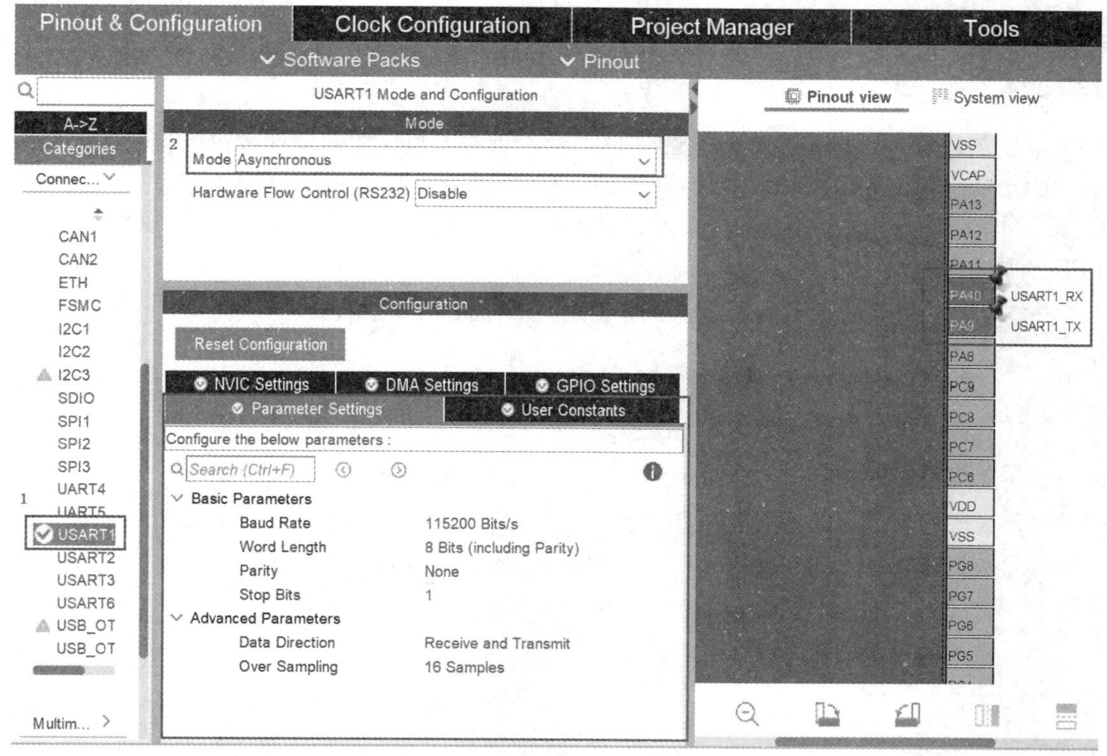

图 5-8　USART1 参数配置

(5) 串口中断配置。

切换到 System 下的 NVIC 中，勾选使能 USART1 中断，对 USART1 中断优先级进行配置：抢占优先级设置为 3，子优先级设置为 0，如图 5-9 所示。

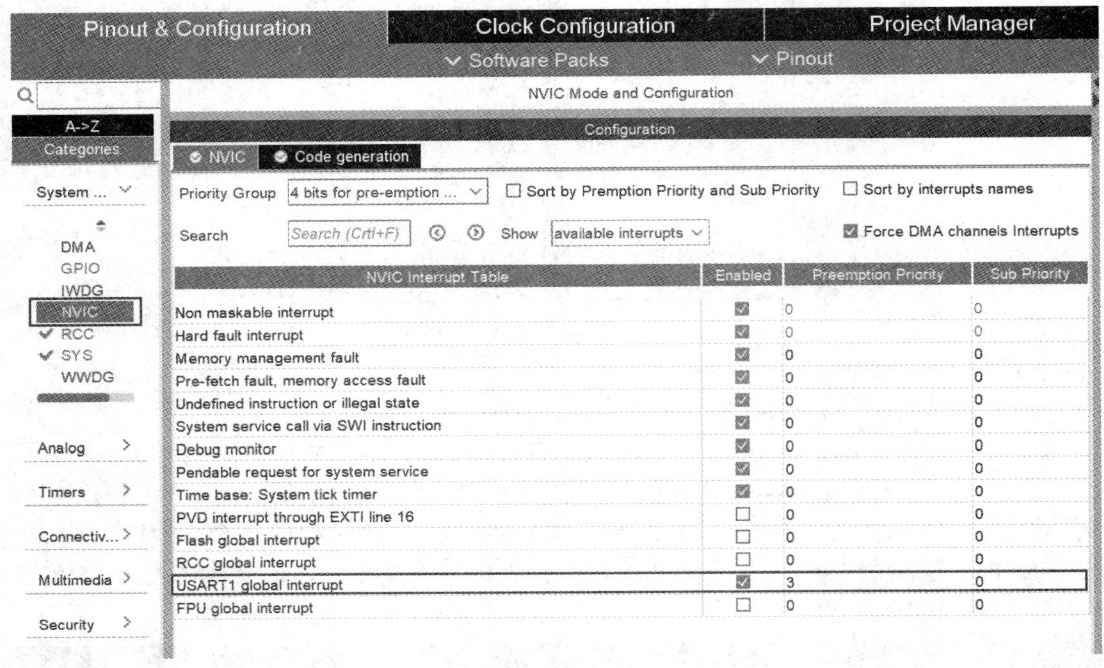

图 5-9　USART1 中断配置

2) 导出工程

配置工程管理，选择生成独立的外设文件，点击工具栏中的保存按钮，或者按下快捷键“Ctrl + S”生成代码。如果没有跳出生成代码，可以选择 Project 菜单下的“Generate Code”生成代码，如图 5-10 所示。导出工程后的 scr 文件目录下有源码文件：主函数 main.c、LED 引脚配置 gpio.c、串口配置 usart.c 等。

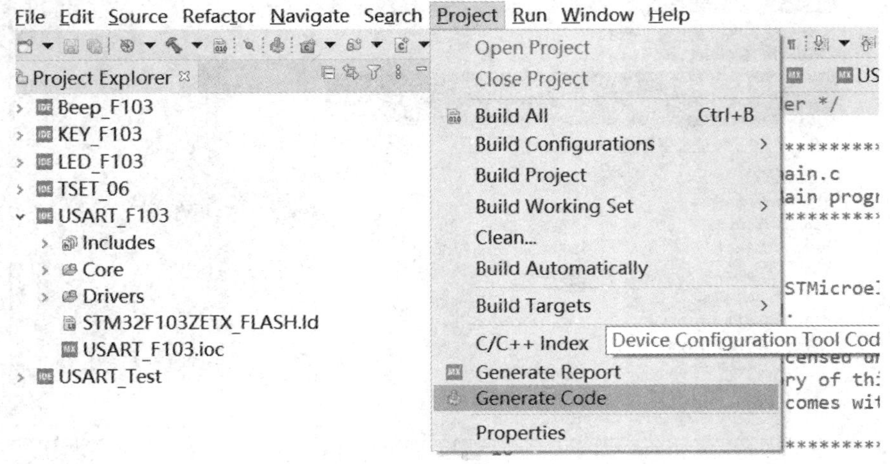

图 5-10　STM32CubeIDE 生成代码操作

3) 代码编写

平台自动生成了 LED 引脚、USART1 复用引脚的初始化代码，此处给出需要新增的代码内容：

(1) usart.c 下新增代码。

新增包含的头文件和变量定义，如图 5-11 所示。

```
/* USER CODE BEGIN 0 */
#include "string.h"
#include "stdio.h"

uint8_t aTxStartMessage[] ="LED串口控制协议:\
\r\n关闭所有LED:0x55,0x00,0xAA\
\r\n翻转LED1:0x55,0x01,0xAA\
\r\n翻转LED2:0x55,0x02,0xAA \
\r\nLED流水灯:0x55,0x03,0xAA";

uint8_t aRxBuffer[10];
```

图 5-11　头文件和变量定义代码

新增 printf 重定义函数，将 printf 重定义为串口输出，如图 5-12 所示。

```
//重定义printf数据输出至USART1
#ifdef __GNUC__
/* With GCC, small printf (option LD Linker->Libraries->Small printf
 set to 'Yes') calls __io_putchar() */
#define PUTCHAR_PROTOTYPE int __io_putchar(int ch)
#else
#define PUTCHAR_PROTOTYPE int fputc(int ch, FILE *f)
#endif /* __GNUC__ */

PUTCHAR_PROTOTYPE {
    HAL_UART_Transmit(&huart1, (uint8_t*) &ch, 1, 0xFFFF);
    return ch;
}
```

图 5-12　printf 重定义代码

新增串口初始操作函数 My_USART1_Init，如图 5-13 所示，同样注意需要在 usart.h 中进行申明。

```
/* USER CODE BEGIN 1 */
/****************************************************************
 *功　能： USART1接收初始化，设置3个字节的接收缓存
 *参　数： 无
 *返回值： 无
 ****************************************************************/
void My_USART1_Init(void) {
    HAL_UART_Transmit_IT(&huart1, (uint8_t*) aTxStartMessage,sizeof(aTxStartMessage)); //发送
    HAL_UART_Receive_IT(&huart1, (uint8_t*) aRxBuffer, 3);//接收
}
```

图 5-13　My_USART1_Init 代码

重写串口回调函数 HAL_UART_RxCpltCallback 的内容，如图 5-14 所示。

```c
/***************************************************************
 *功    能： 用户编写的串口接收回调函数
 *参    数： 串口句柄
 *返回值： 无
 ***************************************************************/
void HAL_UART_RxCpltCallback(UART_HandleTypeDef *huart) {

    if (huart->Instance == USART1) //如果是串口1
    {
        if (aRxBuffer[0] == 0x55 && aRxBuffer[2] == 0xaa) {
            switch (aRxBuffer[1]) {
            case 0:
                HAL_GPIO_WritePin(LED0_GPIO_Port, LED0_Pin, GPIO_PIN_SET); //LED0灭
                HAL_GPIO_WritePin(LED1_GPIO_Port, LED1_Pin, GPIO_PIN_SET); //LED1灭
                printf("当前命令为：%d",aRxBuffer[1]);
                break;
            case 1:
                HAL_GPIO_TogglePin(LED0_GPIO_Port, LED0_Pin); //翻转LED0
                printf("当前命令为：%d",aRxBuffer[1]);
                break;
            case 2:
                HAL_GPIO_TogglePin(LED1_GPIO_Port, LED1_Pin); //翻转LED1
                printf("当前命令为：%d",aRxBuffer[1]);
                break;
            case 3:
                HAL_GPIO_WritePin(LED0_GPIO_Port, LED0_Pin, GPIO_PIN_RESET);//LED0亮
                HAL_GPIO_WritePin(LED1_GPIO_Port, LED1_Pin, GPIO_PIN_RESET);//LED1亮
                printf("当前命令为：%d",aRxBuffer[1]);
                break;
            default:
                break;
            }

        } else {
            memset(aRxBuffer, 0, sizeof(aRxBuffer));     //接收错误，清除接收缓存
        }
        HAL_UART_Receive_IT(&huart1, (uint8_t*) aRxBuffer, 3);   //设置3个字节的数据接收缓存
    }

}

/* USER CODE END 1 */
```

图 5-14　HAL_UART_RxCpltCallback 重定义代码

(2) main.c 下新增代码。

将函数 My_USART1_Init 写入 main.c 中，如图 5-15 所示。

```c
int main(void)
{
  /* MCU Configuration--------------------------------------

  /* Reset of all peripherals, Initializes the Flash inter
  HAL_Init();

  /* Configure the system clock */
  SystemClock_Config();

  /* Initialize all configured peripherals */
  MX_GPIO_Init();
  MX_USART1_UART_Init();
  /* USER CODE BEGIN 2 */
  My_USART1_Init();  ←—— 新增用户自定义串口初始配置函数
  /* USER CODE END 2 */

  /* Infinite loop */
  /* USER CODE BEGIN WHILE */
  while (1)
  {
    /* USER CODE END WHILE */

    /* USER CODE BEGIN 3 */
  }
  /* USER CODE END 3 */
}
```

图 5-15　main.c 新增代码

4) 下载调试

将电脑端和实验板硬件连接准备好，如图 5-16 所示。代码调试通过后，完成运行配置，点击运行按钮 ▶ ▾ 将代码下载至实验平台。

在 PC 端打开串口调试助手，保证串口的配置和代码中一致，波特率为 115 200，数据位为 8，停止位为 None，校验位为 1，注意编码需要使用 UTF8，否则串口打印会出现汉字变乱码的情况，具体如图 5-17 所示。

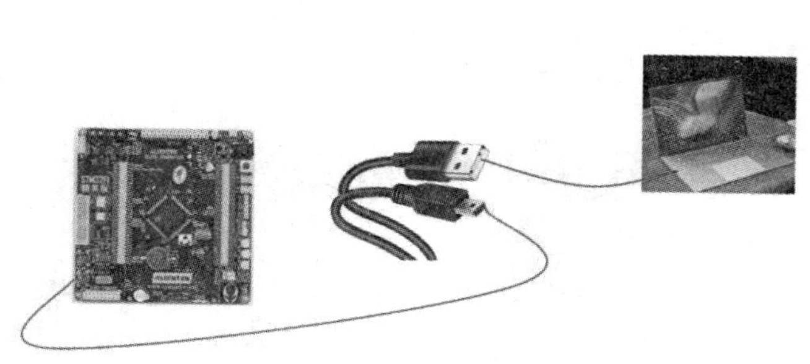

图 5-16　串口通信硬件连接示意图

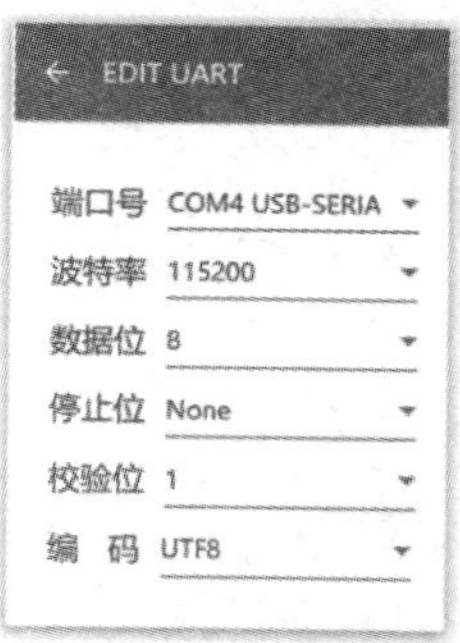

图 5-17　串口配置

完成配置后，打开串口，重新复位实验板，初始状态串口打印界面如图 5-18 所示。发送对应的消息，比如“55 01 AA”，观察到实验板上 LED0 灯亮，再发送同一条消息，LED0 灯灭。其他消息类似，按照代码功能进行验证即可。

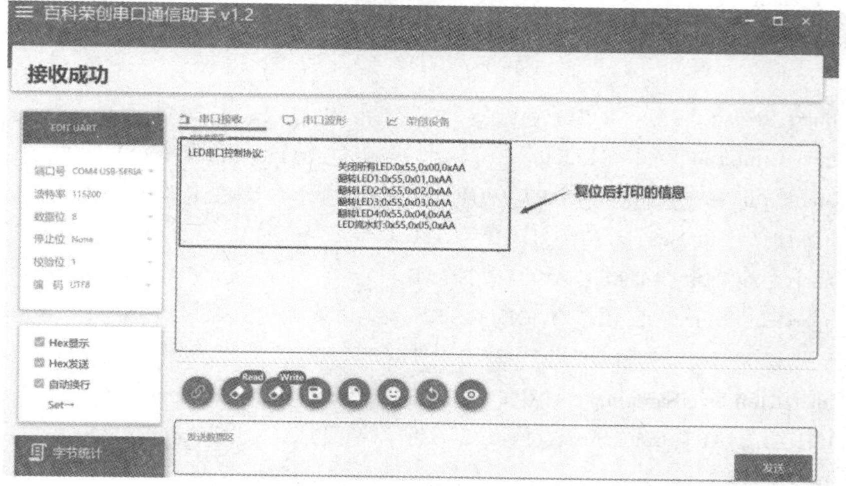

图 5-18　串口调试助手打印界面

❖ 配置小技巧

如果你的串口调试助手无法设置编码类型，中文无法显示，则要在开发平台 STM32CubeIDE 上修改当前工程的编码方式。

如图 5-19 所示，具体配置为：鼠标右键点击项目，然后选择 Properties(属性)，选择 Resource 选项，在右侧显示的内容中，找到“Text file encoding”，选中 Other 并在下拉列表中找到 GBK 编码方式，如果在下拉列表里找不到 GBK，则可以直接键盘输入。完成后，点击“Apply and Close”应用配置。

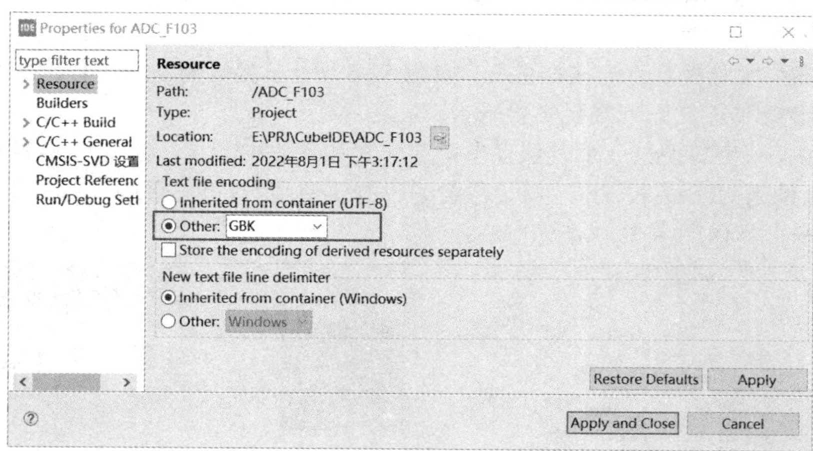

图 5-19　修改工程的编码方式

通过以上配置后，工程的编码方式就改为“GBK”，一般的串口调试助手上的中文就可以正常显示了。

2. 代码详解

1) 串口初始化代码

串口初始化由函数 MX_USART1_UART_Init(void)实现，工程自动生成，其具体代码如下：

```
UART_HandleTypeDef huart1;                                    //定义结构体变量 huart1，UART 句柄
void MX_USART1_UART_Init(void)
{
    huart1.Instance = USART1;                                 //UART1
    huart1.Init.BaudRate = 115200;                            //波特率为 115200
    huart1.Init.WordLength = UART_WORDLENGTH_8B;              //字长为 8 位
    huart1.Init.StopBits = UART_STOPBITS_1;                   //一个停止位
    huart1.Init.Parity = UART_PARITY_NONE;                    //无奇偶校验位
    huart1.Init.Mode = UART_MODE_TX_RX;                       //收发模式
    huart1.Init.HwFlowCtl = UART_HWCONTROL_NONE;              //无硬件流控
    huart1.Init.OverSampling = UART_OVERSAMPLING_16;          //16 位过采样
    if (HAL_UART_Init(&huart1) != HAL_OK)   //调用 HAL_UART_Init 初始化串口，并使能
    {
        Error_Handler();
    }
}
```

串口初始化函数 HAL_UART_Init()的入参 huart1 为 UART_HandleTypeDef 类型的结构体变量句柄，定义如下：

```
typedef struct __UART_HandleTypeDef
{
    USART_TypeDef                *Instance;
```

```
    UART_InitTypeDef        Init;
    const uint8_t           *pTxBuffPtr;
    uint16_t                TxXferSize;
      __IO uint16_t         TxXferCount;
    uint8_t                 *pRxBuffPtr;
    uint16_t                RxXferSize;
      __IO uint16_t         RxXferCount;
    ……
}
```

该结构体成员变量非常多，调用函数 HAL_UART_Init 对串口进行初始化的时候，只设置了 Instance 和 Init 两个成员变量的值。Instance 是 USART_TypeDef 结构体指针类型变量，执行寄存器基地址，这个基地址 HAL 库已经定义好了，如果是串口 1，取值为 USART1 即可。Init 是 UART_InitTypeDef 结构体类型变量，用来设置串口的各个参数，UART_InitTypeDef 结构体定义如下：

```
typedef struct
{
    uint32_t BaudRate;          //波特率
    uint32_t WordLength;        //字长
    uint32_t StopBits;          //停止位
    uint32_t Parity;            //奇偶校验
    uint32_t Mode;              //收发模式设置
    uint32_t HwFlowCtl;         //硬件流设置
    uint32_t OverSampling;      //过采样设置
}UART_InitTypeDef
```

其成员参数的作用如下：

BaudRate：串口波特率，确定串口通信的速率；

WordLength：一帧字长，可以设置为 8 位字长或者 9 位字长，任务中设置为 8 位字长数据格式 UART_WORDLENGTH_8B。

StopBits：停止位设置，可以设置为 1 位停止位或者 2 位停止位，任务中设置为 1 位停止位 UART_STOPBITS_1。

Parity：设定是否需要奇偶校验，任务中设定为无奇偶校验位。

Mode：串口模式，可以设置为只收模式、只发模式或者收发模式。任务中设置为全双工收发模式。

HwFlowCtl：是否支持硬件流控制，任务中设置为不支持硬件流控制。

OverSampling：用来设置过采样为 16 倍还是 8 倍。任务中设置为 16 倍。

初始化函数 HAL_UART_Init 内部会调用串口使能函数使能相应串口，因此用户无需重复使能，中断使能和去使能 HAL 库函数为：

```
__HAL_UART_ENABLE(huart);        //使能句柄 huart 指定的串口
__HAL_UART_DISABLE(huart);       //去使能句柄 huart 指定的串口
```

初始化函数 HAL_UART_Init 内部还调用 MSP 初始化回调函数进行 MCU 相关的初始化，本任务中，该函数用于对串口复用的引脚 PA9、PA10 复用模式进行定义和中断优先级设置：

```
void HAL_UART_MspInit(UART_HandleTypeDef* uartHandle)
{
    GPIO_InitTypeDef GPIO_InitStruct = {0};
    if(uartHandle->Instance==USART1)
    {
        /* USART1 clock enable */
        __HAL_RCC_USART1_CLK_ENABLE();                          //使能 USART1 时钟
        __HAL_RCC_GPIOA_CLK_ENABLE();                           //使能 GPIOA 时钟
        //USART1 GPIO Configuration ： PA9 -> USART1_TX，PA10-> USART1_RX
        GPIO_InitStruct.Pin = GPIO_PIN_9|GPIO_PIN_10;
        GPIO_InitStruct.Mode = GPIO_MODE_AF_PP;                 //复用模式
        GPIO_InitStruct.Pull = GPIO_NOPULL;
        GPIO_InitStruct.Speed = GPIO_SPEED_FREQ_VERY_HIGH;      //高速
        GPIO_InitStruct.Alternate = GPIO_AF7_USART1;            //复用为 USART1
        HAL_GPIO_Init(GPIOA, &GPIO_InitStruct);                 //初始化 PA9，PA10
        /* USART1 interrupt Init */
        HAL_NVIC_SetPriority(USART1_IRQn, 0, 0);                //设置 USART1 中断优先级
        HAL_NVIC_EnableIRQ(USART1_IRQn);                        //使能 NVIC
    }
}
```

2) 串口收发函数

在 usart.c 中新增了 My_USART1_Init 函数，并在主函数中完成串口初始化后调用。该函数主要用于在初始化状态下通过 HAL_UART_Transmit_IT 函数从 MCU 往 PC 端发送一串初始化信息 aTxStartMessage，然后通过 HAL_UART_Receive_IT 以中断方式等待接收串口数据，这里我们设置数据长度为 3 个字节，如果 USART1 有数据进来，且收齐 3 个字节，则进入串口中断服务函数处理。需要注意的是，HAL_UART_Receive_IT 函数只能开启一次中断，中断处理结束后，若要下次接收到数据后继续触发中断，需要在中断回调函数中再调用一次 HAL_UART_Receive_IT 来开启下一次的接收中断。函数内容如下：

```
uint8_t aTxStartMessage[] ="LED 串口控制协议:\n \
                            关闭所有 LED:0x55,0x00,0xAA\n \
                            翻转 LED1:0x55,0x01,0xAA\n \
                            翻转 LED2:0x55,0x02,0xAA\n \
                            LED 流水灯:0x55,0x03,0xAA\n";
void My_USART1_Init(void)
{
    //发送
```

```
    HAL_UART_Transmit_IT(&huart1, (uint8_t*) aTxStartMessage,sizeof(aTxStartMessage));
    HAL_UART_Receive_IT(&huart1, (uint8_t*) aRxBuffer, 3);                    //接收
}
```

3) 串口中断服务函数和回调函数

在 STM32CubeMX 中使能 USART1 的串口中断后，会在 stm32f4xx_it.c 中自动生成串口 1 中断服务函数 USART1_IRQHandler()的内容：

```
void USART1_IRQHandler(void)
{
    HAL_UART_IRQHandler(&huart1);
}
```

HAL_UART_IRQHandler(&huart1)是串口中断处理的公共函数，可供所有串口使用，通过入参决定是哪个串口，该函数封装了所有串口相关的收发中断，当发生中断的时候，程序就会执行中断服务函数。本任务中，如果 MCU 有接收到 3 个字节的串口数据，产生接收中断，进入中断服务函数 HAL_UART_IRQHandler 中，判断并调用串口接收中断处理函数 UART_Receive_IT，UART_Receive_IT 函数中通过调用接收中断回调函数 HAL_UART_RxCpltCallback(huart)，对数据进行解析，判断后续 MCU 对 LED 灯的控制方式，任务中改写中断回调函数 HAL_UART_RxCpltCallback 内容如下：

```
void HAL_UART_RxCpltCallback(UART_HandleTypeDef *huart) {
    if (huart->Instance == USART1)                                    //如果是串口 1
    {
        if (aRxBuffer[0] == 0x55 && aRxBuffer[2] == 0xaa) {
            switch (aRxBuffer[1]) {
              case 0:
                HAL_GPIO_WritePin(LED0_GPIO_Port, LED0_Pin, GPIO_PIN_SET); //LED0 灭
                HAL_GPIO_WritePin(LED1_GPIO_Port, LED1_Pin, GPIO_PIN_SET); //LED1 灭
                printf("当前命令为：%d",aRxBuffer[1]);
                break;
             case 1:
                HAL_GPIO_TogglePin(LED0_GPIO_Port, LED0_Pin);           //翻转 LED0
                printf("当前命令为：%d",aRxBuffer[1]);
                break;
             case 2:
                HAL_GPIO_TogglePin(LED1_GPIO_Port, LED1_Pin);           //翻转 LED1
                printf("当前命令为：%d",aRxBuffer[1]);
                break;
             case 3:
                HAL_GPIO_WritePin(LED0_GPIO_Port, LED0_Pin, GPIO_PIN_RESET);//LED0 亮
                HAL_GPIO_WritePin(LED1_GPIO_Port, LED1_Pin, GPIO_PIN_RESET);//LED1 亮
                printf("当前命令为：%d",aRxBuffer[1]);
```

```
                break;
            default:
                break;
            }
        } else {
            memset(aRxBuffer, 0, sizeof(aRxBuffer));              //接收错误，清除接收缓存
        }
        HAL_UART_Receive_IT(&huart1, (uint8_t*) aRxBuffer, 3);     //设置 3 个字节的接收缓存
    }
}
```

本任务中定义消息接收的数据格式在 aTxStartMessage[]信息中给出，一条消息 3 个字节，包括开始标志位 0x55、消息内容和结束标志位 0xAA。代码中先判断标志位，然后解析消息内容：消息内容为 0，要求执行 LED 灯全灭；消息内容为 1，要求执行 LED0 状态翻转；消息内容为 2，要求执行 LED1 状态翻转；消息内容为 3，要求执行 LED 灯全亮。最后继续调用 HAL_UART_Receive_IT 等待下一次的消息的接收，这样就可以保证串口只要接收到 3 个字节的字符就会开启一次接收中断。

另外，代码中 printf 的功能为串口发送数据到 PC 端，这是因为我们重定义了 printf，使其数据输出至 USART1。

5.3 项目扩展知识

5.3.1 串口相关寄存器

- 状态寄存器(USART_SR)

包含了串口状态的位域，比如发送状态位域有：

位 7 TXE：发送数据寄存器为空(Transmit data register empty)。

位 6 TC：发送完成(Transmission complete)。

接收状态位域有：

位 5 RXNE：读取数据寄存器不为空(Read data register not empty)。

- 控制寄存器(USART_CR1、USART_CR2、USART_CR3)

包含了串口使能、串口中断使能、字长、奇偶校验、过采样、停止位等的配置。

- 数据寄存器(USART_DR)

位 8:0 DR[8:0]：数据值。

包含接收到数据字符或已发送的数据字符，具体取决于所执行的操作是“读取”操作还是“写入”操作。

- 波特率寄存器(USART_BRR)

位 15:4 DIV_Mantissa[11:0]：USARTDIV 的尾数，这 12 个位用于定义 USART 除数(USARTDIV)的尾数。

位 3:0 DIV_Fraction[3:0]：USARTDIV 的小数，这 4 个位用于定义 USART 除数(USARTDIV)的小数。当 OVER8 = 1 时，不考虑 DIV_Fraction3 位，且必须将该位保持清零。

5.3.2　串口的 HAL 库函数

1. 串口数据收发函数

• HAL_UART_Transmit

功能：串口阻塞式发送数据函数，返回 HAL 状态值。利用串口发送指定长度的数据，如果超时 Timeout 没发送完成，则返回超时标志位，并停止发送。

函数原型：

```
HAL_StatusTypeDef HAL_UART_Transmit(UART_HandleTypeDef *huart, constuint8_t *pData,
uint16_t Size, uint32_t Timeout)
```

huart：UART_HandleTypeDef 类型的结构体变量句柄；

pData：指向发送数据 buffer；

Size：发送数据长度；

Timeout：超时退出的最大发送时长。

• HAL_UART_Receive

功能：使用超时管理机制串口阻塞式接收数据函数，返回 HAL 状态值。

函数原型：

```
HAL_StatusTypeDef HAL_UART_Receive(UART_HandleTypeDef *huart, uint8_t *pData, uint16_t Size,
uint32_t Timeout)
```

huart：UART_HandleTypeDef 类型的结构体变量句柄；

pData：指向接收数据 buffer；

Size：接收数据长度；

Timeout：超时退出的最大接收时长。

• HAL_UART_Transmit_IT

功能：串口中断模式发送函数，以中断方式发送指定长度数据，返回 HAL 状态值。

函数原型：

```
HAL_StatusTypeDef HAL_UART_Transmit_IT(UART_HandleTypeDef *huart, constuint8_t *pData,
uint16_t Size)
```

• HAL_UART_Receive_IT

功能：串口中断模式接收函数，以中断方式接收指定长度数据，返回 HAL 状态值。

函数原型：

```
HAL_StatusTypeDef HAL_UART_Receive_IT(UART_HandleTypeDef *huart, uint8_t *pData, uint16_t Size)
```

2. 串口中断处理函数

• HAL_UART_IRQHandler

功能：串口中断处理通用服务函数，无返回值。

函数原型：

```
void HAL_UART_IRQHandler(UART_HandleTypeDef *huart)
```

• HAL_UART_TxCpltCallback

功能：串口发送中断回调函数，无返回值，默认弱定义，用户可根据功能需要改写内容。

函数原型：

```
__weak void HAL_UART_TxCpltCallback(UART_HandleTypeDef *huart)
```

• HAL_UART_TxHalfCpltCallback

功能：串口发送一半中断回调函数，无返回值，默认弱定义，用户可根据功能需要改写内容。

函数原型：

```
__weak void HAL_UART_TxHalfCpltCallback(UART_HandleTypeDef *huart)
```

• HAL_UART_RxCpltCallback

功能：串口接收中断回调函数，无返回值，默认弱定义，用户可根据功能需要改写内容。

函数原型：

```
__weak void HAL_UART_RxCpltCallback(UART_HandleTypeDef *huart)
```

• HAL_UART_RxHalfCpltCallback

功能：串口接收一半中断回调函数，无返回值，默认弱定义，用户可根据功能需要改写内容。

函数原型：

```
__weak void HAL_UART_RxHalfCpltCallback(UART_HandleTypeDef *huart)
```

• HAL_UART_ErrorCallback

功能：串口接收错误中断回调函数，无返回值，默认弱定义，用户可根据功能需要改写内容。

函数原型：

```
__weak void HAL_UART_ErrorCallback(UART_HandleTypeDef *huart)
```

思考与练习

1. 串口波特率是由哪个寄存器决定的？请详细说明寄存器的配置值跟波特率的关系。
2. 两个 MCU 通过 USART 串口互联，请说明如何连接两个串行通信的设备？
3. 微控制器和 PC 端 USB 口的串口硬件连接是如何实现的？
4. 结合按键的功能，请设计并实现通过按键启动和关闭串口收发数功能。
5. 设计并实现通过串口实现两块 STM32 实验板的通信。

第 6 章 STM32 定时器应用实战

在嵌入式系统应用中，经常会遇到以下情况：

(1) 周期性执行某任务，如每隔固定时间完成一次 AD 采集；

(2) 延迟一定时间执行某个任务，比如流水灯的延时；

(3) 显示实时时间，如万年历；

(4) 产生不同频率的波形，如 MP3 播放器；

(5) 产生不同脉宽的波形，如驱动伺服电机；

(6) 测量脉冲的个数，如测量转速；

(7) 测量脉冲的宽度，如测量频率。

以上情况可以归纳为两种功能：一种是定时(即对内部脉冲的计数操作)，完成与时间相关的任务(例如，以上前五种情况)；另一种是计数(即对外部输入的计数操作)，完成脉冲个数、宽度和频率的测量等(例如，以上后两种情况)。本章针对定时器的基本功能、不同脉宽波形输出以及脉宽测量进行实战演练。

6.1 认识 STM32 的定时器

微控制器中的可编程定时器与 CPU 并行工作，如果时钟源来自内部系统时钟，那么定时器可以实现精确的定时，如果时钟源来自外部输入信号，那么定时器可以完成对外部信号的计数。定时器优点有：不占用 CPU 时间、定时准确、定时/计数器可编程、可以重复利用、成本低、通用性强、实现灵活。

6.1.1 定时器功能分类

STM32F4xx 系列芯片中一共有 14 个定时器，包括 2 个高级定时器、10 个通用定时器和 2 个基本定时器。除此之外，还有 2 个看门狗定时器和 1 个系统嘀嗒定时器，本章暂不研究这两类定时器。

STM32F4xx 系列常用定时器功能如表 6-1 所示。

表 6-1　STM32F4xx 系列常用定时器功能

定时器类型	计数器位数	预分频器的位数	DMA请求	计数方向	捕获/输出比较通道数	互补输出
高级定时器(TIM1、TIM8)	16	16	有	向上、向下、向上/向下	4	有
通用定时器(TIM2～TIM5)	16(TIM3/TIM4) 32(TIM2/TIM5)	16	有	向上、向下、向上/向下	4	无
通用定时器(TIM9～TIM14)	16	16	有	向上	2(TIM9/12) 1(TIM10/11/13/14)	无
基本定时器(TIM6、TIM7)	16	16	有	向上	0	无

基本定时器 TIM6 和 TIM7 包含一个 16 位自动重载计数器，该计数器由可编程预分频器驱动，基本功能为生成时基，还可专门用于驱动数模转换器(DAC)。但是在实际应用中，不会优先使用该类定时器。

通用定时器中 TIM2 与 TIM5 使用的是 32 位的重装载计数器，其他则是 16 位的重装载计数器。这些通用定时器具有多达 4 个独立通道，可用于输入捕获、输出比较、PWM 生成(边沿和中心对齐模式)和单脉冲模式输出。通用定时器可用于多种用途，包括测量输入信号的脉冲宽度(输入捕获)或生成输出波形(输出比较和 PWM)，在未使用到定时器通道功能时可以设置成更新中断，并使其执行中断服务函数完成功能。通用定时器是最常用到的定时器。

高级定时器拥有比通用定时器更多、更强的功能，比如带可编程死区的互补输出以及支持定位用增量编码器等。所以只有在通用定时器无法完成任务或定时器不够使用时才会用到高级定时器。

6.1.2　定时器内部结构

通用定时器是应用最广泛的定时器，下面主要以通用定时器为例进行介绍。图 6-1 给出了通用定时器 TIM2～TIM5 的内部结构框图。

定时器内部结构主要分为时钟产生、计数单元(又叫时基单元)、输入检测单元、捕获/比较单元以及输出控制单元，实际应用时并不是所有模块都需要，比如基础计数延时功能仅需要时钟单元和计数单元就能够实现；PWM 输出功能在时钟单元、计数单元基础上，还需要捕获/比较单元和输出控制单元；脉宽检测功能则在时钟单元、计数单元基础上，还需要输入检测单元和捕获/比较单元。可见，定时器应用中必需的就是时钟单元和计数单元，其他单元则根据具体应用需要选择。各单元原理的具体分析在接下来的应用实战中说明。

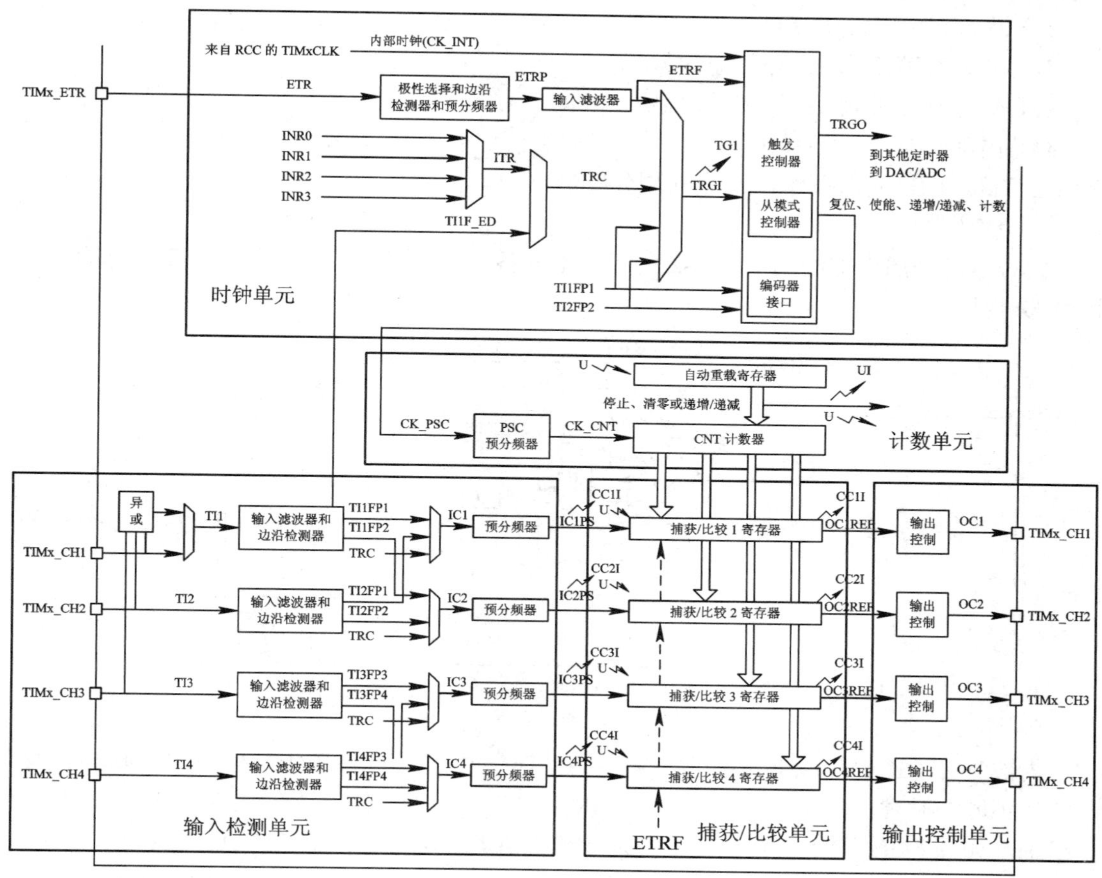

图 6-1　定时器内部结构

6.2　任务 1　定时中断控制 LED 灯闪烁

6.2.1　任务分析

任务内容：使用微控制器的定时器功能完成定时器中断，在定时器中断过程中完成 LED 闪烁。具体要求实现在 TIM3 中断过程中完成 LED1 每 500 ms 闪烁一次。

任务分析：本任务采用的 MCU 芯片为 STM32F407ZGT6，LED 灯的硬件设计同第 3 章任务 1，硬件电路设计不变，但是在任务实现上需要采用定时器中断实现 LED 灯的闪烁，因此本次任务硬件设计重点分析定时器内部计数功能如何实现 500 ms 周期，软件设计主要分析内部计数和中断的 HAL 库代码实现。

6.2.2　硬件设计与实现

1. 定时器时钟选择

定时器时钟可以由下列时钟源提供：

(1) 内部时钟(CK_INT)。

(2) 外部时钟模式 1：外部输入脚(TIx)。

(3) 外部时钟模式 2：外部触发输入(ETR)。

(4) 内部触发输入(ITRx)：使用一个定时器作为另一个定时器的预分频器，如可以配置定时器 Timer1 作为定时器 Timer2 的预分频器。

(5) 编码器。

定时器时钟源内部结构如图 6-2 所示，本任务设计选择内部时钟(CK_INT)，因此只分析内部时钟。

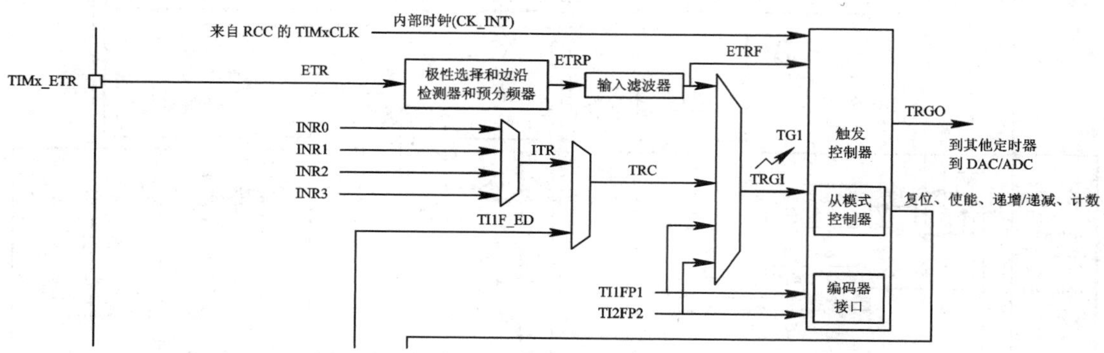

图 6-2　定时器时钟源内部结构

内部时钟(CK_INT)由定时器所挂载的总线时钟决定。STM32F407 的每个定时器时钟都挂载在不同的时钟总线上，其中 TIM1、TIM8、TIM9、TIM10、TIM11 定时器挂载在 APB2 总线上，如图 6-3(a)所示，其他定时器则挂载在 APB1 总线上，如图 6-3(b)所示。

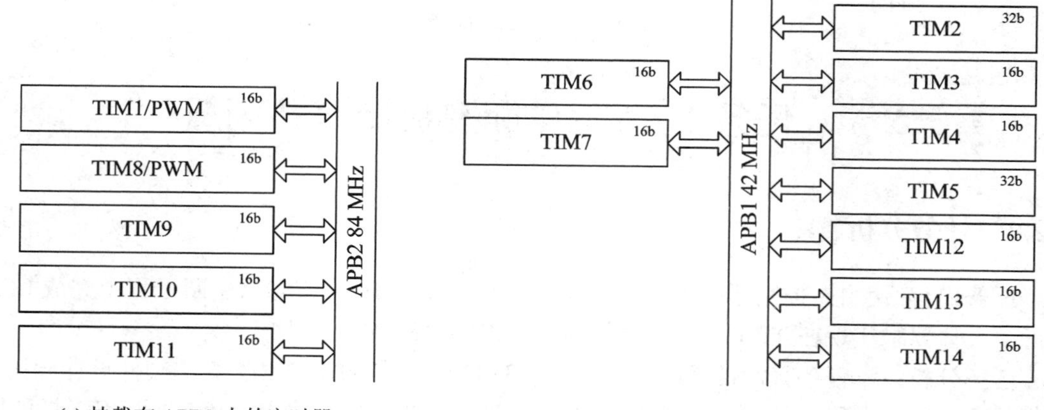

(a) 挂载在 APB2 上的定时器　　(b) 挂载在 APB1 上的定时器

图 6-3　定时器总线

虽然 APB1 与 APB2 总线的时钟频率有上限(42 MHz 与 84 MHz)，但 APB1/APB2 总线分频系数(APB Prescaler)不为“/1”时进入定时器的时钟信号会被默认设为两倍频(由硬件控制)，所以对应 APB 总线输入的定时器时钟信号由 42 MHz、84 MHz 变为了 84 MHz、168 MHz。图 6-4 所示为 STM32CubeMX 时钟树中定时器时钟的配置。

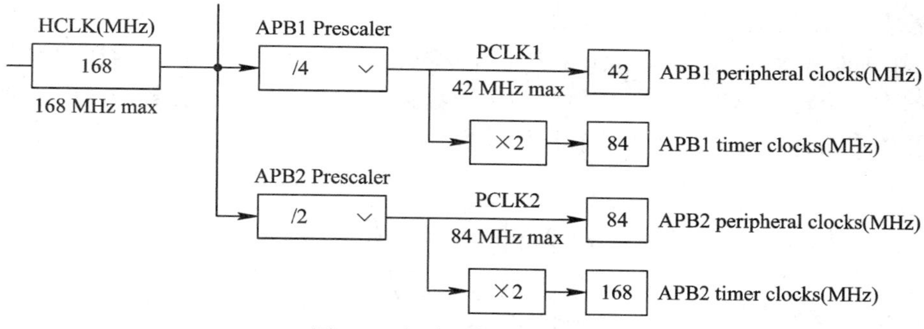

图 6-4　定时器内部时钟来源

实现分析：本任务使用的定时器为 TIM3，选择内部时钟(CK_INT)源，时钟频率为 APB1 时钟频率的 2 倍，任务中配置 APB1 时钟频率为 42 MHz，那么定时器内部时钟频率为 84 MHz(注意：请记住这个频率，后续计算定时器的定时中断周期需要使用)。

2. 定时器时基单元

定时器中最核心的单元是时基单元，时基单元由预分频器、计数器、自动重载寄存器和重复次数寄存器(只有高级定时器才具有的时基功能单元)组成。不同类型的定时器的预分频器和计数器，其位数范围可从表 6-1 中查询，自动装载寄存器的取值范围同计数器。以上四个器件分别对应了四个寄存器：

(1) 预分频器(TIMx_PSC)。

(2) 计数器(TIMx_CNT)。

(3) 自动重载寄存器(TIMx_ARR)。

(4) 重复次数(周期计数)寄存器(TIMx_RCR)。

图 6-5 为通用定时器时基单元的内部结构，其中预分频器的输入 CK_PSC 为定时器时钟选择后的输出，任务中我们选用了内部时钟 CK_INT，这里的 CK_PSC 其实就是 CK_INT，频率为 84 MHz。预分频器可对 CK_PSC 时钟频率进行分频，分频系数介于 1 和 65536 之间。该预分频器基于 TIMx_PSC 寄存器中的 16 位寄存器所控制的 16 位计数器。由于 TIMx_PSC 寄存器具有缓冲功能，因此可对预分频器进行实时更改，更改后新的预分频系数将在下一更新事件发生时被采用。分频后的输出作为计数器的计数时钟。

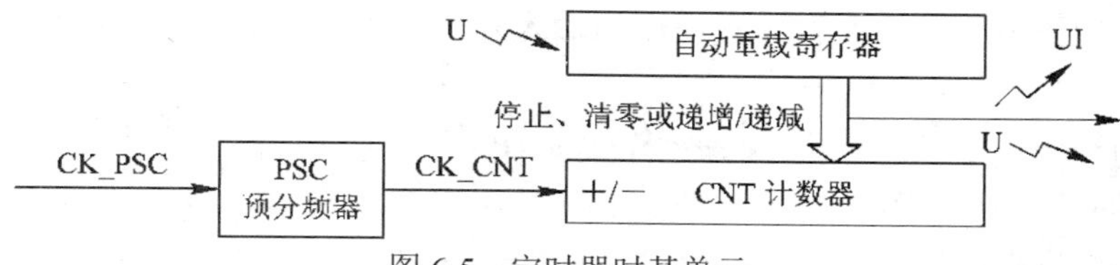

图 6-5　定时器时基单元

计数器的计数模式有向上、向下以及向上/向下双向计数。计数器的三种计数模式如图 6-6 所示，原理描述如下：

(1) 向上计数模式(递增)：计数器从 0 递增计数到自动加载值(TIMx_ARR)，产生一个计数器溢出事件，然后重新获取一次自动加载值并且又从 0 开始计数，以此操作进行周期计数。

(2) 向下计数模式(递减)：计数器从自动装入的值(TIMx_ARR)开始向下递减计数到 0，产生一个计数器向下溢出事件，然后重新获取一次自动加载值，从自动装入的值重新开始递减计数直到 0，以此操作进行周期计数。

(3) 中央对齐模式(向上/向下计数，递增/递减计数)：计数器从 0 开始计数到自动装入的值，产生一个计数器溢出事件，然后向下计数到 1 并且产生一个计数器溢出事件；然后再从 0 开始重新计数。以此操作进行周期计数。

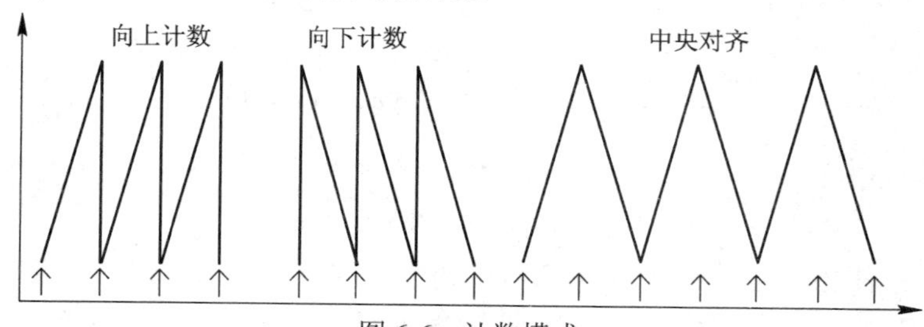

图 6-6　计数模式

在本任务中，我们要使用定时器周期性溢出后产生中断进行 LED 灯的控制，而进入中断的标志是产生更新事件，更新事件产生的条件如下：

(1) 如果使用重复计数器，则当计数的重复次数达到重复计数器寄存器中编程的次数加 1 次(TIMx_RCR + 1)后，将生成更新事件(UEV)。否则，将在每次计数器上溢时产生更新事件。

(2) 当将 TIMx_EGR 寄存器的 UG 位置 1(通过软件或使用从模式控制器)时，也将产生更新事件。

当发生一个更新事件时，所有的寄存器都被更新，硬件同时设置更新标志位。预分频器的缓冲区被置入 TIMx_PSC 的内容，自动装载影子寄存器被重新置入 TIMx_ARR 的值，重复计数器中将重新装载 TIMx_RCR 寄存器的内容。

3. 定时器周期计算

这里要说的定时器的周期是指完成一次完整计数次数(0 到 ARR 值或从 ARR 值到 0)的时间，也就是中断的触发间隔。实际应用中往往需要特定的中断触发间隔，比如本任务中，需要 LED 灯每 500 ms 闪烁一次，而 LED 灯的翻转在定时器中断过程中实现，所以中断间隔是 500 ms，即定时周期为 500 ms。下面以本任务的实际需求为例来分析定时器周期和定时器参数的关系。

从图 6-5 中了解到，定时器计数周期和输入时钟源 CK_PSC、预分频系数 PSC、自动装载值 ARR 有关，具体关系为：

分频器的输出信号频率：$F_{CK\_CNT} = F_{CK\_PSC}/(PSC + 1)$。

输出信号时钟周期：$T_{CK\_CNT} = 1/F_{CK\_CNT} = (PSC + 1) / F_{CK\_PSC}$。

定时器计数周期：$T_{CNT} = (ARR + 1) \times T_{CK\_CNT} = (ARR + 1)(PSC + 1) / F_{CK\_PSC}$。

本任务中 $F_{CK\_PSC} = F_{CK\_INT} = 84$ MHz，$T_{CNT} = 500$ ms，所以可以倒推需要配置的 PSC 和 ARR 的值：PSC = 840 − 1，ARR = 50000 − 1。在接下来的软件实现中会选用此参数。当然 PSC 和 ARR 取值不唯一，只要满足计数周期为 500 ms，PSC 和 ARR 取值不超过其最大范围即可。

实现分析：定时器输入时钟源选择内部时钟源，时钟频率为 84 MHz，时基单元选择预分频系数 PSC = 840 − 1，自动装载值 ARR = 50000 − 1，满足计数周期 500 ms。计数模式选择向上、向下都可以，本任务选择向上计数。

6.2.3　软件设计与实现

定时器软件设计与实现主要包括定时器初始化和定时器中断服务函数的实现，下面通过软件实现步骤来一一进行说明。

1. 软件配置实现过程

基于 STM32CubeIDE 新建工程，芯片选用 STM32F407ZGT6。

1) 在新建工程中打开 STM32CubeMX 界面完成配置

(1) 完成时钟配置。

(2) 完成 LED1 端口配置(参考第 3 章任务 1)。

(3) 定时器配置。

定时器 TIM3 配置步骤如下：

① 在 Pinout&Configuration 选项卡的 Timers 类型下选择 TIM3；

② 配置时钟源“Clock Source”为内部时钟源“Internal Clock”；

③ 配置预分频器“Prescaler”的分频系数为 840−1，配置计数器的自动装载值“Counter Period”为 50000 − 1(计数周期为 500 ms)。

具体配置情况如图 6-7 所示。

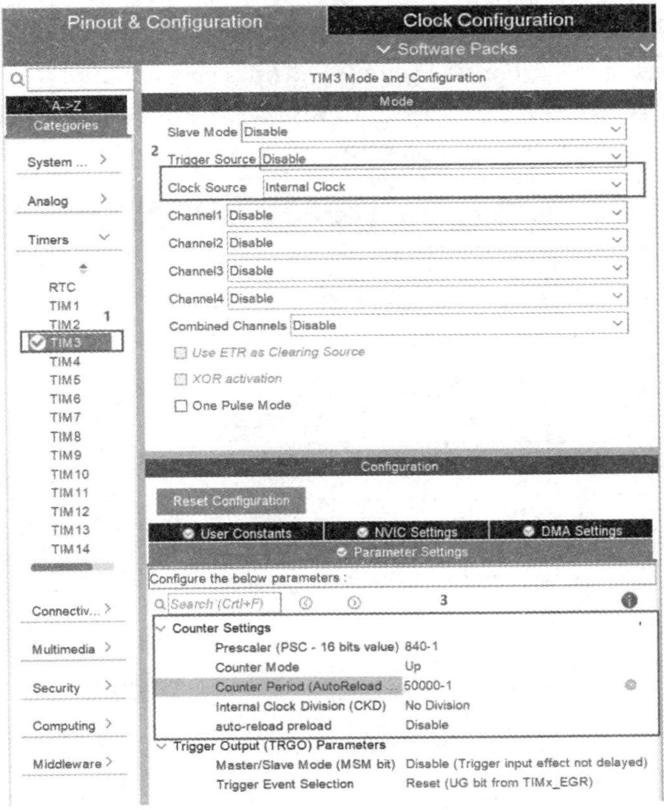

图 6-7　TIM3 定时配置

(4) 开启定时器中断，如图 6-8 所示。

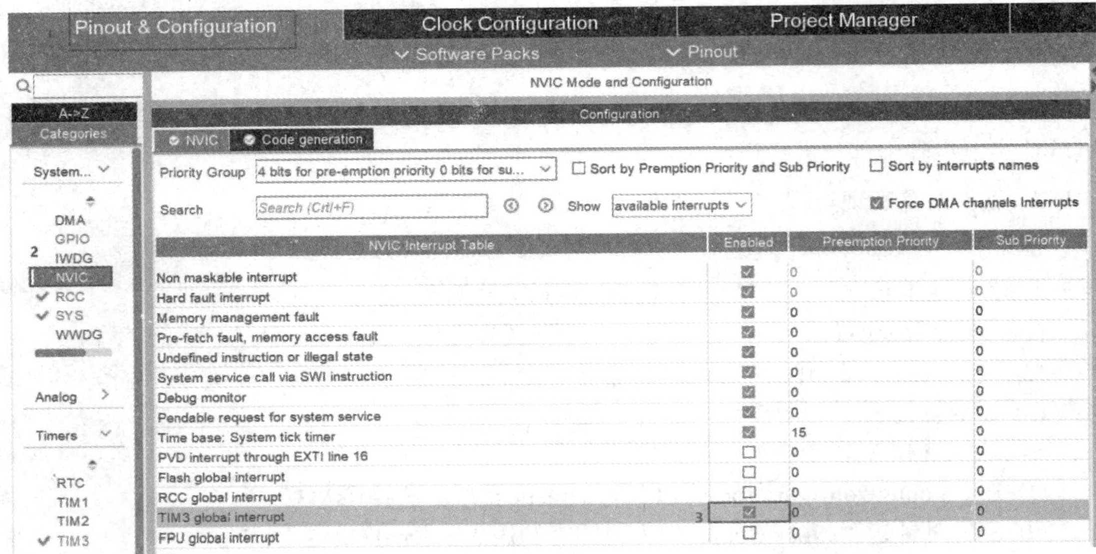

图 6-8 TIM3 定时器中断配置

2) 导出工程

为了使代码文件更加清晰，在导出文件前，可将外设的初始化和相关配置都生成到外设对应的.c/.h 文件中，在工程管理下需要进行的配置如下：将 Generated files 中第一项"Generate peripheral initialization as a pair of '.c/.h' files per peripheral"打钩，即可生成独立的定时器和 GPIO 源码文件，具体选择如图 6-9 所示。完成配置后，点击工具栏中的保存按钮，或者按下快捷键"Ctrl + S"生成代码。

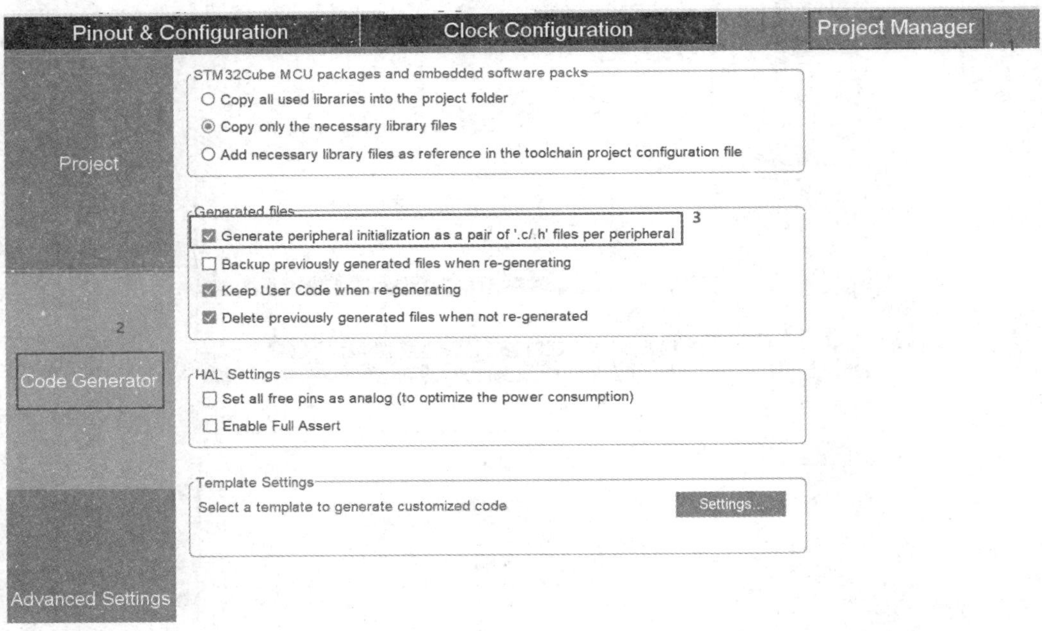

图 6-9 工程管理配置

3) 代码编写

代码部分需要实现两部分内容：定时器初始化和定时器中断服务函数。

定时器初始化参数配置通过 STM32CubeMX 完成后自动生成了代码，无须用户编写。在 tim.c 下新增定时器中断使能函数 My_TIM3_Init 和中断回调函数 HAL_TIM_PeriodElapsedCallback，如图 6-10 所示。

```
/* USER CODE BEGIN 1 */
void My_TIM3_Init()
{
    HAL_TIM_Base_Start_IT(&htim3); //开启定时器更新中断，开启定时器
}

//重写定时器中断回调函数
void HAL_TIM_PeriodElapsedCallback(TIM_HandleTypeDef *htim)
{

    if(htim->Instance == TIM3)
    {
        HAL_GPIO_TogglePin(GPIOF, GPIO_PIN_9);//LED1
    }

}
/* USER CODE END 1 */

```

图 6-10　定时器中断新增代码

在 tim.h 下对新增函数 My_TIM3_Init(void)并进行声明，在 main.c 中新增该函数的调用代码行，如图 6-11 所示。

main.c　tim.c　tim.h

```

/* Includes ------------------------------
#include "main.h"

/* USER CODE BEGIN Includes */

/* USER CODE END Includes */

extern TIM_HandleTypeDef htim3;

/* USER CODE BEGIN Private defines */

/* USER CODE END Private defines */

void MX_TIM3_Init(void);

/* USER CODE BEGIN Prototypes */
void My_TIM3_Init(void);   ← 新增
/* USER CODE END Prototypes */

#ifdef __cplusplus
}
#endif

#endif /* __TIM_H__ */

```

```
int main(void)
{
  /* USER CODE BEGIN 1 */

  /* USER CODE END 1 */

  /* MCU Configuration------------------------------

  /* Reset of all peripherals, Initializes the Flas
  HAL_Init();

  /* USER CODE BEGIN Init */

  /* USER CODE END Init */

  /* Configure the system clock */
  SystemClock_Config();

  /* USER CODE BEGIN SysInit */

  /* USER CODE END SysInit */

  /* Initialize all configured peripherals */
  MX_GPIO_Init();
  MX_TIM3_Init();
  /* USER CODE BEGIN 2 */
  My_TIM3_Init();   ← 新增代码
  /* USER CODE END 2 */
```

图 6-11　tim.h 和 main.c 新增代码

同时需要注意，新增代码需要放在用户定义代码段内，以避免修改 STM32CubeMX 配置后重新生成代码时被覆盖。

4) 下载调试

将电脑端和实验板硬件连接准备好，完成运行配置后，点击运行按钮将代码下载至实验平台观察实验结果。预期结果：LED1 每 500 ms 闪烁一次。

2. 代码详解

1) 定时器初始化代码

定时器初始化由函数 MX_TIM3_Init(void)实现，代码由工程自动生成，具体如下：

```
static void MX_TIM3_Init(void)
{
    TIM_ClockConfigTypeDef sClockSourceConfig = {0};
    TIM_MasterConfigTypeDef sMasterConfig = {0};
    htim3.Instance = TIM3;
    htim3.Init.Prescaler = 840-1;                              //预分频系数 PSC=840-1
    htim3.Init.CounterMode = TIM_COUNTERMODE_UP;               //计数模式为向上计数模式
    htim3.Init.Period = 50000-1;                               //自动重装载值 ARR=50000-1
    htim3.Init.ClockDivision = TIM_CLOCKDIVISION_DIV1;         //时钟分频 1
    htim3.Init.AutoReloadPreload = TIM_AUTORELOAD_PRELOAD_DISABLE;
    if (HAL_TIM_Base_Init(&htim3) != HAL_OK)                   //初始化定时器
    {
        Error_Handler();
    }
    sClockSourceConfig.ClockSource = TIM_CLOCKSOURCE_INTERNAL;     //内部时钟源
    if (HAL_TIM_ConfigClockSource(&htim3, &sClockSourceConfig) != HAL_OK)//定时器时钟源配置
    {
        Error_Handler();
    }
    sMasterConfig.MasterOutputTrigger = TIM_TRGO_RESET;
    sMasterConfig.MasterSlaveMode = TIM_MASTERSLAVEMODE_DISABLE;//关闭主从模式
    if (HAL_TIMEx_MasterConfigSynchronization(&htim3, &sMasterConfig) != HAL_OK)
    {
        Error_Handler();
    }
}
```

代码中调用 HAL 库函数 HAL_TIM_Base_Init()，将参数通过结构体变量 htim3 传入，完成时基单元参数初始化的相关寄存器配置。

需要说明的是，HAL_TIM_Base_Init()中调用了 MCU 底层初始化函数 HAL_TIM_Base_MspInit(htim)，此函数在 HAL 库中为弱定义，可以根据具体需求由用户重新定义内容，主要完成引脚、时钟和中断的设置。由于不同的芯片设计的底层引脚和初始化配置不同，因此 HAL 库这样的封装代码使得应用更灵活，扩展性更强。工程通过 STM32 CubeMX 配置在源码文件 tim.c 中自动生成了重新定义的函数，主要实现了 TIM3 时钟使能、中断优先级设置以及 NVIC 使能，具体代码如下：

```
void HAL_TIM_Base_MspInit(TIM_HandleTypeDef* htim_base)
{
```

```
    if(htim_base->Instance==TIM3)
    {
        __HAL_RCC_TIM3_CLK_ENABLE();            //TIM3 时钟使能
        HAL_NVIC_SetPriority(TIM3_IRQn, 0, 0);  //中断优先级设置，抢占 0，响应 0
        HAL_NVIC_EnableIRQ(TIM3_IRQn);          //NVIC 使能
    }
}
```

同时，STM32 CubeMX 配置也在 tim.c 文件内自动生成了 HAL_TIM_Base_MspDeInit() 函数，其主要功能为：关闭时钟使能(_HAL_RCC_TIM3_CLK_DISABLE())；关闭 NVIC(HAL_NVIC_DisableIRQ(TIM3_IRQn))。

定时器初始化部分还有一个用户新增代码：My_TIM3_Init()。在 main 函数中，完成 MX_TIM3_Init(void)后随即调用 My_TIM3_Init()，用户代码如下：

```
void My_TIM3_Init()
{
    HAL_TIM_Base_Start_IT(&htim3);
}
```

以上代码调用了 HAL 库函数 HAL_TIM_Base_Start_IT()，此函数的主要功能是使能定时器中断，开启定时器工作，在定时器参数初始化完成后调用。

2) 定时器中断服务函数和回调函数

定时器中断服务函数代码由工程自动生成，放在源码文件 stm32f4xx_it.c 中，具体如下：

```
void TIM3_IRQHandler(void)
{
    HAL_TIM_IRQHandler(&htim3);
}
```

因为本任务中使用了 TIM3，所以使用的中断服务函数是 TIM3_IRQHandler()，其中只有一句代码，即调用 HAL 库函数 HAL_TIM_IRQHandler()，此函数是定时器各种类型中断处理的公共函数。当前任务中，定时器计数到溢出值，产生一次更新中断，因此此公共函数中会进入定时器更新中断判断分支，其分支调用了回调函数 HAL_TIM_PeriodElapsedCallback()，此函数同样也是弱定义，功能可由用户重新定义。在更新中断产生后，本任务需要翻转一下 LED1 的状态，就在此回调函数中实现。用户重写代码如下：

```
//重写定时器中断回调函数
void HAL_TIM_PeriodElapsedCallback(TIM_HandleTypeDef *htim)
{
    if(htim->Instance == TIM3)
    {
        HAL_GPIO_TogglePin(GPIOF, GPIO_PIN_9);//LED1
    }
}
```

知识扩展：如果使用其他定时器，并开启了中断，则工程也会自动生成对应的中断服务函数，只是高级定时器的中断服务函数类型会更多，用户可以自行查看启动文件 startup_stm32f407xx.s 中的中断清单。

6.3 任务 2 定时器输出 PWM 脉冲

6.3.1 任务分析

任务内容：使用嵌入式芯片的定时器输出占空比可变的 PWM 波，用来驱动 LED 灯，从而达到 LED 亮度由暗变亮，又从亮变暗，如此循环。

任务分析：LED 灯的硬件连接同第 3 章任务 1，本任务选用 PF9 引脚连接的 LED 灯，PF9 引脚复用功能连接 TIM14_CH1，因此需要对 TIM14 的通道 1 进行配置，使其输出占空比可变的 PWM 信号，驱动 LED 灯亮灭的变化。本任务硬件设计重点分析定时器内部结构中与 PWM 输出相关的模块功能和 PWM 的产生原理，软件设计重点分析 PWM 初始化配置代码和 PWM 中断处理。

6.3.2 硬件设计与实现

1. PWM 概念

脉冲宽度调制(Pulse Width Modulation，PWM)简称脉宽调制，是利用微处理器的数字输出来对模拟电路进行控制的一种非常有效的技术，广泛应用于电机控制、灯光的亮度调节、功率控制等场合。

PWM 信号的两个基本参数如下：

周期(Period)：一个完整 PWM 波形所持续的时间。

占空比(Duty)：高电平持续时间(T_{on})与周期时间之比。

占空比计算公式：Duty = (T_{on} / Period) × 100%。图 6-12 给出了 50%、20%、80%占空比情况下 PWM 信号的示意图，其中的 T_{off} 为低电平持续时间。

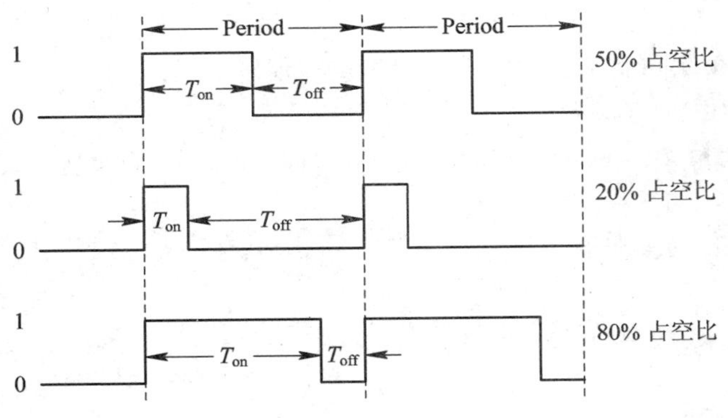

图 6-12 PWM 信号不同的占空比示意图

2. STM32 定时器的 PWM 输出功能

STM32F4xx 系列芯片中，除了基本定时器 TIM6 和 TIM7，其他定时器都可以用来产生 PWM 输出，可查看表 6-1。本任务使用通用定时器 TIM14 的通道 1，以下就以通用定时器的内部结构框图为例进行介绍，如图 6-13 所示。

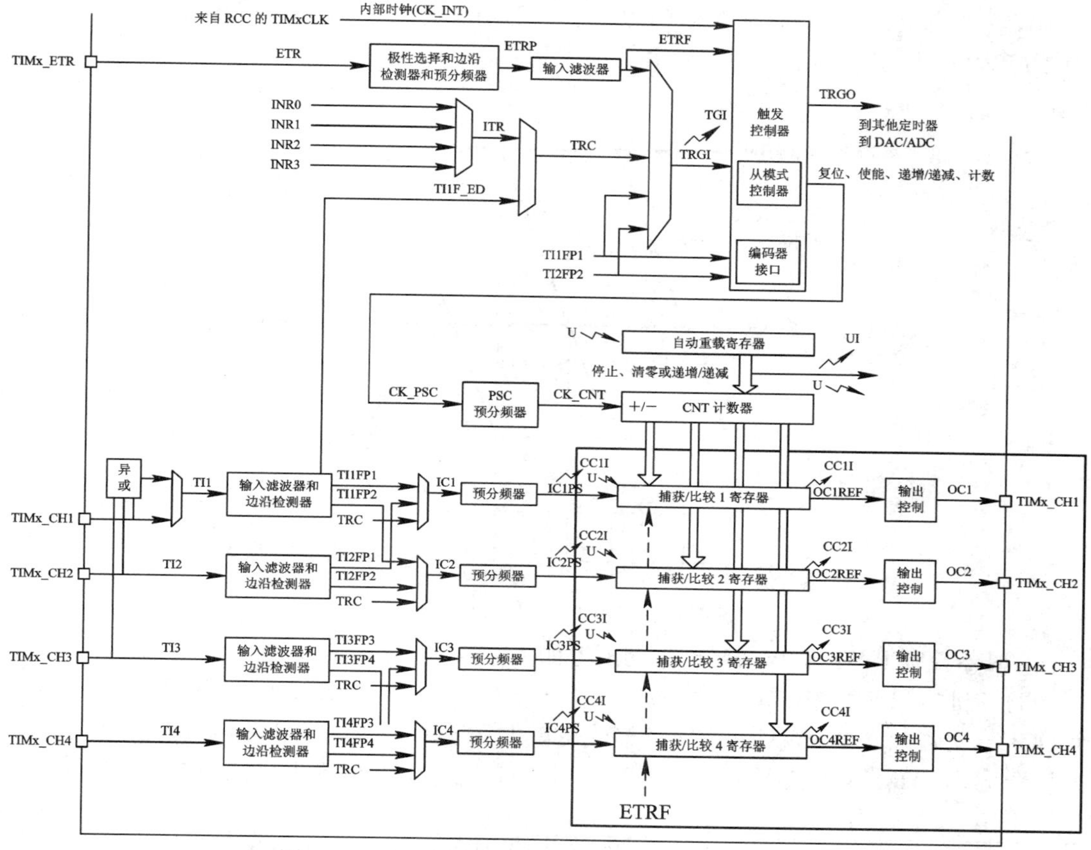

图 6-13　通用定时器的内部结构框图及 PWM 模块

由图 6-13 可知，定时器内部结构除了有在 6.1 小节介绍过的时钟源单元和基本时基单元，还包括输入捕获和输出比较共享的 4 个捕获/比较通道。每个捕获/比较通道均围绕一个捕获输入单元(输入滤波器和边沿检测器、多路复用和预分频器)、一个捕获/比较 x(x 代表通道号 1～4)寄存器(包括一个影子寄存器)和一个输出单元(比较器和输出控制)构建而成。使用时，输入捕获模式和输出比较模式共享捕获/比较 x 寄存器，因此每个通道的输入捕获和输出比较功能不能同时使用。

当前任务需要输出 PWM 信号，采用的是定时器的输出比较功能，定时器内部结构中使用的模块除了定时器最基本的时钟源单元和时基单元外，还包括捕获/比较 x 寄存器和输出单元(对应图 6-13 中框出来的部分)。在 PWM 模式下，输出引脚 TIMx_CH1～TIMx_CH4 最终输出的就是 PWM 信号。

3. 定时器控制 PWM 输出信号产生过程

定时器控制 PWM 信号产生的基本原理如图 6-14 所示，其中横坐标 *t* 为时间，纵坐标

y 为定时器的计数值。假设定时器工作在向上计数 PWM 模式，定时器自动装载值 ARR = 100，PWM 模式下设置捕获/比较寄存器的比较值 CCRx = 30，设当前计数值为 CNT。以图 6-14 为例，当 CNT<CCRx(30)时，定时器输出低电平；当 CNT≥CCRx(30)时，定时器输出高电平，从而形成了 PWM 信号。其中，PWM 的周期由 ARR 值(TIMx_ARR 寄存器值)决定，PWM 的占空比由 CCRx(TIMx_CCRx 寄存器值)决定，此处通过定时器实现了占空比为 70%的 PWM 信号。

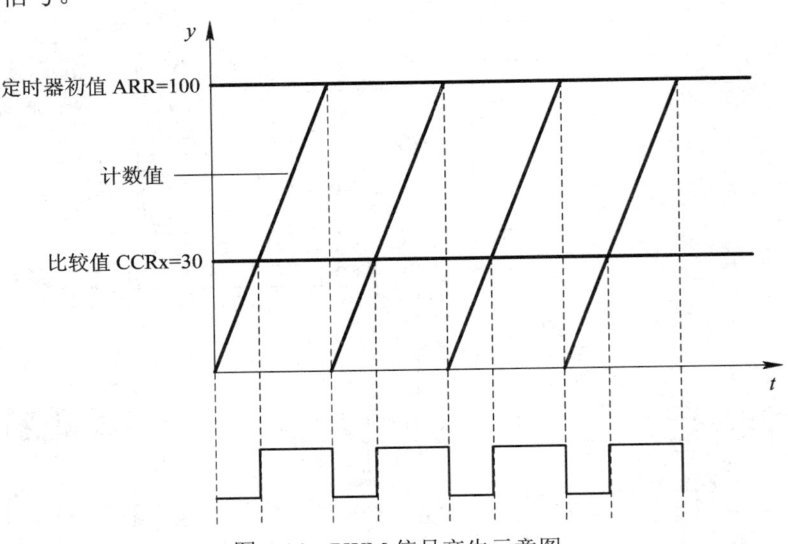

图 6-14　PWM 信号产生示意图

定时器控制 PWM 输出信号产生的配置如下：

(1) 定时器 PWM 模式通过捕获/比较模式寄存器 TIMx_CCMRx 进行配置。各通道(每个 OCx 输出对应一个 PWM)的 PWM 模式可以独立选择。下面以 TIM14 通道 1 为例进行模式配置说明，TIM14 捕获/比较模式寄存器 1(TIMx_CCMR1)的数据格式如图 6-15 所示。

15	14	13	12	11	10	9	8	7	6	5	4	3	2	1	0
保留									OC1M[2:0]			OC1PE	OC1FE	CC1S[1:0]	
保留								IC1F[3:0]				IC1PSC[1:0]			
								rw	rw	rw	rw	rw	rw	rw	rw

图 6-15　TIM14 捕获/比较模式寄存器 1(TIMx_CCMR1)的数据格式

bit0、bit1 为 CC1S，此位域定义通道方向(输入/输出)以及所使用的输入，PWM 模式为输出模式，因此当此处配置 CC1S = 00 时，通道 1 配置为输出模式。

bit4～bit6 为 OC1M，此位域定义输出比较模式，具体描述如表 6-2 所示。

表 6-2　PWM 模式

PWM 模式	OC1M 取值	向上计数场景	向下计数场景
PWM 模式 1	110	CNT < CCR1 时，通道 1 便为有效状态，否则为无效状态	CNT > CCR1 时，通道 1 便为无效状态(OC1REF = “0”)，否则为有效状态(OC1REF = “1”)
PWM 模式 2	111	CNT < CCR1 时，通道 1 便为无效状态，否则为有效状态	CNT > CCR1 时，通道 1 便为有效状态，否则为无效状态

(2) PWM 信号输出高低电平通过定时器捕获/比较使能寄存器(TIMx_CCER)进行配置。TIMx_CCER 寄存器格式如图 6-16 所示，其中，CC1E 设置捕获/比较 1 输出使能，输出模式下捕获/比较 1 输出极性 CC1P 的取值含义为：“0”－OC1 高电平有效，“1”－OC1 低电平有效。

15	14	13	12	11	10	9	8	7	6	5	4	3	2	1	0
保留												CC1NP	Res.	CC1P	CC1E
												rw		rw	rw

图 6-16　TIM14 捕获/比较使能寄存器(TIMx_CCER)的数据格式

(3) 比较值 CCRx 的设置通过捕获/比较寄存器(TIMx_CCRx)进行配置。TIM14 通道 1 的捕获/比较寄存器格式如图 6-17 所示，CCR1 为 16 位，输出模式下 CCR1 为比较值。

15	14	13	12	11	10	9	8	7	6	5	4	3	2	1	0
CCR[15:0]															
rw	rw	rw	rw	rw	rw	rw	rw	rw	rw	rw	rw	rw	rw	rw	rw

图 6-17　TIM14 捕获/比较寄存器 1(TIMx_CCR1)的数据格式

当前任务中，采用向上计数模式，PWM 模式设置为模式 1，CC1P 取值为 0，即高电平有效，那么在计数值 CNT＜比较值 CCR1 时，输出为高电平有效值，否则为低电平无效值。50%占空比下 PWM 模式 1 输出信号如图 6-18 所示，图中分别给出了高电平有效和低电平有效的 PWM 输出信号。

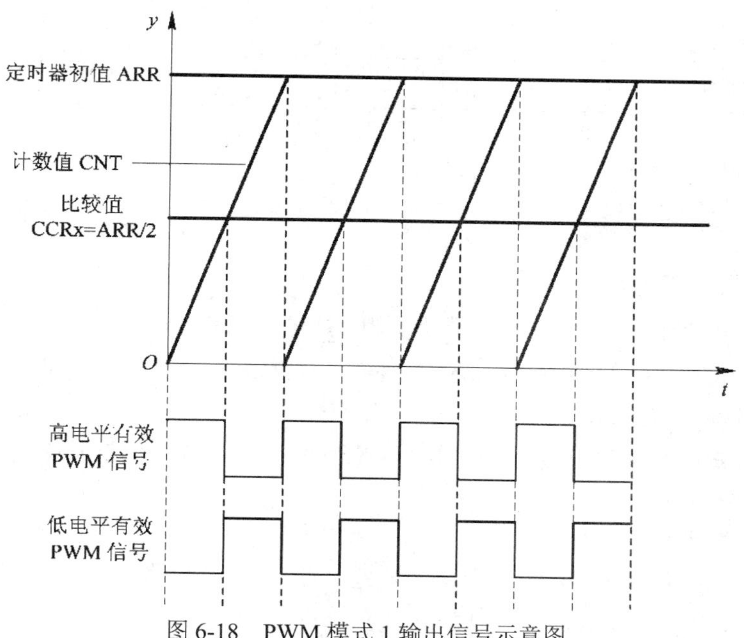

图 6-18　PWM 模式 1 输出信号示意图

4. LED 灯引脚的复用功能

PF9 引脚设置成默认复用功能时，可以作为 TIM14_CH1 的输出引脚，可通过查找芯片数据手册获取，如图 6-19 所示。通过复用功能，定时器 14 的通道 1 输出不同占空比的 PWM 信号控制 PF9 引脚连接的 LED 的亮度变化。

引脚数目						引脚名字(复位后的功能)	引脚类型	I/O结构	备注	默认复用功能	重映射
LQFP64	WLCSP90	LQFP100	LQFP144	UFBGA176	LQFP176						
—	—	—	11	H3	17	PF1	I/O	FT	—	FSMC_A1/I2C2_SCL/EVENTOUT	—
—	—	—	12	H2	18	PF2	I/O	FT	—	FSMC_A2/I2C2_SMBA/EVENTOUT	—
—	—	—	13	J2	19	PF3	I/O	FT	(4)	FSMC_A3/EVENTOUT	ADC3_IN9
—	—	—	14	J3	20	PF4	I/O	FT	(4)	FSMC_A4/EVENTOUT	ADC3_IN14
—	—	—	15	K3	21	PF5	I/O	FT	(4)	FSMC_A4/EVENTOUT	ADC3_IN15
—	C9	10	16	G2	22	V_{SS}	S	—	—	—	—
—	B8	11	17	G3	23	V_{DD}	S	—	—	—	—
—	—	—	18	K2	24	PF6	I/O	FT	(4)	TIM10_CH1/FSMC_NIORD/EVENTOUT	ADC3_IN4
—	—	—	19	K1	25	PF7	I/O	FT	(4)	TIM11_CH1/FSMC_NREG/EVENTOUT	ADC3_IN5
—	—	—	20	L3	26	PF8	I/O	FT	(4)	TIM13_CH1/FSMC_NIORD/EVENTOUT	ADC3_IN6
—	—	—	21	L2	27	PF9	I/O	FT	(4)	TIM11_CH1/FSMC_CD/EVENTOUT	ADC3_IN7
—	—	—	22	L1	28	PF10	I/O	FT	(4)	FSMC_INTR/EVENTOUT	ADC3_IN8
5	F10	12	23	G1	29	PH0/OSC_IN (PH0)	I/O	FT	—	EVENTOUT	OSC_IN(4)
6	F9	13	24	H1	30	PH1/OSC_OUT (PH1)	I/O	FT	—	EVENTOUT	OSC_OUT(4)
7	G10	14	25	J1	31	NRST	I/O	RST	—	—	—
8	E10	15	26	M2	32	PC0	I/O	FT	(4)	OTG_HS_ULPI_STP/EVENTOUT	ADC123_IN10
9	—	16	27	M3	33	PC1	I/O	FT	(4)	ETH_MDC/EVENTOUT	ADC123_IN11
10	D10	17	28	M4	34	PC2	I/O	FT	(4)	SP12_MISO/OTG_HS_ULPI_DIR/ETH_MII_TXD2/I2S2set_SD/EVENTOUT	ADC123_IN12

图 6-19　PF9 引脚默认复用功能

6.3.3　软件设计与实现

1. 软件配置实现过程

基于 STM32CubeIDE 新建工程，芯片选用 STM32F407ZGT6。

1) 在新建工程中打开 STM32CubeMX 界面完成配置

(1) 完成时钟配置。

(2) 完成按键引脚复用配置，在引脚图中查找到 PF9，解锁，并修改 PF9 为 TIM14_CH1，具体配置如图 6-20 所示。

(3) 定时器配置。

CubeMX 配置情况如图 6-21 所示，配置定时器 TIM14 步骤如下：

① 在 Pinout&Configuration 选项卡中的 Timers 类型下选择 TIM14；

② 选中“Activated”激活定时器；

③ 配置 Time14 Channel1 为“PWM Generation CH1”，即 PWM 输出模式；

④ 配置预分频器“Prescaler”的分频系数为 84-1，配置计数器的自动装载值“Counter Period”为 500-1，PWM 工作模式“Mode”选择“PWM mode 1”，即 PWM 模式 1，通道极性“CH Polarity”选择“Low”，即低电平有效。

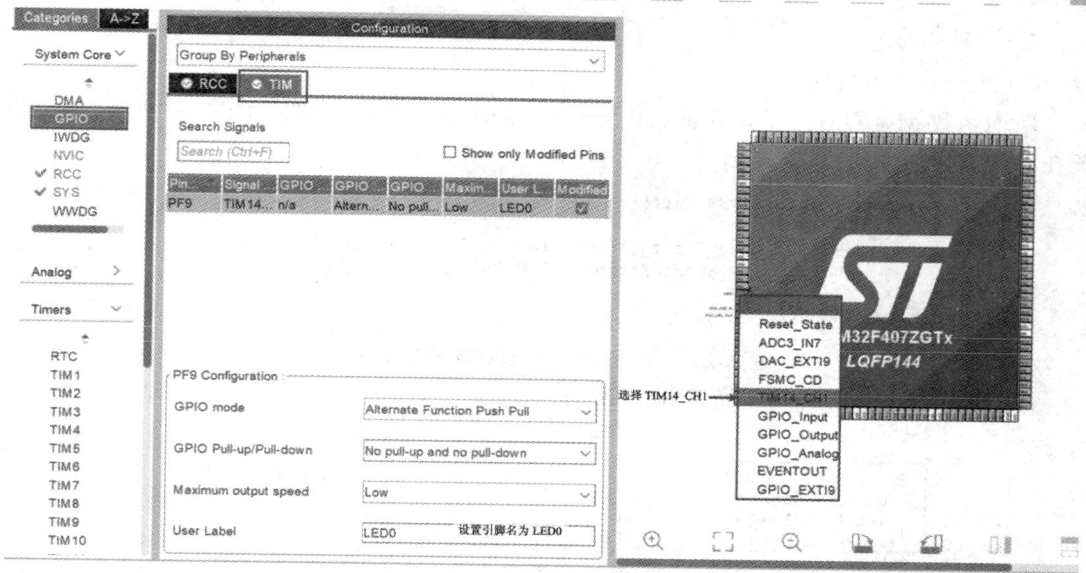

图 6-20　按键引脚的复用配置

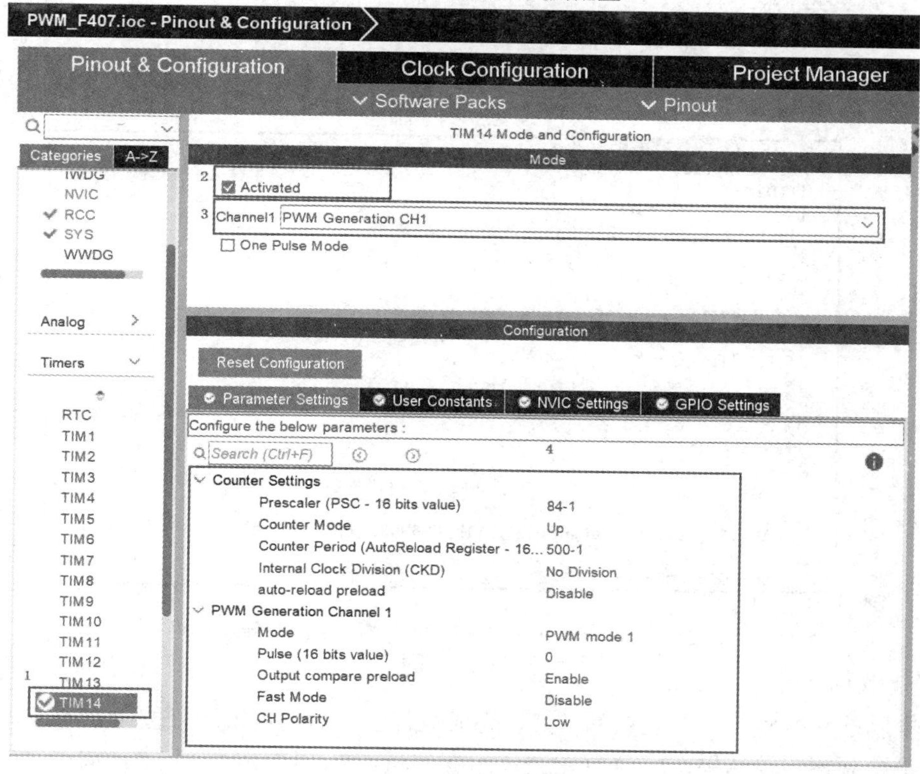

图 6-21　TIM14 参数配置

2) 导出工程

导出工程后的 scr 文件目录下主要包括了主函数 main.c、按键引脚配置 gpio.c、定时器配置 tim.c 等。

3) 代码编写

(1) time.c 下新增代码。

新增函数 My_TIM14_PWM_Init()用于开启定时器和 PWM 功能，如图 6-22 所示，注意要在 time.h 中声明。

```
void My_TIM14_PWM_Init()
{
    HAL_TIM_Base_Start_IT(&htim14); //开启定时器更新中断，开启定时器
    HAL_TIM_PWM_Start(&htim14, TIM_CHANNEL_1);//开启定时器PWM输出功能
}
/* USER CODE END 1 */
```

图 6-22　新增函数 My_TIM14_PWM_Init()

(2) main.c 下新增代码，如图 6-23 所示。

```
int main(void)
{
  /* USER CODE BEGIN 1 */
    uint8_t Direct=1;
    int PWMValue =0 ;
  /* USER CODE END 1 */
  HAL_Init();
  SystemClock_Config();
  MX_GPIO_Init();
  MX_TIM14_Init();
  /* USER CODE BEGIN 2 */
  My_TIM14_PWM_Init();
  /* USER CODE END 2 */
  while (1)
  {
    /* USER CODE BEGIN 3 */
    HAL_Delay(10);
    if(Direct)
    {
        PWMValue++; //Direct==1 PWMValue递增
    }
    else
    {
        PWMValue--; //Direct==0 PWMValue递减
    }
    if(PWMValue>300)
    {
        Direct=0;           //PWMValue到达300后，方向为递减
    }
    if(PWMValue==0)
    {
        Direct=1;           //PWMValue递减到0后，方向改为递增
    }
    __HAL_TIM_SetCompare(&htim14, TIM_CHANNEL_1,PWMValue);//更改PWM的CCR比较值
  }
  /* USER CODE END 3 */
}
```


图 6-23　定时器输出 PWM 脉冲功能的 main.c 新增代码

4) 下载调试

将电脑端和实验板硬件连接准备好，完成运行配置后，点击运行按钮将代码下载至实验平台观察实验结果：LED 灯由亮逐渐变到暗，再由暗逐渐变到亮，周而复始，达到呼吸灯的效果。

2. 代码详解

1) 定时器 PWM 输出初始化代码

定时器 PWM 输出初始化通过 STM32CubeMX 图形化界面配置后由开发平台自动生成

到 time.c 文件的 MX_TIM14_Init()函数中，相关代码如下：

```
TIM_OC_InitTypeDef sConfigOC = {0};
sConfigOC.OCMode = TIM_OCMODE_PWM1;                //模式选择 PWM1
sConfigOC.Pulse = 0;                               //设置比较值，此值用来确定占空比
sConfigOC.OCPolarity = TIM_OCPOLARITY_LOW;         //输出比较极性为低电平有效
sConfigOC.OCFastMode = TIM_OCFAST_DISABLE;         //禁止快速使能
if (HAL_TIM_PWM_ConfigChannel(&htim14, &sConfigOC, TIM_CHANNEL_1) != HAL_OK)
                                                   //初始化 PWM
{
    Error_Handler();
}
HAL_TIM_MspPostInit(&htim14);
```

定时器 PWM 输出初始化调用 HAL 库函数 HAL_TIM_PWM_ConfigChannel()实现，其中主要的入参 sConfigOC 为结构体类型 TIM_OC_InitTypeDef，用于定义 PWM 配置的成员参数，TIM_OC_InitTypeDef 的定义如下：

```
typedef struct
{
    uint32_tOCMode;
    uint32_tPulse;
    uint32_tOCPolarity;
    uint32_tOCNPolarity;
    uint32_tOCFastMode;
    uint32_tOCIdleState;
    uint32_tOCNIdleState;
}TIM_OC_InitTypeDef;
```

此处仅介绍该结构体中在本任务中使用的 4 个成员：

OCMode：比较输出模式选择，总共有 8 种，对应 CCMRx 寄存器 OCxM[2:0]位的值，本任务中为 OC1M，相关描述如表 6-2 所示，代码中配置为 PWM 模式 1。

Pulse：PWM 脉冲宽度，可设置范围为 0 至 65535，对应捕获/比较寄存器(TIMx_CCRx)的 CCRx[15:0]，即比较值，本任务中为 CCR1[15:0]。该值决定了 PWM 的占空比，代码中初始值配置为 0。

OCPolarity：有效电平，对应捕获/比较使能寄存器(TIMx_CCER)的 CC1P[1]，本任务中为 CC1P[1]，配置为“TIM_OCPOLARITY_LOW”，表示低电平有效，反之高电平有效。

OCFastMode：比较输出模式快速使能，本任务中禁止快速使能。

定时器 PWM 输出初始化代码中最后调用了函数 HAL_TIM_MspPostInit(&htim14)，该函数功能是对引脚 PF9 进行 GPIO 初始化，并开启其复用为 TIM14_CH1 输出，具体代码如下：

```
void HAL_TIM_MspPostInit(TIM_HandleTypeDef* timHandle)
{
    GPIO_InitTypeDef GPIO_InitStruct = {0};
    if(timHandle->Instance==TIM14)
    {
        __HAL_RCC_GPIOF_CLK_ENABLE();                      //开启 GPIOF 时钟
        GPIO_InitStruct.Pin = LED0_Pin;                    //PF9
        GPIO_InitStruct.Mode = GPIO_MODE_AF_PP;            //复用推挽输出
        GPIO_InitStruct.Pull = GPIO_NOPULL;                //无上下拉
        GPIO_InitStruct.Speed = GPIO_SPEED_FREQ_LOW;       //低速
        GPIO_InitStruct.Alternate = GPIO_AF9_TIM14;        //PF9 复用为 TIM14_CH1
        HAL_GPIO_Init(LED0_GPIO_Port, &GPIO_InitStruct); //GPIO 初始化
    }
}
```

和通用引脚初始化不同的是，此处 PF9 引脚的工作模式 Mode 配置为“GPIO_MODE_AF_PP”，即复用推挽输出模式，通过 Alternate 配置引脚 9 复用选择映射的对象“GPIO_AF9_TIM14”，即映射到 TIM14。

另外，MX_TIM14_Init()函数还包含了时基单元的初始化，我们在本章任务 1 中已经介绍过了，此处不再赘述。

2) 输出可变占空比 PWM 波代码实现

在 main.c 的 while(1)中，我们增加了可变占空比脉宽控制代码：

```
uint8_t Direct=1;
int PWMValue =0 ;
while (1)
{
    HAL_Delay(10);
    if(Direct)
    {
        PWMValue++;          //Direct==1 PWMValue 递增
    }
    else
    {
        PWMValue--;                   //Direct==0 PWMValue 递减
    }
    if(PWMValue>300)
    {
        Direct=0;            //PWMValue 到达 300 后，方向为递减
    }
```

```
        if(PWMValue==0)
        {
            Direct=1;                //PWMValue 递减到 0 后，方向改为递增
        }
        __HAL_TIM_SetCompare(&htim14, TIM_CHANNEL_1,PWMValue);//更改 PWM 的 CCR 比较值
    }
```

代码中，变量 PWMValue 值从 0 变到 300，再从 300 变到 0，每变一次都会通过宏函数__HAL_TIM_SetCompare(&htim14, TIM_CHANNEL_1,PWMValue)将 PWMValue 值赋给定时器 14 通道 1 的 PWM 的比较值 CCRx，Direct 变量控制其变化方向，在 while(1)中循环往复变化，从而实现 PWM 占空比的变化，最终控制 LED 灯的亮灭。

6.4 任务 3 定时器测量输入的脉冲宽度

6.4.1 任务分析

任务内容：用定时器的一个通道来做输入捕获，通过输入捕获测量按键按下时长，即按下后保持的电平脉宽，并通过串口打印按键按下后保持的电平脉宽时间。

任务分析：本任务需要确定硬件设计是否符合内容，即按键输入引脚是否能作为定时器输入捕获的输入引脚，测量的按键电平是高电平还是低电平，按键硬件电路同第 3 章任务 2 中的图 3-25。本次任务采用 WK_UP 按键，对应引脚为 PA0，按键按下时 PA0 输入高电平，也就是需要测量 PA0 输入高电平脉宽时长。软件设计重点是定时器输入捕获初始化和脉宽测量功能的 HAL 库代码实现。

6.4.2 硬件设计与实现

1. STM32 定时器输入捕获

STM32F4xx 系列芯片的定时器，除了基本定时器 TIM6 和 TIM7，其他定时器都有输入捕获功能，其通道数有 1～4 个，可查看表 6-1 描述。当前任务使用了输入捕获模式，因此仅介绍输入捕获模式相关的内外部硬件设计。

如图 6-24 所示，要应用输入捕获功能，定时器内部结构中使用的模块除了时钟源单元和时基单元外，还包括捕获输入单元(输入滤波器和边沿检测器、多路复用和预分频器)和捕获/比较 x 寄存器(对应图中框出来的部分)。捕获输入单元检测引脚 TIMx_CHx 输入信号的边沿，如果检测到边沿信号发生跳变(比如上升沿/下降沿)，则将当前时刻定时器的计数值(TIMx_CNT)存放到对应通道的捕获/比较 x 寄存器(TIMx_CCRx)里面，完成一次捕获。同时还可以配置捕获时是否触发中断/DMA。

输入捕获功能可以用来检测外部事件或输入信号，测量周期信号的周期、频率和占空比等参数，测量非周期输入信号的脉冲宽度、到达时刻或消失时刻等参数。本任务中采用定时器输入捕获测量输入信号的脉冲宽度。

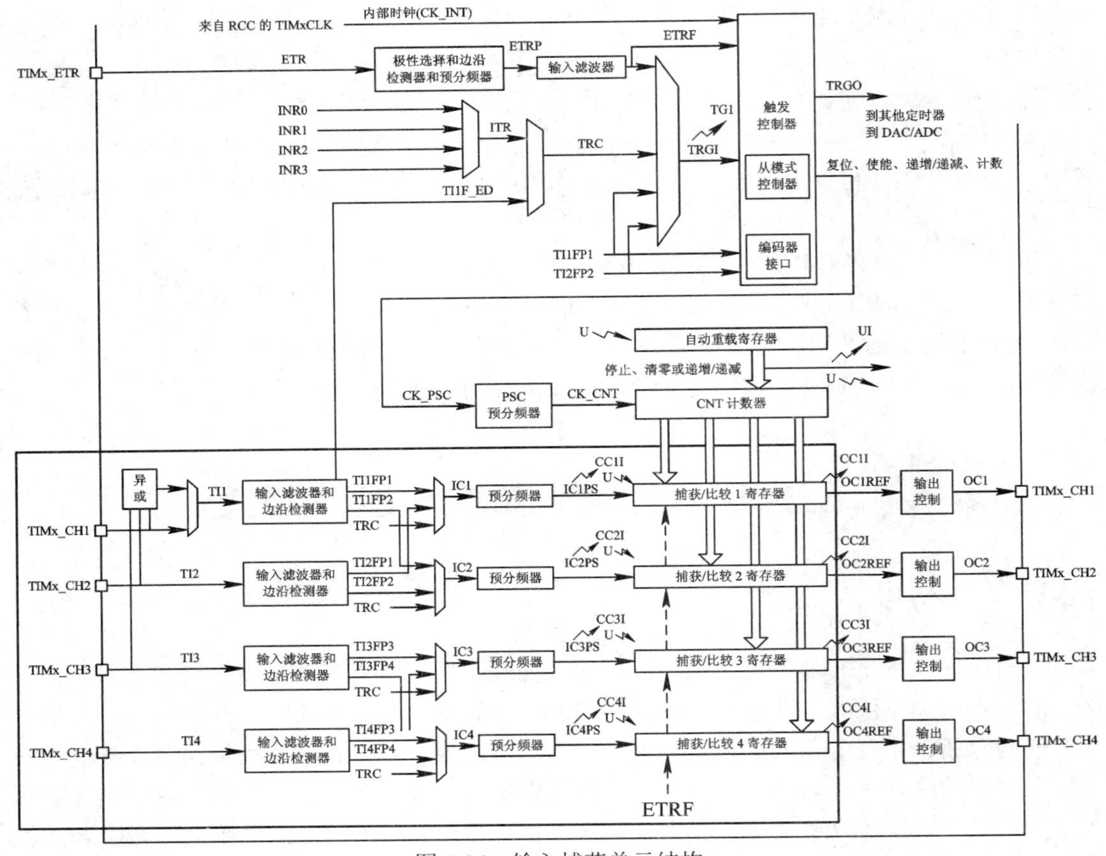

图 6-24　输入捕获单元结构

2. 脉宽测量原理

脉宽测量原理如图 6-25 所示，其测量过程为：捕获前设置定时器通道 x 为上升沿捕获，等待捕获。t_1 时刻脉冲信号上升沿到来，检测到上升沿触发捕获，捕获到当前的 CNT 值，并存储到捕获/比较寄存器(TIMx_CCRx)，但此时该捕获值不需要使用。然后立即清零 CNT，并设置通道 x 为下降沿捕获，这样到 t_2 时刻脉冲信号下降沿到来，又会发生捕获事件，得到此时的 CNT 值，记为 CCRx2。在 t_1～t_2 之间，计数器可能产生 N 次定时器溢出，记录溢出次数 N，同时要对定时器溢出次数做保护处理，防止高电平太长，导致数据不准。根据以上过程，我们可以计算脉宽时长为

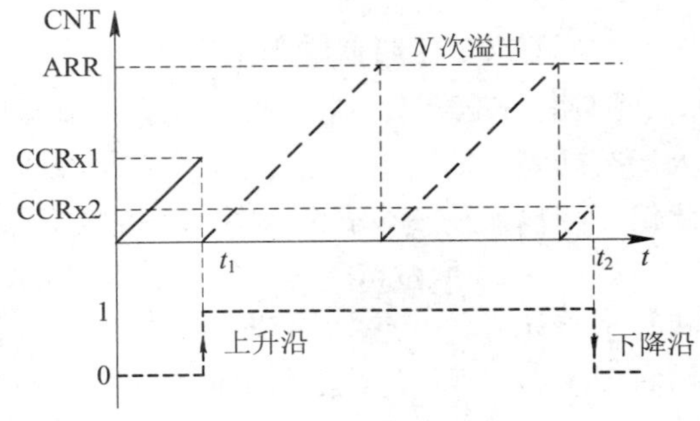

图 6-25　脉宽测量时序图

$$高电平脉宽 = \frac{N \times (\mathrm{ARR} + 1) + \mathrm{CCRx2}}{计数频率}$$

注意：当前任务中 $x = 1$，即通道 1。

3. 按键引脚 PA0 的复用功能

如图 6-26 所示，PA0 引脚设置成默认复用功能时，可以作为 TIM5_CH1 的输入引脚，本任务就是通过 TIM5 的通道 1 的输入捕获功能，实现对按键按下后高电平脉宽的测量。

引脚数目						引脚名字(复位后的功能)	引脚类型	I/O结构	备注	默认复用功能	重映射
LQFP64	WLCSP90	LQFP100	LQFP144	UFBGA176	LQFP176						
11	E9	18	29	M5	35	PC3	I/O	FT	(4)	SPI2_MOSI/I2S2_SD/ OTG_HS_ULPI_NXT/ ETH_MII_TX_CLK/ EVENT	ADC123_IN13
—	—	19	30	—	36	V_{DD}	S	—	—	—	—
12	H0	20	31	M1	37	V_{SSA}	S	—	—	—	—
—	—	—	—	N1	—	V_{REF-}	S	—	—	—	—
—	—	21	32	P1	38	V_{REF+}	S	—	—	—	—
13	G9	22	33	R1	39	V_{DDA}	S	—	—	—	—
14	C10	23	34	N3	40	PA0/WKUP (PA0)	I/O	FT	(5)	USART2_CTS/ UART4_TX/ ETH_MII_CRS/ TIM2_CH1_ETR/ TIM5_CH1/TIM8_ETR/ EVENTOUT	ADC123_IN0/WKUP(4)

图 6-26　PA0 引脚默认复用功能

6.4.3　软件设计与实现

1. 软件设计思路

前面已经介绍了高电平脉宽测量原理，从中已知脉宽测量需要经过两次捕获，第一次为上升沿捕获，第二次为下降沿捕获，且期间还需要统计定时器溢出的次数，这样才能完成一次完整的测量。定时器溢出次数可以在定时器更新中断回调函数中实现，上升沿和下降沿捕获后处理可以在输入捕获中断处理回调函数中实现，另外，我们需要一个状态变量来进行状态的控制。

定义一个 8 位无符号整型变量 TIM5CH1_CAPTURE_STA 进行捕获状态控制，变量格式定义如表 6-3 所示。

表 6-3　TIM5CH1_CAPTURE_STA 格式定义

TIM5CH1_CAPTURE_STA		
bit7	bit6	bit5～bit0
捕获完成标志	捕获到上升沿标志	定时器溢出次数

下面描述在一次捕获流程中 TIM5CH1_CAPTURE_STA 的作用：

(1) 定时器初始化时，设置定时器为上升沿捕获，TIM5CH1_CAPTURE_STA=0；

(2) 按键按下，捕获到上升沿，bit6 = 1，设置定时器 5 为下降沿捕获，并启动溢出次数统计；

(3) 按键松开，捕获到下降沿，bit7 = 1，设置定时器 5 为上升沿捕获(为下次捕获做准备)，同时停止溢出次数统计并记录溢出次数 N(bit5～bit0)，TIM5CH1_CAPTURE_STA 值清零；

(4) 读取下降沿捕获到的计数值 CNT，计算高电平脉宽。

2. 软件配置实现过程

基于 STM32CubeIDE 新建工程，芯片选用 STM32F407ZGT6。

1) 在新建工程中打开 STM32CubeMX 界面完成配置

(1) 完成时钟配置。

(2) 完成按键引脚复用配置，如图 6-27 所示。(本任务使用 WK_UP 按键 PA0。)

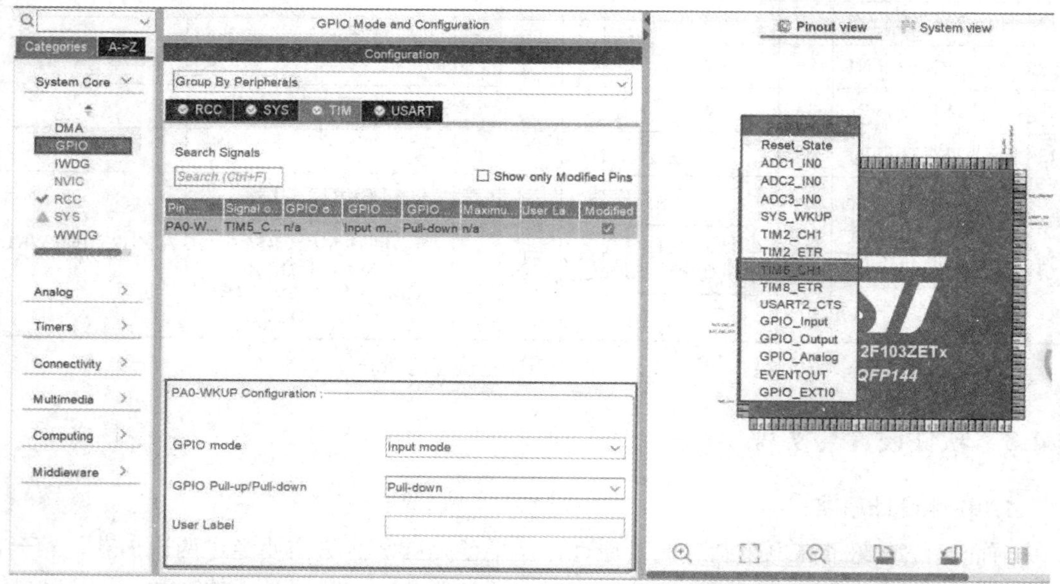

图 6-27　按键引脚的复用配置

(3) 定时器配置。

如图 6-28 所示，配置定时器 TIM5 步骤如下：

① 在 Pinout&Configuration 选项卡选中 Timers 类型下选择 TIM5；

② 配置时钟源“Clock Source”为内部时钟源“Internal Clock”；

③ 配置 Time5 Channel1 为“Input Capture direct mode”，即输入捕获模式；

④ 配置预分频器“Prescaler”的分频系数为 84-1，配置计数器的自动装载值“Counter Period”为 65535；(ARR 为最大值)；

⑤ 开启定时器中断。

(4) 串口配置。

本任务把测量结果打印到串口上，使用的是 USART1，因此需要在 STM32CubeMX 中完成串口配置，具体配置同第 5 章中的任务。

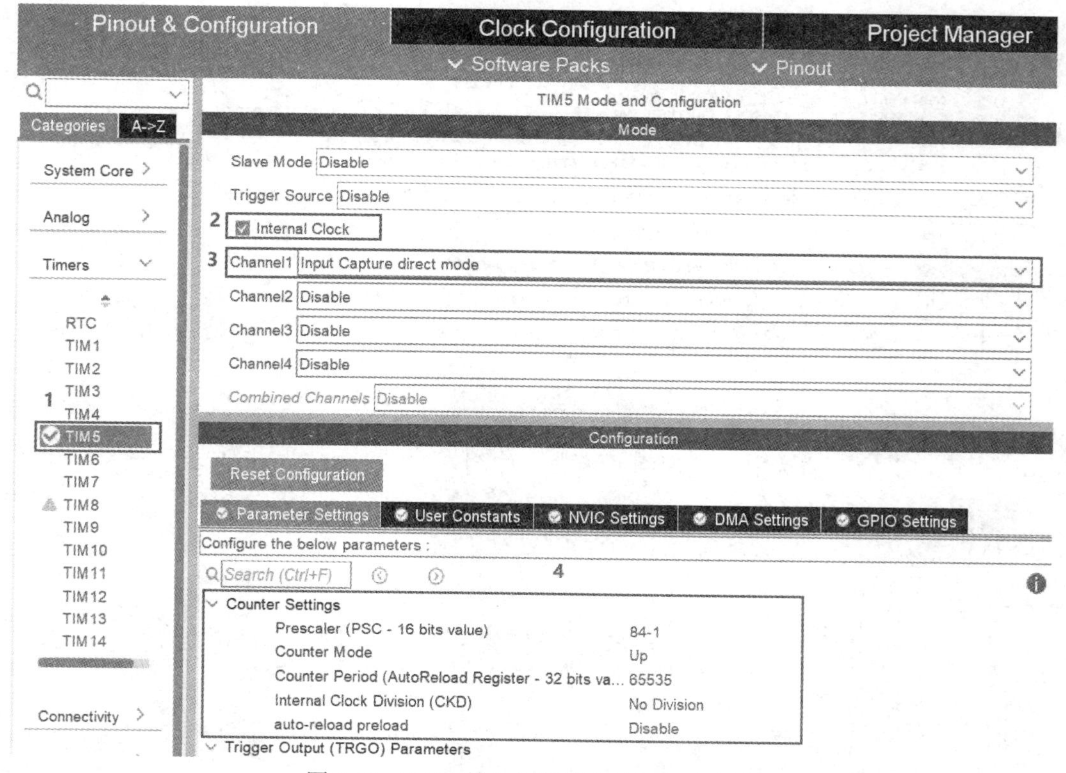

图 6-28　TIM5 输入捕获模式下的定时配置

2) 导出工程

导出工程后的 scr 文件目录下，包括主函数 main.c、按键引脚配置 gpio.c、定时器配置 tim.c、串口配置 usart.c 等源码文件，如图 6-29 所示。

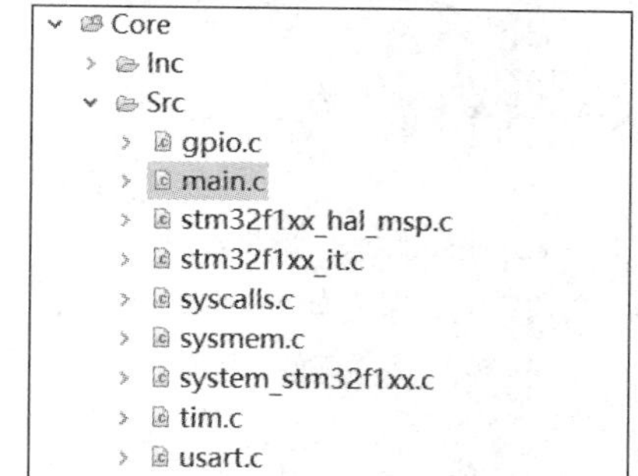

图 6-29　scr 文件

3) 代码编写

输入捕获测量脉宽的代码需要实现了定时器输入捕获初始化和脉宽测量功能，以下步骤仅针对新增代码进行描述。

(1) time.c 下新增代码。

新增函数 My_TIM5_Init()开启定时器和输入捕获功能，如图 6-30 所示，注意要在 time.h 中声明。

```
/* USER CODE BEGIN 1 */
void My_TIM5_Init()
{
      __HAL_TIM_ENABLE_IT(&htim5,TIM_IT_UPDATE);      //使能更新中断
     HAL_TIM_IC_Start_IT(&htim5,TIM_CHANNEL_1);      //开启TIM5的捕获通道1，并且开启捕获中断，开启定时器

//   HAL_TIM_Base_Start_IT(&htim5); //开启定时器更新中断，开启定时器
}
```

图 6-30　新增函数 My_TIM5_Init()

用户重定义定时器更新中断(计数溢出)的中断处理回调函数，如图 6-31 所示。

```
//捕获状态
//[7]:0-没有成功的捕获,1-成功捕获到一次高电平
//[6]:0-还没捕获到低电平;1-已经捕获到低电平
//[5:0]:捕获低电平后溢出的次数
uint8_t  TIM5CH1_CAPTURE_STA=0;                              //输入捕获状态
uint32_t    TIM5CH1_CAPTURE_VAL;                                //输入捕获计数值

//定时器更新中断（计数溢出）中断处理回调函数， 该函数在HAL_TIM_IRQHandler中会被调
void HAL_TIM_PeriodElapsedCallback(TIM_HandleTypeDef *htim)//更新中断（溢出）发生时执行
{
    if((TIM5CH1_CAPTURE_STA&0X80)==0)                   //还未成功捕获
    {
        if(TIM5CH1_CAPTURE_STA&0X40)                    //已经捕获到高电平
        {
            if((TIM5CH1_CAPTURE_STA&0X3F)==0X3F)        //高电平太长了
            {
                TIM5CH1_CAPTURE_STA|=0X80;              //标记成功捕获了一次
                TIM5CH1_CAPTURE_VAL=0XFFFF;
            }else TIM5CH1_CAPTURE_STA++;
        }
    }
}
```

图 6-31　新增 HAL_TIM_PeriodElapsedCallback()函数的定义

用户重定义输入捕获中断处理回调函数，如图 6-32 所示。

```
//定时器输入捕获中断处理回调函数，该函数在HAL_TIM_IRQHandler中会被调用
void HAL_TIM_IC_CaptureCallback(TIM_HandleTypeDef *htim)//捕获中断发生时执行
{
    if((TIM5CH1_CAPTURE_STA&0X80)==0)                   //还未成功捕获
    {
        if(TIM5CH1_CAPTURE_STA&0X40)                    //捕获到一个下降沿
        {
            TIM5CH1_CAPTURE_STA|=0X80;                  //标记成功捕获到一次高电平脉宽
            TIM5CH1_CAPTURE_VAL=HAL_TIM_ReadCapturedValue(&htim5,TIM_CHANNEL_1);//获取当前的捕获计数值
            TIM_RESET_CAPTUREPOLARITY(&htim5,TIM_CHANNEL_1);    //一定要先清除原来的设置！！
            TIM_SET_CAPTUREPOLARITY(&htim5,TIM_CHANNEL_1,TIM_ICPOLARITY_RISING);//配置TIM5通道1上升沿捕获
        }else                                           //捕获上升沿
        {
            TIM5CH1_CAPTURE_STA=0;                      //清空
            TIM5CH1_CAPTURE_VAL=0;
            TIM5CH1_CAPTURE_STA|=0X40;                  //标记捕获到了上升沿
            __HAL_TIM_DISABLE(&htim5);              //关闭定时器5
            __HAL_TIM_SET_COUNTER(&htim5,0);
            TIM_RESET_CAPTUREPOLARITY(&htim5,TIM_CHANNEL_1);    //一定要先清除原来的设置！！
            TIM_SET_CAPTUREPOLARITY(&htim5,TIM_CHANNEL_1,TIM_ICPOLARITY_FALLING);//定时器5通道1设置为下降沿捕获
            __HAL_TIM_ENABLE(&htim5);           //使能定时器中断
        }
    }
}

/* USER CODE END 1 */
```

图 6-32　新增 HAL_TIM_IC_CaptureCallback()函数的定义

(2) usart.c 下新增代码。

串口发送初始化函数如图 6-33 所示，注意要在 time.h 中声明。

```
/* USER CODE BEGIN 1 */
//USART1发送初始化
uint8_t aTxStartMessage[] ="脉宽测量启动……\r\n";
void My_USART1_Init(void) {
    HAL_UART_Transmit_IT(&huart1, (uint8_t*) aTxStartMessage,sizeof(aTxStartMessage));
}
```

图 6-33　新增 My_USART1_Init()函数

printf 重定义为输出到 USART1，如图 6-34 所示，便于使用 printf 打印串口信息。

```
//重定义printf数据输出至USART1
#ifdef __GNUC__
/* With GCC, small printf (option LD Linker->Libraries->Small printf
 set to 'Yes') calls __io_putchar() */
#define PUTCHAR_PROTOTYPE int __io_putchar(int ch)
#else
#define PUTCHAR_PROTOTYPE int fputc(int ch, FILE *f)
#endif /* __GNUC__ */

PUTCHAR_PROTOTYPE {
    HAL_UART_Transmit(&huart1, (uint8_t*) &ch, 1, 0xFFFF);
    return ch;
}
/* USER CODE END 1 */
```

图 6-34　printf 重定义代码

(3) main.c 下新增代码，如图 6-35 所示。

```
/* Private define ------------------------------------------------------------*/
/* USER CODE BEGIN PD */
extern uint8_t  TIM5CH1_CAPTURE_STA;          //输入捕获状态
extern uint32_t TIM5CH1_CAPTURE_VAL;      //输入捕获值
/* USER CODE END PD */

int main(void)
{
  /* Reset of all peripherals, Initializes the Flash interface and the Systick. */
  HAL_Init();

  /* Configure the system clock */
  SystemClock_Config();

  /* Initialize all configured peripherals */
  MX_GPIO_Init();
  MX_TIM5_Init();
  MX_USART1_UART_Init();

  /* USER CODE BEGIN 2 */
  My_TIM5_Init();
  My_USART1_Init();
  long long temp=0;
  /* USER CODE END 2 */

  /* Infinite loop */
  /* USER CODE BEGIN WHILE */
  while (1)
  {
    /* USER CODE END WHILE */
    /* USER CODE BEGIN 3 */
      HAL_Delay(10);

          if(TIM5CH1_CAPTURE_STA&0X80)          //成功捕获到了一次高电平
        {
            temp=TIM5CH1_CAPTURE_STA&0X3F;
            temp*=65536;                   //溢出时间总和
            temp+=TIM5CH1_CAPTURE_VAL;       //得到总的高电平时间
            printf("HIGH:%lld us\r\n",temp);//打印到串口
            TIM5CH1_CAPTURE_STA=0;           //开启下一次捕获
        }
  }
  /* USER CODE END 3 */
}
```

新增定时器和串口初始化

新增测量结果计算和显示

图 6-35　在 mian.c 下新增代码

4) 下载调试

将电脑端和实验板硬件连接准备好，完成运行配置后，点击运行按钮 ▶ ▾ 将代码下载至实验平台观察实验结果。串口打印的测量结果如图 6-36 所示。

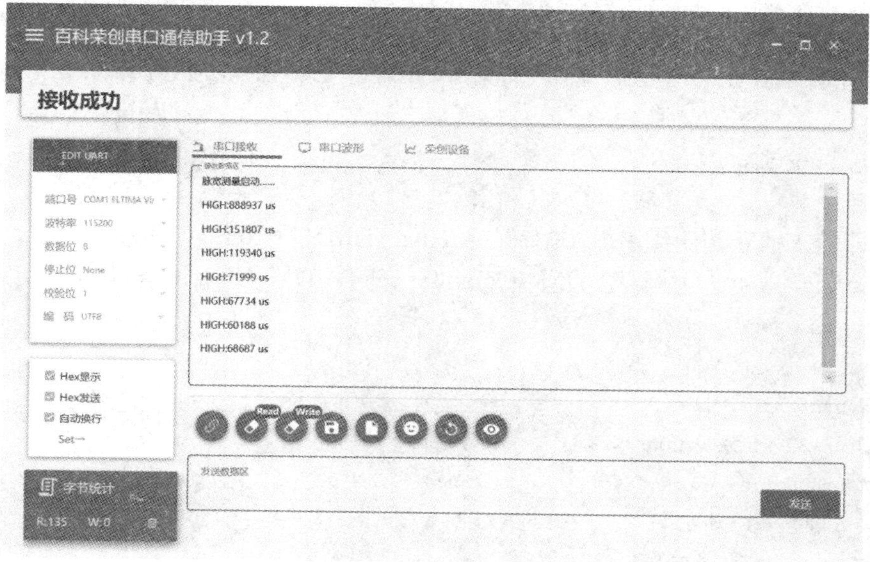

图 6-36　串口打印结果

❖ 配置小技巧

如果串口打印出现%lld 格式内容显示错误，则可在 STM32CubeIDE 中参考图 6-37 进行修改。

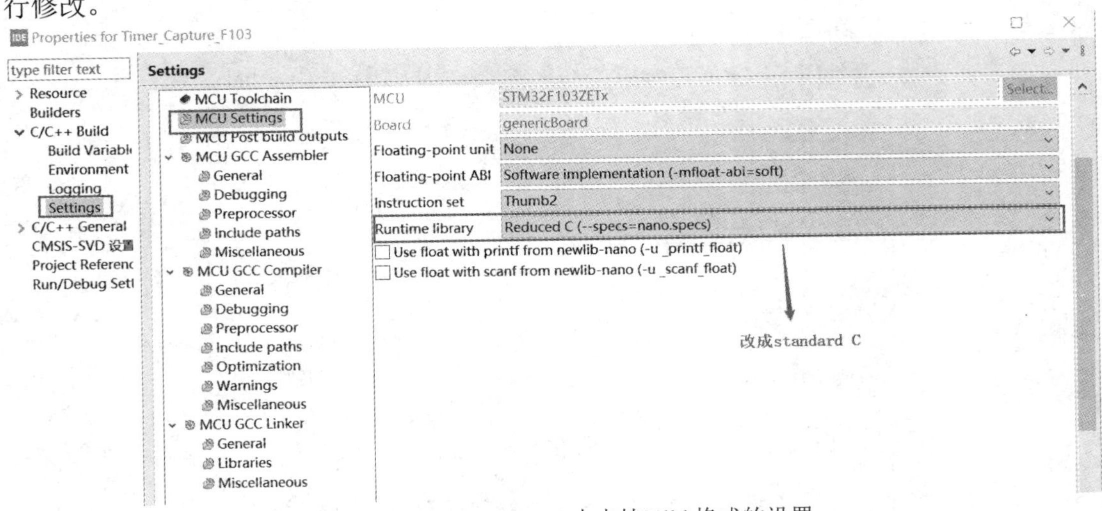

图 6-37　STM32CubeIDE 中支持%lld 格式的设置

3. 代码详解

1) 定时器输入捕获初始化代码

定时器输入捕获初始化通过 STM32CubeMX 图形化界面配置后由开发平台自动生成，相关代码如下：

```
TIM_IC_InitTypeDef sConfigIC = {0};
sConfigIC.ICPolarity = TIM_INPUTCHANNELPOLARITY_RISING;      //触发模式为上升沿触发
sConfigIC.ICSelection = TIM_ICSELECTION_DIRECTTI;            //IC1 映射到 TI1 上
sConfigIC.ICPrescaler = TIM_ICPSC_DIV1;                      //无预分频器
sConfigIC.ICFilter = 0;                                      //无滤波器
if (HAL_TIM_IC_ConfigChannel(&htim5, &sConfigIC, TIM_CHANNEL_1) != HAL_OK)
                                                             //初始化输入通道
{    Error_Handler();
}
```

定时器输入捕获初始化用 HAL 库函数 HAL_TIM_IC_ConfigChannel()实现，其中主要的入参 sConfigIC 为结构体类型 TIM_IC_InitTypeDef，TIM_IC_InitTypeDef 的定义如下：

```
typedef struct
{
    uint32_t ICPolarity;
    uint32_t ICSelection;
    uint32_t ICPrescaler;
    uint32_t ICFilter;
} TIM_IC_InitTypeDef;
```

ICPolarity：捕获的极性，对应捕获/比较使能寄存器(TIMx_CCER)中字段 CC1P/CC2P，该值为 0 表示上升沿捕获，为 1 表示下降沿捕获，任务代码中初始极性为上升沿捕获。以通道 1 为例，表 6-4 给出了 ICSelection、ICPrescaler 和 ICFilter 分别对应捕获/比较模式寄存器(TIMx_CCMR1)中的字段对应关系及其详细描述。

表 6-4　输入捕获结构体成员描述

结构体参数	TIMx_CCMR1 对应字段	详 细 描 述
ICSelection	位 1:0 CC1S 捕获 1 选择	此位域定义通道方向(输入/输出)以及所使用的输入。 00：CC1 通道配置为输出。 01：CC1 通道配置为输入，IC1 映射到 TI1 上。 10：CC1 通道配置为输入，IC1 映射到 TI2 上。 11：CC1 通道配置为输入，IC1 映射到 TRC 上，此模式仅在通过 TS 位(TIMx_SMCR 寄存器)选择内部触发输入时有效。 注意：仅当通道关闭时(TIMx_CCER 中的 CC1E = 0)，才可向 CC1S 位写入数据
ICPrescaler	位 3:2 IC1PSC 输入捕获 1 预分频器	此位域定义 CC1 输入(IC1)的预分频比。 只要 CC1E =“0”(TIMx_CCER 寄存器)，预分频器便立即复位。 00：无预分频器，捕获输入上每检测到一个边沿便执行捕获。 01：每发生 2 个事件便执行一次捕获。 10：每发生 4 个事件便执行一次捕获。 11：每发生 8 个事件便执行一次捕获
ICFilter	位 7:4 IC1F 输入捕获 1 滤波器	此位域可定义 TI1 输入的采样频率和适用于 TI1 的数字滤波器带宽。数字滤波器由事件计数器组成，每 *N* 个事件才视为一个有效边沿： 0000：无滤波器，以 fDTS 频率进行采样；1000：fSAMPLING = fDTS/8，*N* = 6。 0001：fSAMPLING = fCK_INT，*N* = 2 1001：fSAMPLING = fDTS/8，*N* = 8。 0010：fSAMPLING = fCK_INT，*N* = 4 1010：fSAMPLING = fDTS/16，*N* = 5。 0011：fSAMPLING = fCK_INT，*N* = 8 1011：fSAMPLING = fDTS/16，*N* = 6。 0100：fSAMPLING = fDTS/2，*N* = 6 1100：fSAMPLING = fDTS/16，*N* = 8。 0101：fSAMPLING = fDTS/2，*N* = 8 1101：fSAMPLING = fDTS/32，*N* = 5。 0110：fSAMPLING = fDTS/4，*N* = 6 1110：fSAMPLING = fDTS/32，*N* = 6。 0111：fSAMPLING = fDTS/4，*N* = 8 1111：fSAMPLING = fDTS/32，*N* = 8。 注意：在当前硅版本中，当 ICxF[3:0]等于 1、2 或 3 时，将用 CK_INT 代替公式中的 fDTS

2) 脉宽测量代码实现

脉宽测量代码主要涉及定时器输入捕获中断回调函数和定时器更新中断回调函数的实

现。定时器输入捕获中断回调函数如下：

```
//定时器输入捕获中断处理回调函数，该函数在 HAL_TIM_IRQHandler 中会被调用
void HAL_TIM_IC_CaptureCallback(TIM_HandleTypeDef *htim) //捕获中断发生时执行
{
    if((TIM5CH1_CAPTURE_STA&0X80)==0)                       //还未成功捕获
    {
        if(TIM5CH1_CAPTURE_STA&0X40)                        //捕获到一个下降沿
        {
            TIM5CH1_CAPTURE_STA|=0X80;  //标记成功捕获到一次高电平脉宽
//获取当前的捕获计数值
TIM5CH1_CAPTURE_VAL=HAL_TIM_ReadCapturedValue(&htim5, TIM_CHANNEL_1);
//一定要先清除原来的设置!!
            TIM_RESET_CAPTUREPOLARITY(&htim5, TIM_CHANNEL_1);
//配置 TIM5 通道 1 上升沿捕获
              TIM_SET_CAPTUREPOLARITY(&htim5, TIM_CHANNEL_1, TIM_ICPOLARITY_
RISING);
        }else                                               //捕获上升沿
        {
            TIM5CH1_CAPTURE_STA=0;                          //清空
            TIM5CH1_CAPTURE_VAL=0;
            TIM5CH1_CAPTURE_STA|=0X40;                      //标记捕获到了上升沿
            __HAL_TIM_DISABLE(&htim5);                      //关闭定时器 5
            __HAL_TIM_SET_COUNTER(&htim5, 0);
            //一定要先清除原来的设置!
            TIM_RESET_CAPTUREPOLARITY(&htim5, TIM_CHANNEL_1);
//定时器 5 通道 1 设置为下降沿捕获
            TIM_SET_CAPTUREPOLARITY(&htim5, TIM_CHANNEL_1, TIM_ICPOLARITY_
FALLING);
            __HAL_TIM_ENABLE(&htim5);                       //使能定时器中断
            }
    }
}
```

从捕获流程来看，第一次进入捕获时，是捕获到了上升沿，且 TIM5CH1_CAPTURE_STA = 0，if(TIM5CH1_CAPTURE_STA&0X40)条件不满足，进入 else 分支：TIM5CH1_CAPTURE_STA|=0X40 用于对 bit6 置 1，通过 TIM_SET_CAPTUREPOLARITY 更改捕获极性为下降沿。

第二次进入捕获时，是捕获到了下降沿，此时的 TIM5CH1_CAPTURE_STA bit6 = 1，因此 if(TIM5CH1_CAPTURE_STA&0X40)条件满足，进入该分支：获取并保存捕获到的计数值，TIM5CH1_CAPTURE_STA bit7 置 1，标志捕获完成，通过 TIM_SET_CAPTUREPOLARITY 更

改捕获极性为上升沿，为下一次捕获做准备。

定时器更新中断回调函数如下：

```
//定时器更新中断(计数溢出)处理回调函数，该函数在 HAL_TIM_IRQHandler 中会被调用
void HAL_TIM_PeriodElapsedCallback(TIM_HandleTypeDef *htim)//更新中断(溢出)发生时执行
{
    if((TIM5CH1_CAPTURE_STA&0X80)==0)                          //还未成功捕获
    {
        if(TIM5CH1_CAPTURE_STA&0X40)                           //已经捕获到高电平
        {
            if((TIM5CH1_CAPTURE_STA&0X3F)==0X3F) //高电平太长了
            {
                TIM5CH1_CAPTURE_STA|=0X80;                     //标记成功捕获了一次
                TIM5CH1_CAPTURE_VAL=0XFFFF;
            }else TIM5CH1_CAPTURE_STA++;
        }
    }
}
```

在该函数中，我们需要先做捕获是否开始的判断，if((TIM5CH1_CAPTURE_STA&0X80)==0)判断 bit8 是否为 0，if(TIM5CH1_CAPTURE_STA&0X40)判断 bit6 是否为 1，满足上述条件的情况下，表示捕获到上升沿，此时启动溢出次数统计，统计结果保存到 TIM5CH1_CAPTURE_STA 的 bit5～bit0，即通过每次进入中断对 TIM5CH1_CAPTURE_STA 进行++实现。这里，我们还做了一个高电平太长的保护，通过条件 if((TIM5CH1_CAPTURE_STA&0X3F)==0X3F)判断如果 TIM5CH1_CAPTURE_STA 的 bit5～bit0 计满，那么即使捕获没有停止，我们也强行退出捕获和计数，设置 TIM5CH1_CAPTURE_STA|=0X80 即捕获结束。

6.5 项目扩展知识

6.5.1 定时器的寄存器

1. 基本定时功能相关寄存器

- 计数器(TIMx_CNT)

位 15:0 CNT[15:0]：计数器值(Counter value)。

- 预分频器(TIMx_PSC)

位 15:0 PSC[15:0]：预分频器值(Prescaler value)。

计数器时钟频率 CK_CNT 等于 fCK_PSC/(PSC[15:0]+1)；

PSC 包含在每次发生更新事件时要装载到实际预分频器寄存器的值。

- 自动重载寄存器(TIMx_ARR)

位 15:0 ARR[15:0]：自动重载值(Auto-reload value)，当自动重载值为空时，计数器不工作。

• 中断使能寄存器(TIMx_DIER)

包括了更新中断使能、捕获/比较 1/2 中断使能、触发信号(TGRI)中断使能。

• 控制寄存器 1(TIMx_CR1)

任务中主要用到了 TIMx_CR1 的最低位，也就是计数器使能位，该位必须置 1，才能让定时器开始计数。

• 控制寄存器 2(TIMx_CR2)

• 状态寄存器(TIMx_SR)

用来标记当前与定时器相关的各种事件/中断是否发生，任务中用到的更新中断标志和捕获/比较 1 中断标志。

2. 捕获/比较相关寄存器

• 捕获/比较模式寄存器 1(TIMx_CCMR1)

通道 1/2 的配置，低八位[7:0]用于捕获/比较通道 1 的控制，高八位[15:8]则用于捕获/比较通道 2 的控制。

• 捕获/比较模式寄存器 2(TIMx_CCMR2)

用来控制通道 3 和通道 4，低八位[7:0]用于捕获/比较通道 3 的控制，高八位[15:8]则用于捕获/比较通道 4 的控制，格式同 TIMx_CCMR2。

• 捕获/比较使能寄存器(TIMx_CCER)

控制捕获/比较的极性和使能状态。

• 捕获/比较寄存器 1(TIMx_CCRx)

位 15:0 CCRx[15:0]：捕获/比较通道 x 的值。CCx 为输出通道时，CCRx 表示比较值；CCx 为输入通道时，CCRx 为上一个输入捕获事件(ICx)发生时的计数器值。

关于寄存器的详细说明可以查阅 STM32F4xx 参考手册，本书中不详细展开。

6.5.2 定时器的 HAL 库函数

1. 基本定时器功能的 HAL 库函数

• HAL_TIM_Base_Init()

功能：按照定时器句柄中指定的参数初始化定时器时基单元，返回 HAL 状态值。该函数一般由开发工具自动生成，函数内将调用 MCU 底层初始化函数 HAL_TIM_Base_MspInit()完成引脚、时钟和中断的设置，HAL_TIM_Base_MspInit()功能需要用户定义。

函数原型：

```
HAL_StatusTypeDefHAL_TIM_Base_Init(TIM_HandleTypeDef *htim)
```

• HAL_TIM_Base_Start()

功能：轮询方式下启动定时器运行，返回 HAL 状态值。该函数在定时器初始化完成后调用，平台不会自动生成，需要用户调用。也可以使用宏函数__HAL_TIM_ENABLE(htim)简单快速地启动定时器。

函数原型：

```
HAL_StatusTypeDefHAL_TIM_Base_Start(TIM_HandleTypeDef *htim)
```

• HAL_TIM_Base_Start_IT()

功能：使能定时器的更新中断，并启动定时器运行，返回 HAL 状态值。该函数在定时器初始化完成之后调用，平台不会自动生成，需要用户调用。启动前需要调用宏函数 _HAL_TIM_CLEAR_IT 来清除更新中断标志。

函数原型：

```
HAL_StatusTypeDef HAL_TIM_Base_Start_IT(TIM_HandleTypeDef *htim)
```

• HAL_TIM_IRQHandler()

功能：作为所有定时器中断发生后的通用处理函数，无返回值。该函数为 HAL 库定时器函数，无需用户定义，函数内部先判断中断类型，并清除对应的中断标志，最后调用回调函数完成中断处理。

函数原型：

```
void HAL_TIM_IRQHandler(TIM_HandleTypeDef *htim)
```

• HAL_TIM_PeriodElapsedCallback()

功能：定时器中断回调函数，用于处理所有定时器的更新中断，无返回值。该函数由定时器中断通用处理函数 HAL_TIM_IRQHandler 调用，函数内容由用户根据具体的处理任务编写，函数内部需要根据定时器句柄的实例来判断是哪一个定时器产生的本次更新中断。

函数原型：

```
void HAL_TIM_PeriodElapsedCallback(TIM_HandleTypeDef *htim)
```

• __HAL_TIM_CLEAR_IT ()

功能：该函数是宏函数，用于清除定时器中断标志，包括更新中断、各个通道的捕获/比较中断标志，无返回值。

函数原型：

```
#define __HAL_TIM_CLEAR_IT(__HANDLE__, __INTERRUPT__)
        ((__HANDLE__)->Instance->SR = ~(__INTERRUPT__))
```

__HANDLE__：定时器句柄的地址。

__INTERRUPT__：定时器中断标志。

2. 定时器 PWM 输出功能的 HAL 库函数

• HAL_TIM_PWM_ConfigChannel()

功能：初始化定时器的输出通道，返回 HAL 状态值。该函数由开发工具自动生成。

函数原型：

```
HAL_StatusTypeDef HAL_TIM_PWM_ConfigChannel(TIM_HandleTypeDef *htim,
                                            TIM_OC_InitTypeDef *sConfig, uint32_t Channel)
```

• HAL_TIM_PWM_Start()

功能：在轮询方式下启动 PWM 信号输出，返回 HAL 状态值。该函数在定时器初始化完成之后调用，且需要由用户调用，用于启动定时器的指定通道输出 PWM 信号。

函数原型：

```
HAL_StatusTypeDef HAL_TIM_PWM_Start(TIM_HandleTypeDef *htim, uint32_t Channel)
```

• __HAL_TIM_SET_COMPARE

功能：设置捕获/比较寄存器 TIMx_CCR 的值。在 PWM 输出时，用于改变 PWM 信号的占空比。该函数是宏函数，进行宏替换，不发生函数调用。

函数原型：

```
#define __HAL_TIM_SetCompare                    __HAL_TIM_SET_COMPARE
```

3. 定时器输入捕获功能的 HAL 库函数

• HAL_TIM_IC_ConfigChannel()

功能：初始化定时器的输入捕获通道，返回 HAL 状态值。

函数原型：

```
HAL_StatusTypeDef HAL_TIM_IC_ConfigChannel(TIM_HandleTypeDef *htim,
                                TIM_IC_InitTypeDef *sConfig, uint32_t Channel)
```

• HAL_TIM_IC_Start_IT()

功能：使能定时器的更新中断，并启动定时器输入捕获功能，返回 HAL 状态值。

函数原型：

```
HAL_StatusTypeDef HAL_TIM_IC_Start_IT(TIM_HandleTypeDef *htim, uint32_t Channel)
```

• HAL_TIM_ReadCapturedValue()

功能：从函数入参对应的定时器通道中的捕获比较寄存器中读取上一个输入捕获事件捕获到的计数值，返回值为 32 位的计数值。

函数原型：

```
uint32_t HAL_TIM_ReadCapturedValue(TIM_HandleTypeDef *htim, uint32_t Channel)
```

思考与练习

1. 在本章任务 1 中，修改相关参数，实现定时器周期为 200 ms。
2. 在本章任务 2 中，修改有效极性参数 OCPolarity，会有什么样的实验效果？
3. 在本章任务 2 中配置的 PWM 信号周期为多少？如果要输出 50%占空比，那么比较值 CCRx 需配置为多少？修改其占空比的代码如何实现？
4. 在本章任务 3 中，检测按键 S4 脉宽测量是否可以通过 TIM5 CH1 输入捕获实现？是否可以用同样的方法测量按键 KE0、KEY1、KEY2 的脉宽？请说明原因。
5. 简述采用定时器测量输出的 PWM 信号的周期和占空比的实现方法。

第 7 章　STM32 模拟数字转换模块

STM32 嵌入式芯片的数据采集功能应用广泛，特别是在物联网中发挥着重要作用，但 STM32 的 MCU 处理的是数字信号，而外界物理量往往都是模拟信号，比如电压、温度、声音、图像等，所以在 STM32 设计中也需要一个“桥梁”来连接“数字世界”和“模拟世界”。STM32 芯片内部设计了 ADC 和 DAC 模块，可以灵活地进行模拟信号和数字信号的转换，如图 7-1 所示。

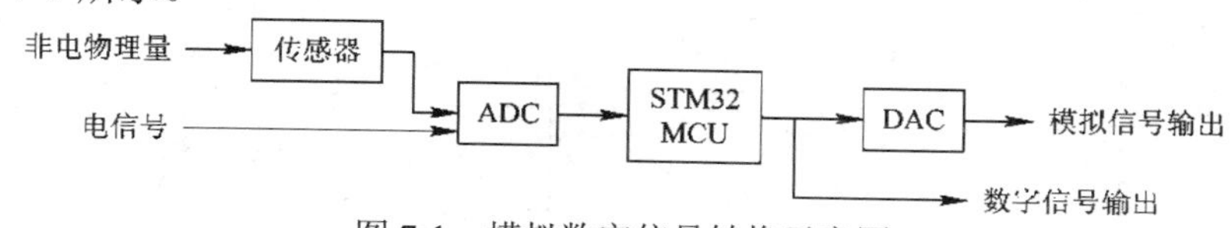

图 7-1　模拟数字信号转换示意图

本章分两部分开展实战，第一部分为 STM32 中的 ADC 模块的实战，第二部分为 STM32 中的 DAC 模块的实战，读者应在掌握 STM32 模拟信号和数字信号转换模块原理的基础上，通过实战演练熟悉 STM32 ADC 和 DAC 的应用方法。

7.1　认识 STM32 的 ADC

ADC 全称为 Analog Digital Converter，即模拟数字转换器，是指将连续变化的模拟信号转换为离散的数字信号的器件。模数转换的过程包括采样、量化和编码 3 个步骤，在实际电路中，有些过程是合并进行的，如量化和编码在转换过程中是同时实现的。下面重点介绍 STM32 的 ADC 模块的功能。

7.1.1　STM32 的 ADC 简介

STM32F4xx 系列芯片上有 3 个 ADC 模块，最高分辨率为 12 位，是逐次趋近型模数转换器，主要特征如下：

(1) 可配置 12 位、10 位、8 位或 6 位分辨率。

(2) 具有多达 19 个复用通道，可测量来自 16 个外部源、内部温度、内部参考电压和备用电压 V_{BAT} 通道的信号。

(3) 多通道输入时，可以划分为规则通道和注入通道，规则通道转换期间可产生 DMA 请求。

(4) 各通道的 A/D 转换支持单次转换、连续转换，多个通道输入时，支持扫描转换。

(5) 可独立设置各通道采样时间。

(6) 具有双重(2 个 ADC)、三重(3 个 ADC)工作模式。

(7) ADC 的结果存储在一个左对齐或右对齐的 16 位数据寄存器中。

(8) ADC 还具有模拟看门狗特性，允许应用程序检测输入电压是否超过了用户自定义的阈值上限或下限。

(9) 在转换结束、注入转换结束以及发生模拟看门狗或溢出事件时产生中断。

(10) ADC 电源要求：全速运行时为 2.4 V 到 3.6 V，慢速运行时为 1.8 V。

(11) ADC 输入电压范围：$V_{REF-} \leqslant V_{IN} \leqslant V_{REF+}$。

7.1.2 STM32 的 ADC 功能

ADC 内部结构如图 7-2 所示，下面结合内部结构图介绍单个 ADC 的功能。

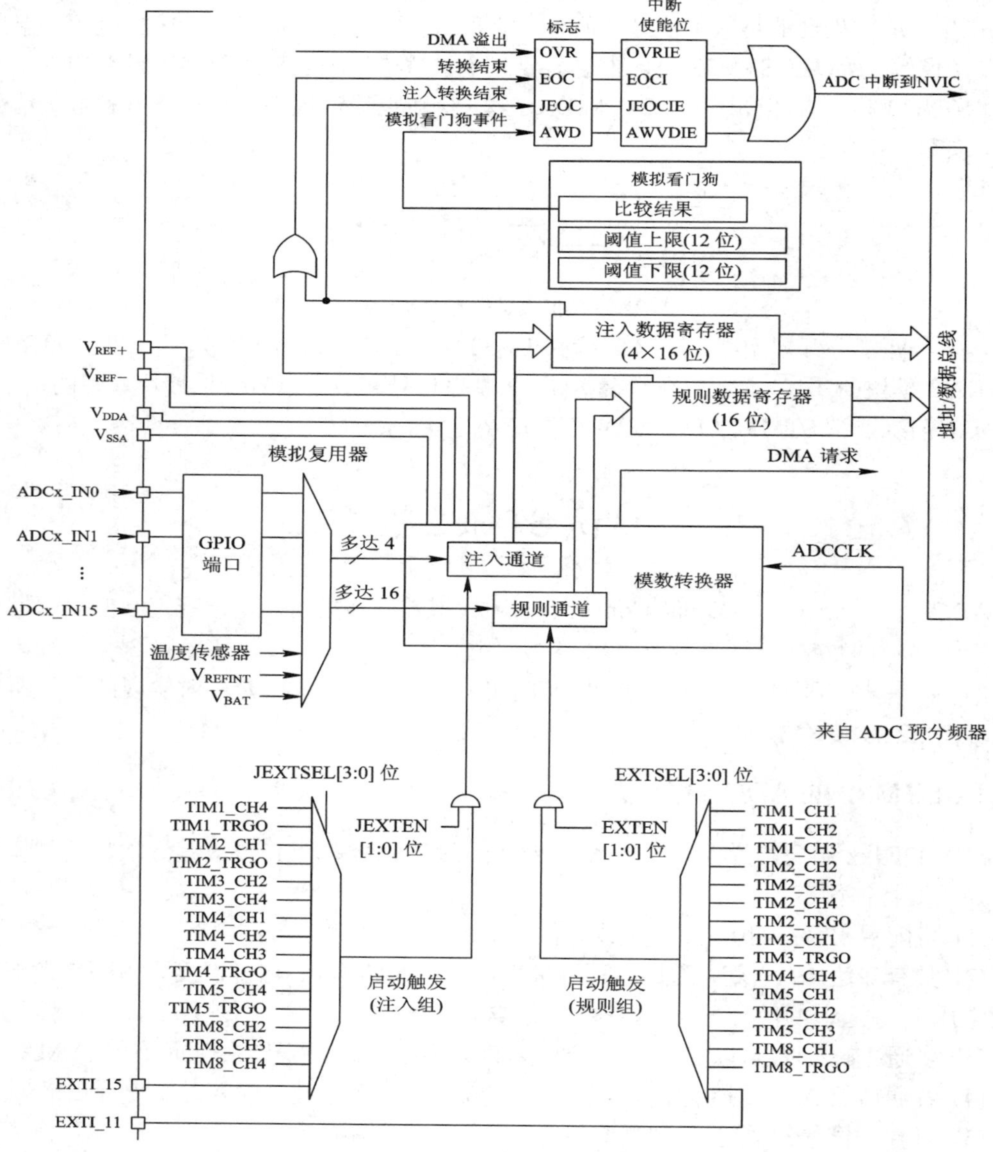

图 7-2 单个 ADC 内部结构框图

1. ADC 引脚

单个 ADC 引脚共有 22 个，其功能描述如表 7-1 所示。

表 7-1　ADC 引脚说明

名　称	信号类型	备　注
V_{REF+}	正模拟参考电压输入信号	ADC 正参考电压，1.8 V≤V_{REF+}≤V_{DDA}
V_{DDA}	模拟电源输入信号	模拟电源电压等于 V_{DD}， 全速运行时，2.4 V≤V_{DDA}≤V_{DD}(3.6 V)； 低速运行时，1.8 V≤V_{DDA}≤V_{DD}(3.6 V)
V_{REF-}	负模拟参考电压输入信号	ADC 低/负参考电压，$V_{REF-}=V_{SSA}$
V_{SSA}	模拟电源接地输入信号	模拟电源接地电压等于 V_{ss}
ADCx_IN[15:0]	模拟输入信号	16 个模拟输入通道
EXTI_15	外部事件启动触发输入信号	EXTI 线 15，触发注入组的转换
EXTI_11	外部事件启动触发输入信号	EXTI 线 11，触发规则组的转换

2. ADC 输入通道

从图 7-2 中可以看出，ADC 共有 19 个复用通道，其中有 16 个外部通道和 3 个内部通道。16 个外部通道的输入源对应 ADCx_IN[15:0]外部模拟输入引脚，引脚通过复用方式映射到 GPIO 端口，其复用关系可以查看 STM32F407xx 数据手册上的引脚定义。3 个内部通道的输入源分别为：

(1) 内部温度传感器输入，对于 STM32F407xx 芯片，内部温度传感器连接到通道 ADC1_IN16。

(2) 内部参考电压 V_{REFINT} 输入，对于 STM32F407xx 芯片，V_{REFINT} 连接到通道 ADC1_IN17。

(3) 备用电压 V_{BAT} 输入，V_{BAT} 连接到通道 ADC1_IN18。

需要注意的是，内部温度传感器、V_{REFINT} 和 V_{BAT} 输入通道只在主 ADC1 外设上可用。多通道输入时，通过内部的模拟复用器可以切换到不同的输入通道并进行转换。

3. ADC 通道选择

STM32 特别地加入了多种成组转换的模式，可以由程序设置好之后，对多个模拟通道自动地逐个进行采样转换。模拟转换器中将这些模拟通道分成两组：规则通道组和注入通道组。每个组包含一个转换序列，该序列可按任意顺序在任意通道上完成。例如，可按以下顺序对序列进行转换：ADC_IN3、ADC_IN8、ADC_IN2、ADC_IN2、ADC_IN0、ADC_IN2、ADC_IN2、ADC_IN15。

(1) 规则通道组：一个规则组序列最多可以安排 16 个通道。规则通道和它的转换顺序在 ADC_SQRx 寄存器中选择，规则组转换的总数应写入 ADC_SQR1 寄存器的 L[3:0]中；

(2) 注入通道组：一个注入组序列最多可以安排 4 个通道。注入组和它的转换顺序在 ADC_JSQR 寄存器中选择。注入组里转化的总数应写入 ADC_JSQR 寄存器的 L[1:0]中。

在执行规则通道组扫描转换时，如有例外处理则可启用注入通道组的转换。也就是说，注入通道的转换可以打断规则通道的转换，在注入通道转换完成之后，规则通道才可以继续转换，转换流程如图 7-3 所示，类似中断的现象。需要注意的是：如果 ADC_SQRx

或 ADC_JSQR 寄存器在转换期间被更改了，则当前的转换被清除，一个新的启动脉冲将发送到 ADC 以转换新选择的组。

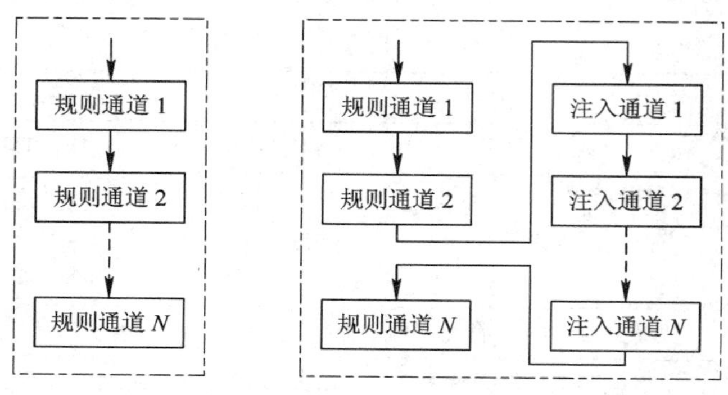

图 7-3　规则通道与注入通道的转换流程

从图 7-2 中还可以看到，规则通道和注入通道的转换还可以通过单独的触发源启动。本章任务 1 中将使用 1 个 ADC 通道，并设置为规则通道，不涉及多个输入通道。关于规则通道和注入通道的触发管理，此处不展开详细讲解。

4. ADC 转换方式

ADC 单个通道的转换支持单次转换和连续转换，多通道有扫描模式和不连续采样模式，此处就单通道转换模式进行说明。

在单次转换模式下，ADC 只执行一次转换。完成所选通道的转换之后，如果转换了规则通道，则转换数据存储在 16 位 ADC_DR 寄存器中；如果转换了注入通道，则转换数据存储在 16 位 ADC_JDR1 寄存器中；如果开启中断，则产生中断，然后 ADC 停止。本章任务 1 中将使用单次转换模式。

在连续转换模式中，当前面的 ADC 转换一结束时马上就启动另一次转换。每一次转换完成后，数据的存储方式和中断同单次转换。

5. ADC 数据对齐

ADC_CR2 寄存器中的 ALIGN 位用于选择转换后存储的数据的对齐方式。可选择左对齐和右对齐两种方式。

图 7-4(a)、(b)为 12 位数据的对齐方式，其中注入组的转换数据将减去 ADC_JOFRx 寄存器中写入的用户自定义偏移量，因此结果可以是一个负值，SEXT 位表示扩展的符号值。对于规则组中的通道，不会减去任何偏移量，因此只有 12 个位有效。

特例：采用左对齐时，数据基于半字进行对齐，而当分辨率设置为 6 位时，数据基于字节进行对齐，如图 7-4(c)所示。

注入组

SEXT	SEXT	SEXT	SEXT	D11	D10	D9	D8	D7	D6	D5	D4	D3	D2	D1	D0

规则组

0	0	0	0	D11	D10	D9	D8	D7	D6	D5	D4	D3	D2	D1	D0

(a) 12 位数据的右对齐

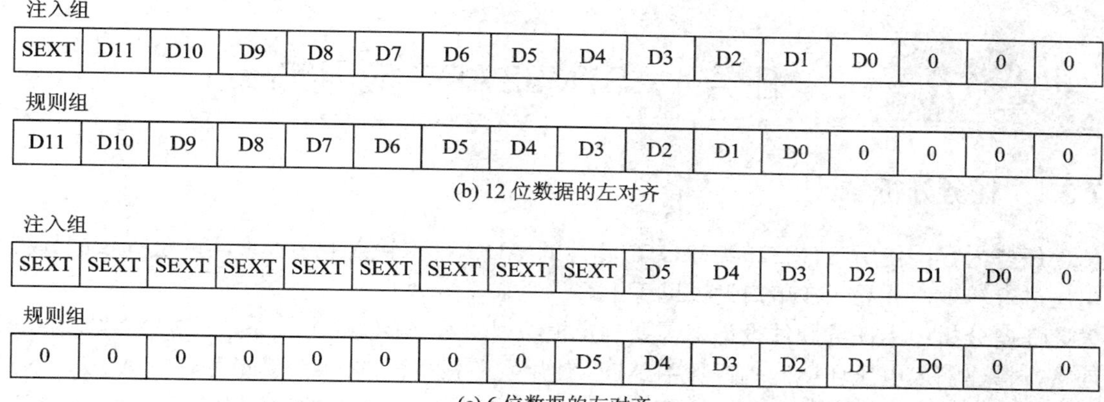

注入组

SEXT	D11	D10	D9	D8	D7	D6	D5	D4	D3	D2	D1	D0	0	0	0

规则组

D11	D10	D9	D8	D7	D6	D5	D4	D3	D2	D1	D0	0	0	0	0

(b) 12 位数据的左对齐

注入组

SEXT	SEXT	SEXT	SEXT	SEXT	SEXT	SEXT	SEXT	SEXT	D5	D4	D3	D2	D1	D0	0

规则组

0	0	0	0	0	0	0	0	D5	D4	D3	D2	D1	D0	0	0

(c) 6 位数据的左对齐

图 7-4　数据对齐方式

6. ADC 转换时间

ADC 的转换时间和 ADC 时钟、数据位数以及采样时间有关，下面一一介绍。

STM32F407xx 系列芯片的 ADC 模块挂接在 APB2 总线下，其时钟是对 APB2 时钟频率进行预分频得到的，预分频值由 ADC 通用控制寄存器 ADC_CCR 中的 ADCPRE 位决定，取值有：

00：PCLK2 2 分频；

01：PCLK2 4 分频；

10：PCLK2 6 分频；

11：PCLK2 8 分频。

例如，在后面的任务中，APB2 设置为最大时钟频率 84 MHz，分频值为 4 分频，因此，ADC 的时钟频率为 21 MHz。

ADC 会在数个 ADC 时钟周期内对输入电压进行采样，可使用 ADC 采样时间寄存器 ADC_SMPR1 和 ADC_SMPR2 中的 SMP[2:0]位修改周期数(取值为 3～480)。每个通道均可以使用不同的采样时间进行采样。

而不同数据位数的转换所需的时间为：N 位数据 × ADC 时钟周期，总转换时间的计算公式如下：

$$T_{\text{conv}} = \text{采样时间} + N\ \text{个周期时间}$$

例如：在接下来的任务中，APB2 设置为最大时钟频率 84 MHz，ADC 时钟分频值为 4 分频，因此，ADC 的时钟频率为 21 MHz。设置 480 个周期的采样时间，转换数据设置为 12 位，那么总的转换时间为

$$T_{\text{conv}} = \frac{480+12}{21\ 000\ 000} = 0.000\ 023\ 43\ \text{s} = 23.43\ \mu\text{s}$$

这里我们设置了最长的采样时间，从而获得更高的准确度。

7.2 任务1 STM32 ADC 应用实战

7.2.1 任务分析

任务内容：使用 STM32F407ZGT6 芯片的 ADC 模拟输入通道读取实验板提供的模拟电压进行转换，并显示在串口调试助手上。

任务分析：本任务硬件设计上需要确定板级引脚和 ADC 通道关系，ADC 参考电源的连接，搭建输入电压环境，本任务中 ADC 使用实验板引出的 PA5 引脚可对应 ADC1_IN5 的模拟输入，软件设计的主要内容是 ACD 初始化配置、ADC 转换控制以及 ADC 结果的处理。

7.2.2 硬件设计与实现

1. ADC 供电设计

ADC 有 4 个供电引脚，相关描述参考表 7-2。为了提高转换精度，ADC 配有独立电源，可以单独滤波并屏蔽 PCB 上的噪声。ADC 电源电压从独立的 V_{DDA} 引脚输入，一般将 V_{DDA} 与数字电源 V_{DD} 连接，本任务中，连接 3.3 V 电压源。V_{SSA} 引脚提供了独立的电源接地连接。为了确保测量低电压时具有更高的精度，用户可以在 V_{REF} 上连接单独的 ADC 外部参考电压输入，V_{REF} 的电压介于 1.8 V 和 V_{DDA} 的电压之间，STM32F407ZGT6 芯片只有 V_{REF+}参考电压引脚。V_{REF+}连接如图 7-5 所示，开发板通过 P7 端口设置 V_{REF+}的参考电压，默认情况下用跳线帽将 V_{REF+}接到 V_{DDA}，参考电压就是 3.3 V。如果想要自己设置其他参考电压，可去掉跳线帽，将参考电压接在 V_{REF+}上(注意要共地)。另外，对于还有 V_{REF-}引脚的 STM32F4 芯片，直接就近将 V_{REF-}接 V_{SSA}，即接地。本任务中，参考电压设置为 3.3 V。ADC 的供电如图 7-5 所示(注：图中引脚名未作下标处理)。

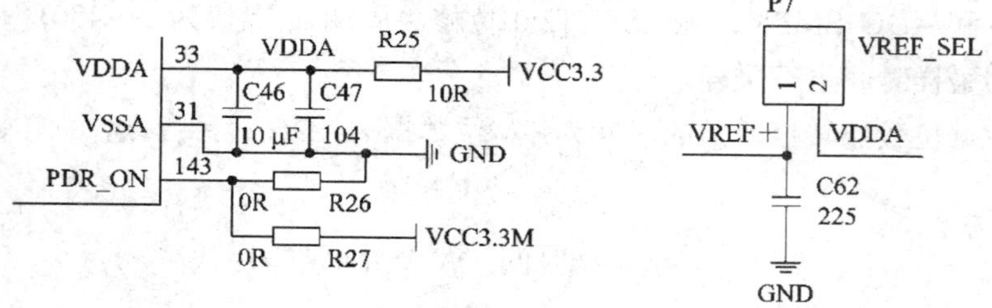

图 7-5 ADC 的供电

2. ADC 的模拟电压输入设计

本任务中使用 ADC1，选用通道 5，其对应的模拟输入引脚为 PA5，对应关系可以从芯片数据手册中查到，如图 7-6 所示。实验板上，将 PA5(即 STM ADC)引脚引出到多功能端口 P12 的 STM ADC，硬件原理图如图 7-7 所示。用一根杜邦线，一头插在多功能端口 P12 的 2 号 STM ADC 插针上，另外一头接要测试的电压点(不大于 3.3 V)。开发板没有设计参考电压源，但是板上有几个可以提供测试的地方：3.3 V 电源、GND、后备电池。

引脚数日						引脚名字 (复位后的功能)	引脚类型	I/O结构	备注	默认复用功能	重映射
LQFP64	WLCSP90	LQFP100	LQFP144	UFBGA176	LQFP176						
	D9			L4	48	BYPASS_REG	I	FT	—	—	—
19	E4	28	39	K4	49	V_{DD}	S	—	—	—	—
20	J9	29	40	N4	50	PA4	I/O	TTa	(4)	SPI1_NSS/SPI3_NSS/ USART_CK/ DCMI_HSYNC/ OTG_HS__SOF/I2S3_WS/ EVENTOUT	ADC12_IN4/ DAC_OUT1
21	G8	30	41	P4	51	PA5	I/O	TTa	(4)	SPI1_SCK/ OTG_HS_ULPI_CK/ TIM2_CH1_ETR/ TIM8_CH1N/EVENTOUT	ADC12_IN5/ DAC_OUT2

图 7-6　ADC 引脚映射关系

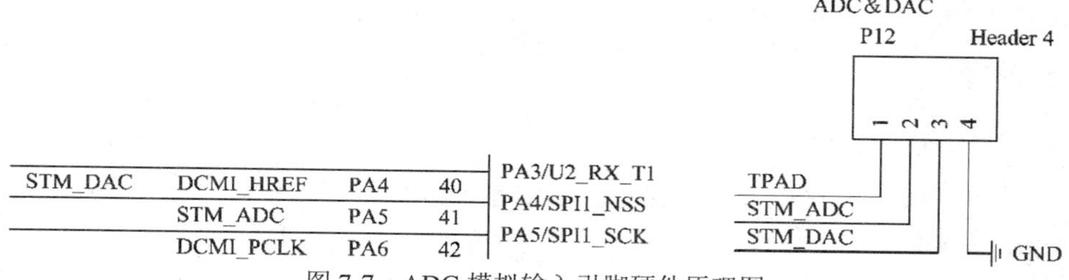

图 7-7　ADC 模拟输入引脚硬件原理图

7.2.3　软件设计与实现

ADC 软件实现主要包括 ADC 初始化、ADC 转换控制以及 ADC 结果的处理。下面通过软件实现步骤来一一进行说明。

1. 软件配置实现过程

基于 STM32CubeIDE 新建工程，芯片选用 STM32F407ZGT6。

1) 在新建工程中打开 STM32CubeMX 界面完成配置

(1) 完成时钟配置(APB2 84 MHz)。

(2) 完成串口配置(参考第 5 章任务)。

(3) 进行 ADC 配置。ADC 配置步骤如下：

① 完成 ADC 输入通道引脚配置，点击引脚 PA5 并将其配置为 ADC1_IN5，如图 7-8 所示。

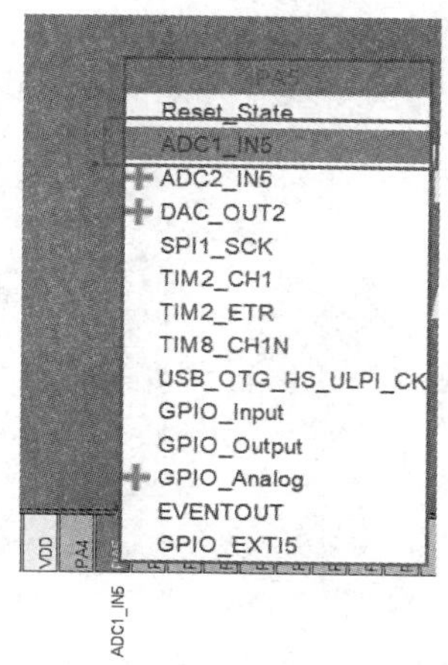

图 7-8　ADC 引脚配置

② 在 Pinout&Configuration 选项卡的 Analog 类型下选择 ADC1 查看 IN5 是否已经勾选，也可以跳过第①步，直接在第②步勾选 IN5，完成引脚的配置。

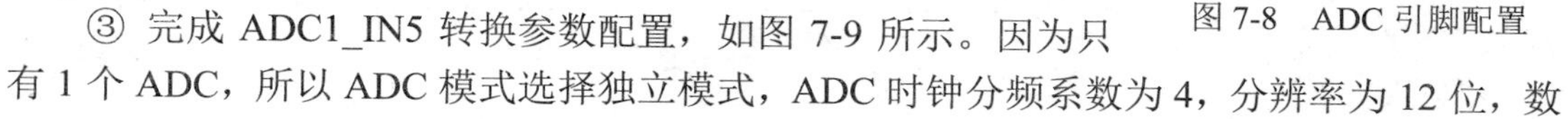

③ 完成 ADC1_IN5 转换参数配置，如图 7-9 所示。因为只有 1 个 ADC，所以 ADC 模式选择独立模式，ADC 时钟分频系数为 4，分辨率为 12 位，数

据右对齐，采用单次转换模式，通道组为规则通道，且只有 1 个通道，由软件来触发转换，转换过程中的采样时间设置为最大 480 个 ADC 时钟周期。

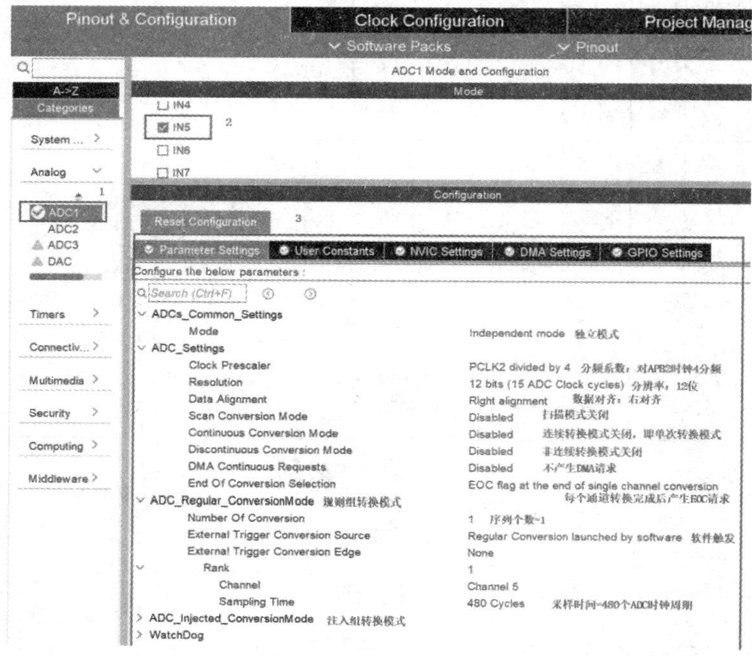

图 7-9　ADC 参数配置

2) 导出工程

配置工程管理，选择生成独立的外设文件，点击工具栏中的保存按钮，或者按下快捷键“Ctrl + S”生成代码。导出工程后的 scr 文件目录下有源码文件：主函数 main.c、串口配置 usart.c、adc.c 等。

3) 代码编写

平台自动生成了 USART1 初始化、ADC 初始化代码，此处给出需要新增的代码内容：

(1) usart.c 下新增代码。

新增“#include "stdio.h"”和 printf 重定义代码，如图 7-10 所示。

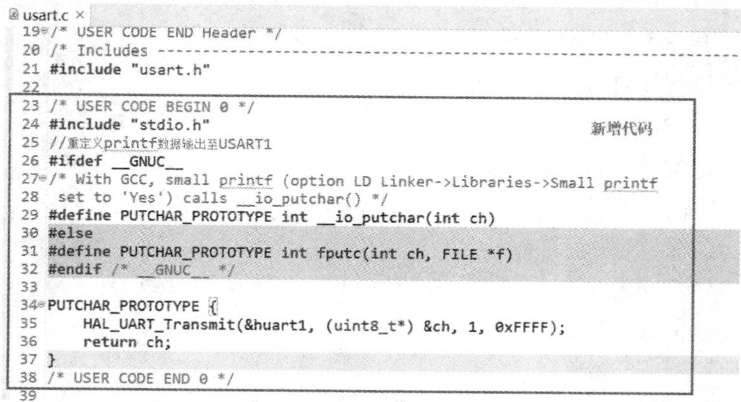

usart.c
/* USER CODE END Header */
/* Includes --
#include "usart.h"
/* USER CODE BEGIN 0 */
#include "stdio.h"
新增代码
//重定义printf数据输出至USART1
#ifdef __GNUC__
/* With GCC, small printf (option LD Linker->Libraries->Small printf
 set to 'Yes') calls __io_putchar() */
#define PUTCHAR_PROTOTYPE int __io_putchar(int ch)
#else
#define PUTCHAR_PROTOTYPE int fputc(int ch, FILE *f)
#endif /* __GNUC__ */
PUTCHAR_PROTOTYPE {
    HAL_UART_Transmit(&huart1, (uint8_t*) &ch, 1, 0xFFFF);
    return ch;
}
/* USER CODE END 0 */

图 7-10　usart.c 下新增代码

(2) main.c 下新增代码。

在 main 主函数中新增 uint16_t adc1_value 和 float vol_value 两个变量，在 while(1)中新增 ADC 转换启动和转换结果处理代码，如图 7-11 所示。

```
main.c ×

  /* Infinite loop */
  /* USER CODE BEGIN WHILE */
  while (1)
  {
    /* USER CODE END WHILE */

    /* USER CODE BEGIN 3 */
    HAL_ADC_Start(&hadc1);
    if(HAL_ADC_PollForConversion(&hadc1, 100)==HAL_OK)
    {
        adc1_value = HAL_ADC_GetValue(&hadc1);
        printf("ADC转换结果：%d\r\n",adc1_value);
        vol_value = 3300.f*adc1_value/4096;
        printf("采集电压值：%6.1fmV\r\n",vol_value);
        HAL_Delay(500);
    }
  }
  /* USER CODE END 3 */
}
```

图 7-11　main.c 下新增代码

4) 下载调试

将电脑端和实验板硬件连接准备好，完成运行配置后，点击运行按钮将代码下载至实验平台观察实验结果：串口调试助手上显示 ADC 转换结果和采集的模拟电压值。图 7-12 是分别将 STM ADC 引脚接 3.3 V 和 GND，测量结果打印到串口上的效果。

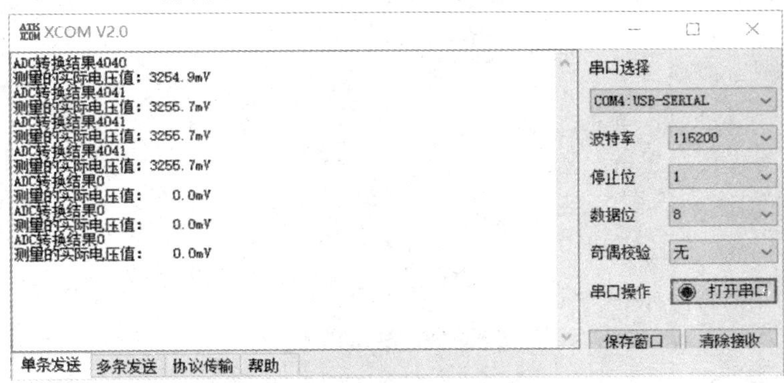

图 7-12　串口打印结果

❖ **配置小技巧**

在 STM32CubeIDE 开发平台中要通过串口打印浮点数，如图 7-13 所示，需要额外进行如下配置：

(1) 选中 STM32CubeIDE 开发平台菜单栏的 Project，选择展开列表中的 Properties，点开后找到 C/C++ Build 目录下的 Settings 并单击；

(2) 在展开的 Setting 信息中，选中 Tool Settings 选项卡；

(3) 找到 Miscellaneous 选项并单击选中；

(4) 点击 Others flags 右边的小图标，会弹出一个输入框；

(5) 在输入框中输入-u_printf_float，然后点击 OK 按钮，再点击 Apply and Close 保存并关闭窗口。

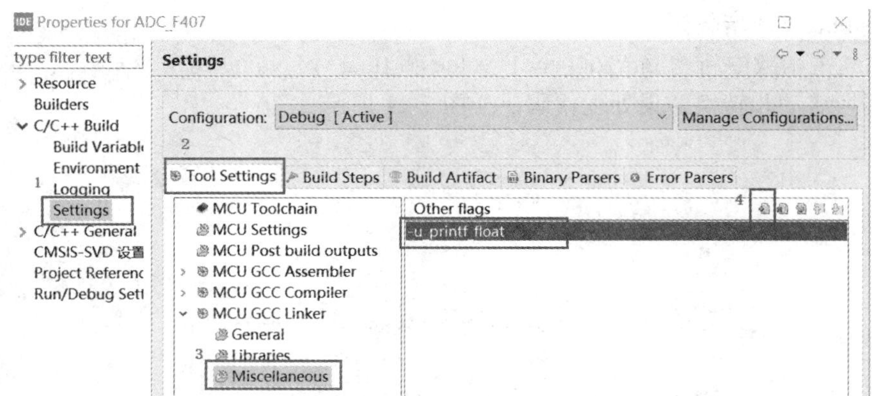

图 7-13　STM32CubeIDE 支持浮点打印的设置

2. 代码详解

1) ADC 初始化代码

ADC 初始化代码通过 STM32CubeMX 图形化界面配置后由开发平台自动生成到 adc.c 文件的 MX_ADC1_Init()函数中，相关代码如下：

```
ADC_HandleTypeDef hadc1;
void MX_ADC1_Init(void)
{
    ADC_ChannelConfTypeDef sConfig = {0};
    hadc1.Instance = ADC1;
    hadc1.Init.ClockPrescaler = ADC_CLOCK_SYNC_PCLK_DIV4;  //4 分频
    hadc1.Init.Resolution = ADC_RESOLUTION_12B;              //12 位分辨率
    hadc1.Init.ScanConvMode = DISABLE;                       //关闭扫描模式
    hadc1.Init.ContinuousConvMode = DISABLE;                 //关闭连续转换模式
    hadc1.Init.DiscontinuousConvMode = DISABLE;              //关闭非连续采样模式
    hadc1.Init.ExternalTrigConvEdge = ADC_EXTERNALTRIGCONVEDGE_NONE; //无外部触发
    hadc1.Init.ExternalTrigConv = ADC_SOFTWARE_START;        //软件触发
    hadc1.Init.DataAlign = ADC_DATAALIGN_RIGHT;              //数据右对齐
    hadc1.Init.NbrOfConversion = 1;   //规则序列中序列个数 1 个，即只转换规则序列 1
    hadc1.Init.DMAContinuousRequests = DISABLE;              //关闭 DMA 请求
    hadc1.Init.EOCSelection = ADC_EOC_SINGLE_CONV;   //每个通道转换结束产生 EOC 信号
    if (HAL_ADC_Init(&hadc1) != HAL_OK)                     //ADC 初始化
    {
        Error_Handler();
    }
    sConfig.Channel = ADC_CHANNEL_5;                         //通道 5
    sConfig.Rank = 1;                                        //第 1 个序列，序列 1
    sConfig.SamplingTime = ADC_SAMPLETIME_480CYCLES;//采样时间为 480 个 ADC 时钟周期
```

```
    if (HAL_ADC_ConfigChannel(&hadc1, &sConfig) != HAL_OK)          //配置通道 5
    {
      Error_Handler();
    }
}
```

MX_ADC1_Init()完成 ADC1 的初始化和 ADC1 通道 5 的配置。代码中调用了 HAL 库函数 HAL_ADC_Init()完成 ADC 初始化配置，调用了 HAL_ADC_ConfigChannel()函数设置具体的通道参数。

函数 HAL_ADC_Init()的输入参数是结构体类型 ADC_HandleTypeDef 的变量句柄 hadc1。ADC 初始化主要配置了 hadc1.Init 下的成员，其结构体类型为 ADC_InitTypeDef，该结构体定义为：

```
typedef struct
{
    uint32_tClockPrescaler;
    uint32_tResolution;
    uint32_tDataAlign;
    uint32_tScanConvMode;
    uint32_tEOCSelection;
    FunctionalStateContinuousConvMode;
    uint32_tNbrOfConversion;
    FunctionalStateDiscontinuousConvMode;
    uint32_tNbrOfDiscConversion;
    uint32_tExternalTrigConv;
    uint32_tExternalTrigConvEdge;
    FunctionalStateDMAContinuousRequests;
}ADC_InitTypeDef;
```

ADC_InitTypeDef 结构体中的成员参数和图 7-9 的 ADC_Setting 中的内容是一致的，各成员参数详细介绍如下：

ClockPrescaler：ADC 的时钟分频系数，对应 ADC 通用控制寄存器(ADC_CCR)中的 ADCPRE 位，占 2bit，即取值范围为 0～3，分别表示分频系数为 2、4、6、8。代码中，ADC 的时钟分频设置为 ADC_CLOCK_SYNC_PCLK_DIV4，即对输入的 APB2 时钟频率进行 4 分频后作为 ADC 时钟，因此 ADC 时钟频率为 84 MHz/4 = 21 MHz。

Resolution：分辨率，对应 ADC 控制寄存器 1(ADC_CR1)中的 RES[1:0]位，取值范围为 0～3，分别表示 12 位、10 位、8 位、6 位分辨率，代码中配置为 ADC_RESOLUTION_12B，即 12 位分辨率。

DataAlign：转换后存储数据的对齐方式，对应 ADC 控制寄存器 2(ADC_CR2)中的 ALIGN 位，其取值为 0 时表示右对齐，反之左对齐。代码中配置为 ADC_DATAALIGN_RIGHT 的表示设置为右对齐。

ScanConvMode：设置扫描模式打开或关闭，对应 ADC 控制寄存器 1(ADC_CR1)中的 SCAN 位，取值为 0 表示禁止扫描模式，取值为 1 表示打开扫描模式。扫描模式针对多个通道的情况，本任务中只有 1 个 ADC 转换通道，所以不需要扫描转换模式，代码中配置为 DISABLE，即关闭扫描模式。如需打开，可配置为 ENABLE。

EOCSelection：结束转换选择，对应 ADC 控制寄存器 2(ADC_CR2)中的 EOCS 位，取值为 0 表示在每个规则转换序列结束时将 EOC 位置 1，取值为 1 表示在每个规则转换通道结束时将 EOC 位置 1。

ContinuousConvMode：连续和单次转换模式设置，对应 ADC 控制寄存器 2(ADC_CR2)中的 CONT 位，取值为 0 表示单次转换模式，取值为 1 表示连续转换模式。连续转换模式下转换将持续进行，直到该位清零。代码中设置为 DISABLE，即采用单次转换模式。

NbrOfConversion：序列中转换的规则通道总数，取值范围为 1～16，本任务中只有一个通道。

DiscontinuousConvMode：不连续采样模式，只有在扫描模式 ScanConvMode 使能后可用，否则不可用，代码中设置为 DISABLE，本任务中不涉及。

NbrOfDiscConversion：不连续采样模式下转换的规则通道数，即对规则通道主序列分组情况的设置，取值范围为 1～8，本任务中不涉及。

ExternalTrigConv：为规则组选择外部事件，对应 ADC 控制寄存器 2(ADC_CR2)中的 EXTSEL[3:0]位，如果设置为软件触发 ADC_SOFTWARE_START，则关闭外部事件，如果选择外部事件触发，则默认为上升沿触发。任务中无外部触发事件，故选择软件触发。

ExternalTrigConvEdge：选择外部触发极性和使能规则组的触发，对应 ADC 控制寄存器 2(ADC_CR2)中的 EXTEN 位，取值为 0 表示禁止触发检测。取值为 1～3 分别代表上升沿、下降沿、上升沿和下降沿的检测。任务中由于是软件触发，因此不使能该位，默认取值为 0。

DMAContinuousRequests：设置是否发送 DMA 请求，本任务中不使用 DMA，所以不需要发送 DMA 请求，设置为 DISABLE。

函数 HAL_ADC_ConfigChannel()的输入参数 sConfig 是 ADC_ChannelConfTypeDef 类型的结构体，其定义如下：

```
typedef struct
{
    uint32_t   Channel;
    uint32_t   Rank;
    uint32_t   SamplingTime;
    uint32_t   Offset;
}ADC_ChannelConfTypeDef;
```

ADC_ChannelConfTypeDef 中四个成员的具体含义如下：

Channel：通道号，本任务中使用了 ADC1 的通道 5，因此该值设置为 ADC_CHANNEL_5。

Rank：指示了当前通道在规则转换序列中的序号，本任务只有一个通道，序号为 1。

SamplingTime；采样时间，本任务中通道 5 的采样时间设置在 ADC 采样时间寄存器

2(ADC_SMPR2)中的 SMP5[2:1]位，取值有：3、15、28、56、84、112、144、480 个周期。任务中设置了 ADC_SAMPLETIME_480CYCLES，即采样时间为 480/21 MHz，以此决定了 ADC 的转换时间，完整计算过程在 7.1.2 小节中已详细说明。

Offset：保留备用，暂未用到。

初始化函数 HAL_ADC_Init 内部还调用 MSP 初始化回调函数进行 MCU 相关的初始化，本任务中，该函数用于对 ADC1 对应的模拟输入引脚 PA5 进行初始化设置，使能 ADC1 和 GPIOA 的时钟，配置 PA5 为模拟输入，代码由平台自动生成，如下所示：

```
void HAL_ADC_MspInit(ADC_HandleTypeDef* adcHandle)
{
    GPIO_InitTypeDef GPIO_InitStruct = {0};
    if(adcHandle->Instance==ADC1)
    {
        __HAL_RCC_ADC1_CLK_ENABLE();                          //使能 ADC1 时钟
        __HAL_RCC_GPIOA_CLK_ENABLE();                         //开启 GPIOA 时钟
        GPIO_InitStruct.Pin = GPIO_PIN_5;                     //PA5
        GPIO_InitStruct.Mode = GPIO_MODE_ANALOG;              //模拟输入
        GPIO_InitStruct.Pull = GPIO_NOPULL;                   //不带上下拉
        HAL_GPIO_Init(GPIOA, &GPIO_InitStruct);
    }
}
```

2) ADC 转换与结果打印

ADC 转换和结果打印需要单独写代码实现，我们通过串口实时打印 ADC 转换结果，因此主要功能在主函数 main 的 while(1)循环中，下面给出主函数的全部代码：

```
int main(void)
{
    uint16_t adc1_value = 0;                              //新增变量保存 ADC 转换结果
    float vol_value = 0;                                  //新增变量保存换算出来的模拟电压值
    HAL_Init();
    SystemClock_Config();
    MX_GPIO_Init();
    MX_USART1_UART_Init();
    MX_ADC1_Init();
    while (1)
    {
        HAL_ADC_Start(&hadc1);                                     //启动 ADC 转换
        if(HAL_ADC_PollForConversion(&hadc1, 100)==HAL_OK)         //轮询转换是否完成
        {
            adc1_value = HAL_ADC_GetValue(&hadc1);                 //读取转换结果
            printf("ADC 转换结果：%d\r\n",adc1_value);             //打印转换结果到串口
```

```
            vol_value = 3300.f*adc1_value/4096;  //将转换后的结果换算成模拟电压值
            printf("采集电压值：%6.1fmV\r\n",vol_value);           //打印模拟电压值到串口
            HAL_Delay(500);
        }
    }
}
```

代码中通过 HAL 库函数 HAL_ADC_Start 启动 ADC 转换，因为在初始化时设置了单次转换模式，所以每次启动仅完成一次转换后即停止，并产生 EOC 信号。然后，通过 HAL 库函数 HAL_ADC_PollForConversion()轮询 EOC 信号是否产生，如果产生 EOC 信号说明转换完成，返回 HAL_OK，如果一直未检测到 EOC 信号，代码中设置超时 100 ms 则强制退出轮询，返回 HAL_TIMEOUT。当检测到 ADC 一次转换完成后，将转换完成的数据值通过 HAL 库函数 HAL_ADC_GetValue 从数据寄存器中读取出来，并保存到变量 adc1_value 中。这里需要注意的是，由于代码中设置了数据右对齐，因此转换完的结果不需要做移位处理，如果设置为左对齐，则需要额外再做处理。接下来通过 printf 打印 adc1_value 结果到串口，此处我们将 printf 重定义为打印串口消息。vol_value 的取值是换算后的模拟电压值，通过模拟满量程 3.3 V，数字满量程 12 位进行数字量到模拟量的转换，其结果也打印到串口。以上操作 500 ms 循环一次。

7.3 认识 STM32 的 DAC

DAC 全称 Digital Analog Converter，即数字模拟转换器，又称为 D/A 转换器，它是一种将二进制数字量形式的离散信号转换成以标准量(或参考量)为基准的模拟量的转换器。最常见的数字模拟转换器是将并行二进制的数字量转换为直流电压或直流电流，它常用作过程控制计算机系统的输出通道，与执行器相连，实现对生产过程的自动控制。STM32 中常用 DAC 产生驱动和控制外设所需要的模拟信号。

7.3.1 STM32 的 DAC 简介

STM32F4xx 系列芯片上的 DAC 模块有两个 DAC 转换器，各对应一个输出通道。每个 DAC 是 12 位电压输出数模转换器，可以按 8 位或 12 位模式进行配置，并且可与 DMA 控制器配合使用。STM32 的 DAC 的具体特征如下：

(1) 在 12 位模式下，数据可以采用左对齐或右对齐。

(2) 可以生成噪声波和三角波。

(3) 每个通道都具有 DMA 功能，并具有 DMA 下溢错误检测。

(4) 可以通过外部触发信号进行转换。

(5) 在 DAC 双通道模式下，每个通道可以单独进行转换。

(6) 当两个通道组合在一起同步执行更新操作时，也可以同时进行转换。

(7) 可通过一个输入参考电压引脚 V_{REF+}(与 ADC 共享)来提高分辨率。

7.3.2　STM32 的 DAC 功能

单个 DAC 的内部功能结构如图 7-14 所示，数模转换的过程通过图中的数模转换器实现。数模转换器的输入有：电源 V_{SSA} 和 V_{DDA}、转换参考电压 V_{REF+}、数据输出寄存器 DORx 中需转换的 12 位数字。数模转换器的输出是转换以后的模拟信号，通过引脚 DAC_OUTx(x 表示通道号，DAC 有 2 个通道，故取值为 1 或 2)输出给芯片外设备使用。此外，DAC 还有一个输出缓冲器，可用来降低输出阻抗并在不增加外部运算放大器的情况下直接驱动外部负载。通过 DAC_CR 寄存器中的 BOFFx 位，可使能或禁止各 DAC 通道输出缓冲器。

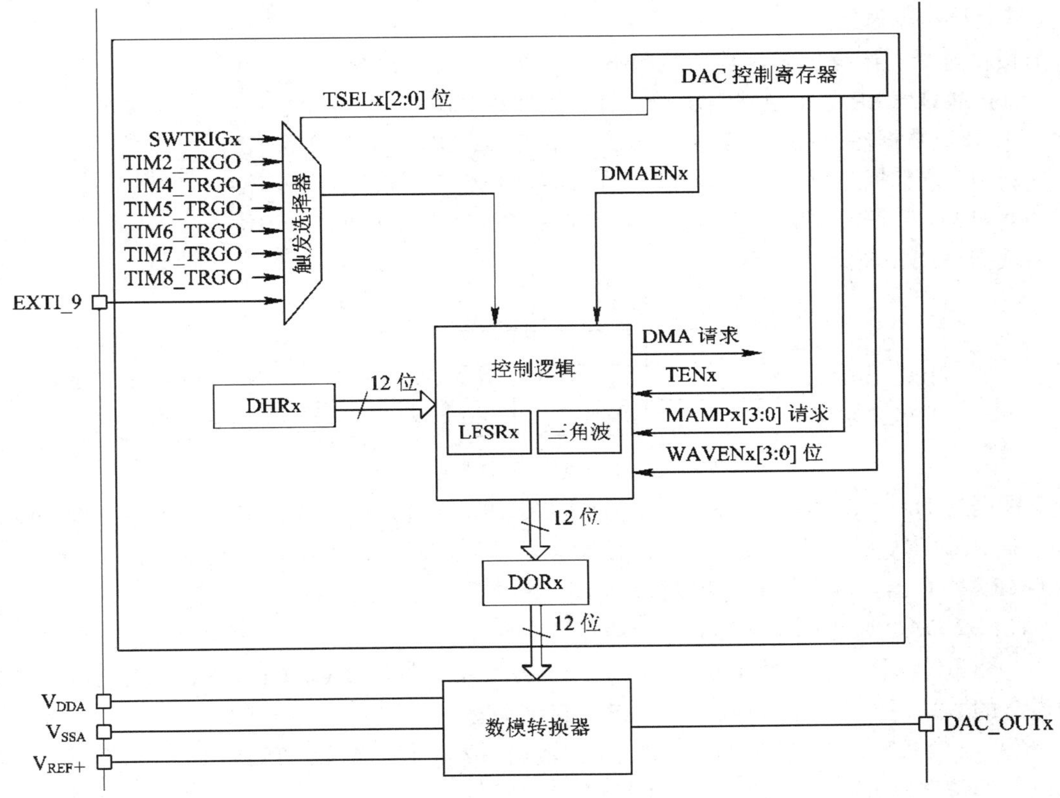

图 7-14　单个 DAC 内部结构框图

DAC 转换触发可以由软件触发，也可以由外部事件触发，如果 TENx 控制位置 1，则通过外部事件(定时计数器、外部中断线)触发转换。TSELx[2:0]控制位将控制触发选择器通过 8 个可能事件中的某一个来触发转换。

控制逻辑选择数据可以来自数据保持寄存器 DHRx，也可以是控制逻辑内部生成的噪声波形和三角波，如果 DMA 使能，数据还可以来自 DMA 缓存区。

1. DAC 的引脚

单个 DAC 引脚有 5 个，其功能描述如表 7-2 所示。

表 7-2　DAC 引脚说明

名称	信号类型	备注
V_{REF+}	正模拟参考电压输入信号	DAC 正参考电压，1.8 V≤V_{REF+}≤V_{DDA}
V_{DDA}	模拟电源输入信号	模拟电源电压等于 V_{DD}， 全速运行时，2.4 V≤V_{DDA}≤V_{DD}(3.6 V) 低速运行时，1.8 V≤V_{DDA}≤V_{DD}(3.6 V)
V_{SSA}	模拟电源接地输入信号	模拟电源接地电压等于 V_{ss}
DAC_OUTx	模拟输出信号	DAC 通道 x 模拟输出
EXTI_9	外部事件启动触发输入信号	EXTI 线 9，触发 DAC 转换

2. DAC 数据格式

根据选择的配置模式，数据按照下文所述写入指定的寄存器：

(1) 单 DAC 通道 x 独立输出时，有以下 3 种情况：

① 8 位数据右对齐：将数据写入寄存器 DAC_DHR8Rx[7:0]位。

② 12 位数据左对齐：将数据写入寄存器 DAC_DHR12Lx[15:4]位。

③ 12 位数据右对齐：将数据写入寄存器 DAC_DHR12Rx[11:0]位。

数据格式如图 7-15 所示。

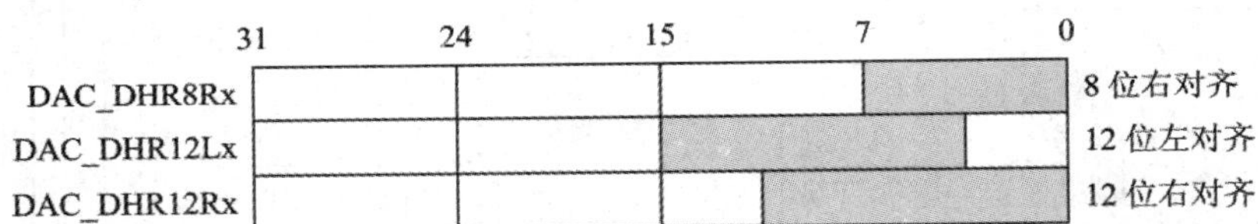

图 7-15　DAC 单通道模式下的数据寄存器

根据对 DAC_DHRyyyx 寄存器的操作，经过相应的移位后，写入的数据被转存到 DHRx 寄存器中(DHRx 是内部的数据保存寄存器 x)。随后，DHRx 寄存器的内容或被自动地传送到 DORx 寄存器，或通过软件触发或外部事件触发被传送到 DORx 寄存器。

(2) 双 DAC 通道同步输出时，有以下 3 种情况：

① 8 位数据右对齐：将 DAC 通道 1 的数据写入寄存器 DAC_DHR8RD[7:0]位，将 DAC 通道 2 的数据写入寄存器 DAC_DHR8RD[15:8]位。

② 12 位数据左对齐：将 DAC 通道 1 的数据写入寄存 DAC_DHR12LD[15:4]位，将 DAC 通道 2 的数据写入寄存器 DAC_DHR12LD[31:20]位。

③ 12 位数据右对齐：将 DAC 通道 1 的数据写入寄存 DAC_DHR12RD[11:0]位，将 DAC 通道 2 的数据写入寄存器 DAC_DHR12RD[27:16]位。

数据格式如图 7-16 所示。

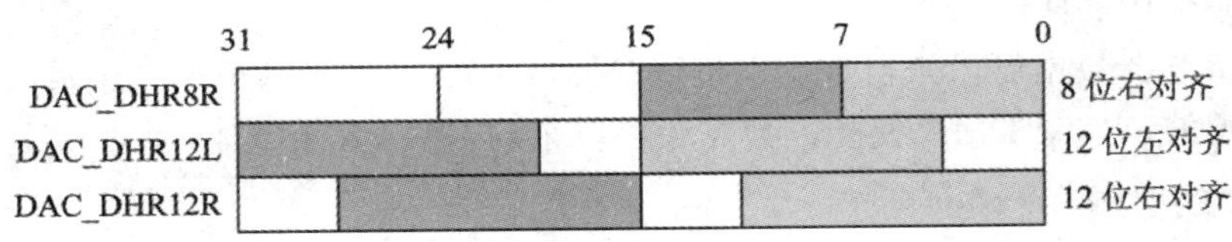

图 7-16　DAC 双通道模式下的数据寄存器

根据对 DAC_DHRyyyD 寄存器的操作，经过相应的移位后，写入的数据被转存到 DHR1 和 DHR2 寄存器中(DHR1 和 DHR2 是内部的数据保存寄存器 x)。随后，DHR1 和 DHR2 的内容或被自动地传送到 DORx 寄存器，或通过软件触发或外部事件触发被传送到 DORx 寄存器。

3. DAC 转换

DAC_DORx 无法直接写入，任何数据都必须通过加载 DAC_DHRx 寄存器(写入 DAC_DHR8Rx、DAC_DHR12Lx、DAC_DHR12Rx、DAC_DHR8RD、DAC_DHR12LD 或 DAC_DHR12LD)才能被传输到 DAC 通道 x。

DAC 的工作时钟信号就是 APB1 总线时钟，选择软件触发时，经过一个 APB1 时钟周期后，DAC_DHRx 寄存器中存储的数据将自动转移到 DAC_DORx 寄存器。选择硬件触发(置位 DAC_CR 寄存器中的 TENx 位)且触发条件到来时，将在三个 APB1 时钟周期后进行转移。当 DAC_DORx 加载了 DAC_DHRx 内容时，模拟输出电压将在一段时间 t_{SETTLING} 后可用，具体时间取决于电源电压和模拟输出负载。从 STM32F407xx 的数据手册查到 t_{SETTLING} 的典型值为 3 μs，最大值是 6 μs。在后面的任务中，我们不使用硬件触发，只要数据存储到 DAC_DHRx，就相当于启动了 ADC 转换。

经过线性转换后，数字输入会转换为 0 到 $V_{\mathrm{REF+}}$之间的输出电压。各 DAC 通道引脚的模拟输出电压通过以下公式确定：

$$\mathrm{DAC}_{\mathrm{output}} = V_{\mathrm{REF+}} \times \frac{\mathrm{DOR}}{4095}$$

式中：DOR 为对应通道的数据输出寄存器中的数字值；4095 表示该寄存器 12 位满量程为 4095；$V_{\mathrm{REF+}}$为正模拟参考电压输入引脚的输入电压值。

7.4　任务 2　STM32 DAC 应用实战

7.4.1　任务分析

任务内容：本任务和本章任务 1 结合起来实现，通过 STM32F407ZGT6 芯片的 DAC1 转换数字电压值为模拟电压值，按键控制 DAC1 的数字电压值的变化，DAC1 的输出由本章任务 1 中的 ADC1_IN5 采集，并在串口调试助手上显示 ADC 获取到的电压值以及 DAC 的设定输出电压值等信息。

任务分析：本任务涉及按键、串口通信、ADC 以及 DAC 的功能，即将之前的多个任务综合到本任务中，从而实现更灵活可控的 DAC 功能。按键选取实验板上的 KEY0、KEY1、KEY2，由 KEY0、KEY1 控制 DAC 数字电压值的变化，KEY2 启动 DAC 与 ADC 的转换，转换完成后的相应结果打印到串口调试助手，串口使用 USART1。DAC 选用 DAC1，ADC 选用本章任务 1 中使用的 ADC1 通道 5，硬件上需要连接 DAC 输出引脚到 ADC 通道 5 的输入引脚，软件设计上重点分析 DAC 的初始化和转换。

7.4.2　硬件设计与实现

DAC 的供电引脚主要有三个：V_{SSA}、V_{DDA}、$V_{\mathrm{REF+}}$，其在实验板上的电路设计同 ADC

的供电设计，其中 V_{REF+} = 3.3 V。本任务中使用 DAC1 即 DAC 通道 1 输出模拟电压，然后通过 ADC1 的通道 5 对该输出电压进行读取，故硬件上需将 DAC 通道 1 的输出引脚和 ADC1_CH5 的输入引脚连接起来。通过查看芯片数据手册，可以找到 DAC1 输出 DAC_OUT1 对应芯片 PA4，ADC1_CH1 对应 PA5，如图 7-17 所示。

引脚数目						引脚名字(复位后的功能)	引脚类型	I/O结构	备注	默认复用功能	重映射
LQFP64	WLCSP90	LQFP100	LQFP144	UFBGA176	LQFP176						
	D9			L4	48	BYPASS_REG	I	FT	—	—	—
19	E4	28	39	K4	49	V_{DD}	S	—	—	—	—
20	J9	29	40	N4	50	PA4	I/O	TTa	(4)	SPI1_NSS/SPI3_NSS/USART_CK/DCMI_HSYNC/OTG_HS_SOF/I2S3_WS/EVENTOUT	ADC12_IN4/DAC_OUT1
21	G8	30	41	P4	51	PA5	I/O	TTa	(4)	SPI1_SCK/OTG_HS_ULPI_CK/TIM2_CH1_ETR/TIM8_CH1N/EVENTOUT	ADC12_IN5/DAC_OUT2

图 7-17　DAC 引脚映射关系

和本章任务 1 一样，在实验板上，将 PA4、PA5 引脚引出到多功能端口 P12 的 STM ADC 和 STM DAC，硬件原理图如图 7-18 所示，我们使用跳线帽将 P12 的 2、3 针短接起来即可。

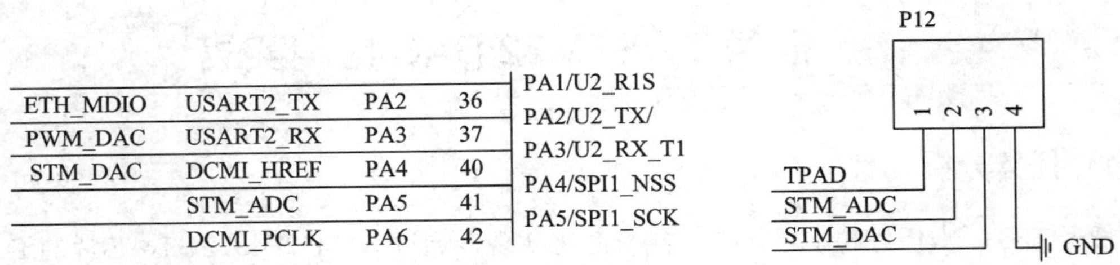

图 7-18　DAC 输出引脚硬件原理图

另外，按键 KEY0、KEY1、KEY2 连接引脚 PE4、PE3、PE2，具体电路在第 4 章的任务中已详细描述。

7.4.3　软件设计与实现

由于任务中使用了 ADC，所以开始配置时，可以在本章任务 1 完成的 ADC 的 CubeMX 配置基础上配置 DAC。DAC 需完成参数初始化配置，以及按键控制和 DAC 转换的代码实现。

1. 软件配置实现过程

在 STM32CubeIDE 菜单栏下选择 File→New→STM32 Project from an Existing STM32CubeMX Configuration File(.ioc)，新建基于已有 STM32CubMX 配置文件(.ioc)的工程，STM32CubMX 配置文件选用本章任务 1 生成的 ADC 的配置文件。

1) STM32CubeMX 下完成参数配置

(1) 完成按键对应的引脚 PE4、PE3、PE2 的配置。

(2) DAC 配置。

① 完成 DAC 输出模拟信号引脚配置，点击引脚 PA4 将其配置为 DAC_OUT1，如图 7-19 所示。

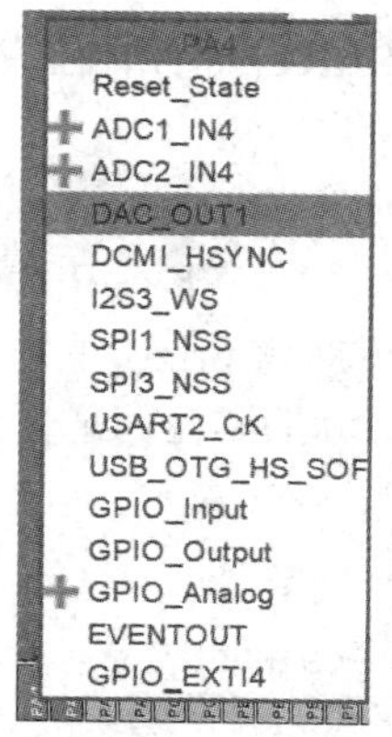

图 7-19 DAC 输出引脚配置

② DAC 界面设置如图 7-20 所示，在 Pinout&Configuration 选项卡的 Analog 类型下选择 DAC 查看 OUT1 Configuration 复选框是否已经勾选，完成引脚的配置；另外，External Trigger 复选框是用来选择外部中断线触发的，本任务中不使用，故不勾选。

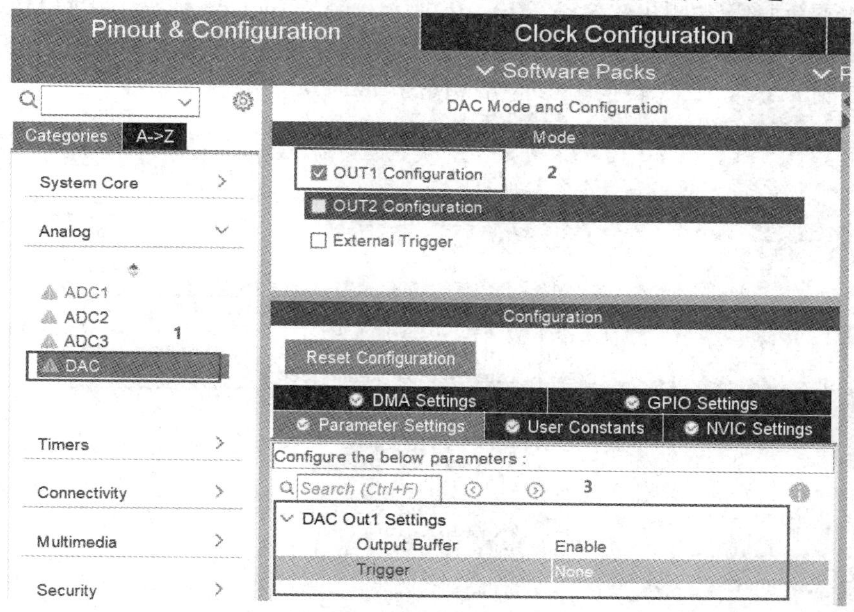

图 7-20 DAC 参数配置

③ 完成DAC_OUT1转换参数配置，如图7-20所示，在Configuration下的Parameter Settings选项卡下只有两个参数设置：Output Buffer 和 Trigger。OutputBuffer 为是否使用输出缓存，默认设置为 Enable，此处保持默认设置，即使用缓存。Trigger 为外部触发信号源，本任务不使用触发信号，故选择 None。

2) 导出工程

配置工程管理，选择生成独立的外设文件，点击工具栏中的保存按钮，或者按下快捷键“Ctrl + S”生成代码。导出工程后的 scr 文件目录下有源码文件：主函数 main.c，串口配置 usart.c、gpio.c、adc.c、dac.c 等。

3) 代码编写

平台自动生成了按键初始化、USART1 初始化、ADC 初始化、DAC 初始化代码，此处给出需要新增的代码内容：

(1) 参考第 2 章任务 3，新增 key.c 和 key.h 文件，即按键扫描相关代码，注意此处我们只使用了 KEY0～KEY2，故代码中需删除 WK_UP 代码内容。

(2) 参考本章任务 1，在 usart.c 下新增 printf 重定义相关代码。

(3) dac.c 下新增 DAC 控制代码，如图 7-21 所示，同样也需要在 dac.h 中进行申明。

```
/* USER CODE BEGIN 1 */
void My_DAC_Init(void)
{
    HAL_DAC_Start(&hdac, DAC_CHANNEL_1);//启动DAC_OUT1
    HAL_DAC_SetValue(&hdac, DAC_CHANNEL_1, DAC_ALIGN_12B_R, 0); //设置通道初始值
}
/* USER CODE END 1 */
```

图 7-21　DAC 控制代码

(4) main.c 下新增代码。

main.c 下新增代码如图 7-22(a)、(b)、(c)所示，新增 include 代码，新增 DAC 和 ADC 转换结果变量，新增 My_DAC_Init 来启动 DAC 和设置其转换初值，while(1)下新增判断按键检测和控制 DAC、ADC 转换的功能实现代码。

```
/* Private includes ----------
/* USER CODE BEGIN Includes */
#include "key.h"
#include "stdio.h"
/* USER CODE END Includes */
```

(a) main.c 下新增 include 代码

```
int main(void)
{
  /* MCU Configuration--------------------------------------

  /* Reset of all peripherals, Initializes the Flash interfa
  HAL_Init();

  /* USER CODE BEGIN Init */                          新增变量
  uint16_t adc1_value = 0; //新增变量保存ADC转换结果
  float vol_value = 0;     //新增变量保存换算出来的模拟电压值
  uint8_t KeyValue=0;      //新增变量按键扫描结果值
  uint16_t DacValue=2500;  //DAC1转换前数字电压值，取值范围0~4095
  /* USER CODE END Init */

  /* Configure the system clock */
  SystemClock_Config();

  /* Initialize all configured peripherals */
  MX_GPIO_Init();
  MX_USART1_UART_Init();
  MX_ADC1_Init();
  MX_DAC_Init();
  /* USER CODE BEGIN 2 */
  My_DAC_Init();  //启动DAC，设置转换初始值为0          新增函数
  /* USER CODE END 2 */

  /* Infinite loop */
  /* USER CODE BEGIN WHILE */
```

(b) main 函数下新增变量和函数

```
while (1)
{
  /* USER CODE BEGIN 3 */
    KeyValue=Key_Scan(0);
    if(KeyValue==1) //KEY0按下
    {
        if(DacValue<=3995)DacValue +=100;
        printf("DacValue=%d\r\n",DacValue);

    }
    else if(KeyValue==2)   //KEY1按下
    {
        if(DacValue>=100)DacValue -=100;
        printf("DacValue=%d\r\n",DacValue);
    }
    else if(KeyValue==3)  //KEY2按下
    {
        HAL_DAC_SetValue(&hdac, DAC_CHANNEL_1, DAC_ALIGN_12B_R, DacValue);

        HAL_ADC_Start(&hadc1);
        if(HAL_ADC_PollForConversion(&hadc1, 100)==HAL_OK)
        {
          adc1_value = HAL_ADC_GetValue(&hadc1);
          printf("ADC转换结果：%d\r\n",adc1_value);
          vol_value = 3300.f*adc1_value/4096;
          printf("采集电压值：%6.1fmV\r\n",vol_value);
        }
    }
    HAL_Delay(100);
}
/* USER CODE END 3 */
```

(c) main 函数 while(1)下新增功能代码

图 7-22　main.c 下的新增代码

4) 下载调试

将电脑端和实验板硬件连接准备好，完成运行配置后，点击运行按钮将代码下载至实验平台观察实验结果：串口调试助手上显示 DAC 输入数字电压值、ADC 转换结果和采集的模拟电压值。串口调试助手结果打印效果如图 7-23 所示。

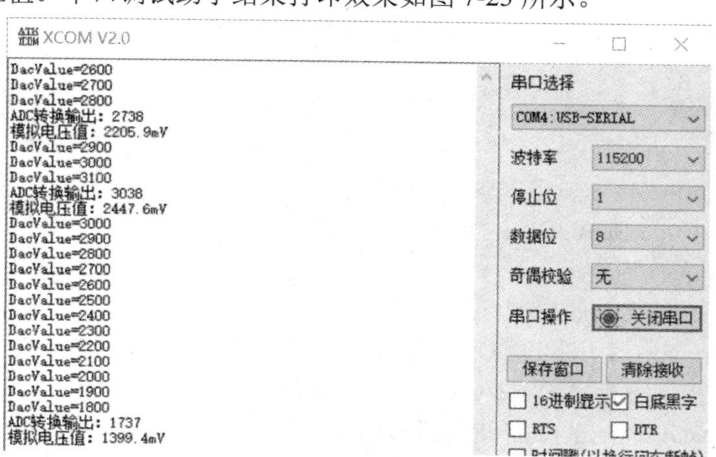

图 7-23　DAC 转换串口打印结果

2. 代码详解

1) DAC 初始化代码

DAC 初始化通过 STM32CubeMX 图形化界面配置后由开发平台自动生成到 dac.c 文件的 MX_DAC_Init()函数中，相关代码如下：

```
DAC_HandleTypeDef hdac;
void MX_DAC_Init(void)
{
    DAC_ChannelConfTypeDef    sConfig = {0};
    /** DAC Initialization */
    hdac.Instance = DAC;
    if (HAL_DAC_Init(&hdac) != HAL_OK)                                    //DAC 初始化
    {
        Error_Handler();
    }
    /** DAC channel OUT1 config    */
    sConfig.DAC_Trigger = DAC_TRIGGER_NONE;                              //无触发信号
    sConfig.DAC_OutputBuffer = DAC_OUTPUTBUFFER_ENABLE;                  //开启输出缓存
    if (HAL_DAC_ConfigChannel(&hdac, &sConfig, DAC_CHANNEL_1) != HAL_OK)//DAC 通道配置
    {
        Error_Handler();
    }
}
```

代码中主要调用了两个 HAL 库函数，首先调用 HAL_DAC_Init()完成 DAC 的初始化，然后调用 HAL_DAC_ConfigChannel()完成 DAC 通道 1 的配置。HAL_DAC_Init()的入参 hdac 是 DAC_HandleTypeDef 结构体类型指针变量，由于本任务中不涉及相关参数配置，因此此处不展开介绍。函数 HAL_DAC_ConfigChannel()的第三个入参为通道号，代码中配置为 DAC_CHANNEL_1，即配置通道 1，第二个入参 sConfig 是 DAC_ChannelConfTypeDef 结构体类型，其定义如下：

```
typedef struct
{
    uint32_tDAC_Trigger;
    uint32_tDAC_OutputBuffer;
} DAC_ChannelConfTypeDef;
```

DAC_ChannelConfTypeDef 中只有两个成员变量：

(1) DAC_Trigger：用来设置 DAC 触发类型，根据通道号选择对应的寄存器位进行配置，对应 DAC 控制寄存器(DAC_CR)中的 TSEL2[2:0]、TEN2、TSEL1[2:0]、TEN2 位，stm32f4xx_hal_dac.h 中给出了选择的触发类型的宏定义，分别如下：

DAC_TRIGGER_NONE：禁止通道触发信号，即 DAC 转换在数据存储到 DAC_DHRx 后自动进行，本任务选用此方式。此时寄存器位 TENx 设置为 0。

以下的几种触发情况前提是 TENx = 1。

DAC_TRIGGER_T2_TRGO：定时器 2 TRGO 事件。

DAC_TRIGGER_T4_TRGO：定时器 4 TRGO 事件。

DAC_TRIGGER_T5_TRGO：定时器 5 TRGO 事件。

DAC_TRIGGER_T6_TRGO：定时器 6 TRGO 事件。

DAC_TRIGGER_T7_TRGO：定时器 7 TRGO 事件。

DAC_TRIGGER_T8_TRGO：定时器 8 TRGO 事件。

DAC_TRIGGER_EXT_IT9：外部中断线 9。

DAC_TRIGGER_SOFTWARE：软件触发。

(2) DAC_OutputBuffer：用来设置输出缓冲器，输出缓存器的作用在 7.3 小节中已经介绍过了，本任务中开启输出缓存器。

另外还需要说明的是，和其他的模块初始化一样，在 HAL_DAC_Init()函数中同样还调用 MSP 初始化回调函数进行与 MCU 相关的初始化，本任务中，该函数用于对 DAC1 对应的模拟输入引脚 PA4 进行初始化设置，使能 DAC1 和 GPIOA 的时钟，配置 PA4 为模拟输入，代码由平台自动生成，如下所示：

```
void HAL_DAC_MspInit(DAC_HandleTypeDef* dacHandle)
{
    GPIO_InitTypeDef GPIO_InitStruct = {0};
    if(dacHandle->Instance==DAC)
    {
        /* DAC clock enable */
        __HAL_RCC_DAC_CLK_ENABLE();                        //使能 DAC 时钟
        __HAL_RCC_GPIOA_CLK_ENABLE();                      //开启 GPIOA 时钟
        /**DAC GPIO ConfigurationPA4      ------> DAC_OUT1*/
        GPIO_InitStruct.Pin = GPIO_PIN_4;                  //PA4
        GPIO_InitStruct.Mode = GPIO_MODE_ANALOG;           //模拟输出
        GPIO_InitStruct.Pull = GPIO_NOPULL;                //无上下拉
        HAL_GPIO_Init(GPIOA, &GPIO_InitStruct);            //初始化 PA4 引脚
    }
}
```

2) DAC 转换与结果打印

DAC 初始化完成后，DAC 的状态是未使能的，因此需要增加代码启动 DAC，另外也需要设置初始转换值，这里通过新增的函数 My_DAC_Init()完成，代码如下：

```
void My_DAC_Init(void)
{
    HAL_DAC_Start(&hdac, DAC_CHANNEL_1);        //启动 DAC_OUT1
    HAL_DAC_SetValue(&hdac, DAC_CHANNEL_1, DAC_ALIGN_12B_R, 0); //设置通道初始值
}
```

代码中调用了 HAL 库函数 HAL_DAC_Start()和 HAL_DAC_SetValue()。函数 HAL_DAC_Start()的作用是启动 DAC 的各个通道，代码中入参分别是结构体类型指针变量 hdac 和通道号 DAC_CHANNEL_1，表示启动的是 DAC1。函数 HAL_DAC_SetValue()的作用是设置通道转换的数字值，根据对应的通道(第二个入参)和其数据对齐方式(第三个入参)将数字值

(第四个入参)放到相应的 DHR 寄存器中，本任务代码中数据位 12 位右对齐，数字值初始值设置为 0。注意，通过对 DAC 转换的分析，且由于本任务中设置了转换无需触发信号，因此只要调用了函数 HAL_DAC_SetValue()并存入了数字值，系统即可自动启动一次 DAC 转换，因此，需要设置按下 KEY2 触发 DAC 转换。只需要在 KEY2 按键判断分支中，增加一条函数 HAL_DAC_SetValue()对 DHR 寄存器赋值，即可进行一次 DAC 转换，具体代码如图 7-22(c)所示。

7.5 拓展知识

7.5.1 ADC 和 DAC 的寄存器

1. ADC 的寄存器

• ADC 状态寄存器(ADC_SR)

可通过该寄存器查询到 ADC 的转换状态，其中包括溢出状态、规则通道和注入通道开始、结束标志以及模拟看门狗标志。

• ADC 控制寄存器(ADC_CR1 和 ADC_CR2)

ADC_CR1 中包括 ADC 的分辨率设置、规则通道和注入通道的不连续采样模式/扫描模式设置、各类中断使能配置等。

ADC_CR2 中包括连续转换和单次转换的配置、规则通道和注入通道外部触发事件的配置、数据对齐方式的配置、DAM 配置、ADC 转换使能配置以及软件触发转换使能配置等。

• ADC 采样时间寄存器(ADC_SMPR1 和 ADC_SMPR2)

ADC_SMPR1 为通道 10～18 的采样时间设置，每个通道对应位域 SMPx[2:0]：从最低位开始，每个通道占用三位。ADC_SMPR2 为通道 0～9 的采样时间设置，从最低位开始，每个通道占用三位。

• ADC 规则序列寄存器(ADC_SQR1～ADC_SQR3)

这三个寄存器用于配置规则通道最大 16 个序列的通道号顺序，每个序列的通道号设置占用三位，其中 ADC 规则序列寄存器 1(ADC_SQR1)的位 23:20 L[3:0]用于设置序列长度。

• ADC 注入序列寄存器(ADC_JSQR)

和 ADC 规则序列寄存器功能类似，用于设置注入序列的通道号顺序，最大 4 个。

• ADC 规则数据寄存器(ADC_DR)

该寄存器位 15:0 为 DATA[15:0]，存储规则数据(Regular data)，这些位为只读。数据包括来自规则通道的转换结果。数据有左对齐和右对齐两种方式，如图 7-4 所示。

• ADC 注入数据寄存器(ADC_JDR1～ADC_JDR4)

共有 4 个 ADC 注入数据寄存器，每个寄存器的位 15:0 为 JDATA[15:0]，存储注入序列中第 x 次转换的注入数据(Injected data)结果，这些位为只读。

• ADC 通用控制寄存器(ADC_CCR)

这类寄存器包括温度传感器，V_{REFINT}、V_{BAT} 通道的使能设置，ADC 预分频器的分频系数的设置，DMA 模式的设置，两个采样阶段之间的延迟设置，多重 ADC 模式的选择等。

2. DAC 的寄存器

• DAC 状态寄存器(DAC_SR)

通过 DAC_SR 寄存器可查看 DAC1 和 DAC2 的 DMA 下溢错误状况。

• DAC 控制寄存器(DAC_CR)

DAC 控制寄存器(DAC_CR)中低 16 位控制 DAC1，高 16 位控制 DAC2。该寄存器的主要控制功能包括：DAC 使能、中断使能、外部触发使能、输出缓冲使能、通道噪声/三角波生成使能，外部触发器选择，掩码/振幅选择等。

• DAC 软件触发寄存器(DAC_SWTRIGR)

DAC_SWTRIGR 用于 DAC1 和 DAC2 的使能软件触发功能的使能设置。

• 数据保持寄存器(DAC_DHR)

根据数据格式和对齐方式不同，以及 DAC 单双通道模式来划分，主要有以下几种数据保持寄存器：

① DAC1 通道 12 位右对齐数据保持寄存器(DAC_DHR12R1)。
② DAC1 通道 12 位左对齐数据保持寄存器(DAC_DHR12L1)。
③ DAC1 通道 8 位右对齐数据保持寄存器(DAC DHR8R1)。
④ DAC2 通道 12 位右对齐数据保持寄存器(DAC DHR12R2)。
⑤ DAC2 通道 12 位左对齐数据保持寄存器(DAC_DHR12L2)。
⑥ DAC2 通道 8 位右对齐数据保持寄存器(DAC_DHR8R2)。
⑦ 双 DAC12 位右对齐数据保持寄存器(DAC_DHR12RD)。
⑧ 双 DAC 12 位左对齐数据保持寄存器(DAC DHR12LD)。
⑨ 双 DAC 8 位右对齐数据保持寄存器(DAC_DHR8RD)。

• 数据输出寄存器(DAC_DOR)

这类寄存器包括 DAC1 通道数据输出寄存器(DAC_DOR1)和 DAC2 通道数据输出寄存器(DAC_DOR2)，存储需要转换的输出数字数据，各占 12 位。

7.5.2　ADC 和 DAC 的 HAL 库函数

1. ADC 常用 HAL 库函数

• HAL_ADC_Init()

功能：完成某个 ADC 初始化配置，入参为 ADC_HandleTypeDef 结构体类型的 ADC 外设对象指针，返回 HAL 状态值。该函数一般由开发工具自动生成，函数内将调用 MCU 底层初始化函数 HAL_ADC_MspInit()完成引脚、时钟和中断的设置。

函数原型：

```
HAL_StatusTypeDef HAL_ADC_Init(ADC_HandleTypeDef* hadc)
```

• HAL_ADC_ConfigChannel()

功能：配置某个 ADC 通道参数，返回 HAL 状态值。该函数一般由开发工具自动生成。

函数原型：

```
HAL_StatusTypeDef HAL_ADC_ConfigChannel(ADC_HandleTypeDef* hadc, ADC_
ChannelConfTypeDef* sConfig)
```

- HAL_ADC_Start()

功能：使能 ADC，软件方式启动规则通道转换，返回 HAL 状态值。该库函数一般和 HAL_ADC_PollForConversion()配合使用，启动后，通过 HAL_ADC_PollForConversion()查询转换结果。去使能 ADC 使用函数 HAL_ADC_Stop()。与此类似的启动和停止 ADC 转换的函数还有：

HAL_ADC_Start_IT()：使能中断，启动规则通道转换。

HAL_ADC_Stop_IT()：去使能中断，停止规则通道转换。

HAL_ADC_Start_DMA()：开启 DMA 请求，启动规则通道转换。

HAL_ADC_Stop_DMA()：停止 DMA 请求，停止规则通道转换。

函数原型：

```
HAL_StatusTypeDef HAL_ADC_Start(ADC_HandleTypeDef* hadc)
HAL_StatusTypeDef HAL_ADC_Start_IT(ADC_HandleTypeDef* hadc)
HAL_StatusTypeDef HAL_ADC_Stop_IT(ADC_HandleTypeDef* hadc)
HAL_StatusTypeDef HAL_ADC_Start_DMA(ADC_HandleTypeDef* hadc,
        uint32_t* pData, uint32_t Length)
HAL_StatusTypeDef HAL_ADC_Stop_DMA(ADC_HandleTypeDef* hadc)
```

- HAL_ADC_PollForConversion()

功能：轮询方式等待 ADC 规则通道转换完成，返回 HAL 状态值。可设置超时退出(第二个入参)，即超过设定时间未检测到转换完成信号 EOC，退出等待。

函数原型：

```
HAL_StatusTypeDef HAL_ADC_PollForConversion(ADC_HandleTypeDef* hadc, uint32_t Timeout)
```

- HAL_ADC_GetValue

功能：从 ADC 规则数据寄存器(ADC_DR)获取 ADC 规则通道转换结果，返回值为 32 位整形数字。

函数原型：

```
uint32_t HAL_ADC_GetValue(ADC_HandleTypeDef* hadc)
```

- HAL_ADC_GetState

功能：获取 ADC 当前状态，返回值为 ADC 状态值。

函数原型：

```
uint32_t HAL_ADC_GetState(ADC_HandleTypeDef* hadc)
```

- HAL_ADC_ConvCpltCallback

功能：ADC 规则通道转换结束回调函数，无返回值。使能 EOC 中断后可使用，原函数为弱定义，内容由用户自行重定义。

函数原型：

```
__weak void HAL_ADC_ConvCpltCallback(ADC_HandleTypeDef* hadc)
```

此处以规则通道的函数为重点说明内容，对于 ADC 注入通道，也有一些独立的处理函数，在 HAL 库源码 stm32f4xx_hal_adc.c 中都有定义，此处不一一列举。

2. DAC HAL 库函数

• HAL_DAC_Init()

功能：完成某个 DAC 初始化配置，返回 HAL 状态值。该函数一般由开发工具自动生成，函数内将调用 MCU 底层初始化函数 HAL_DAC_MspInit()完成引脚、时钟和中断的设置。

函数原型：

```
HAL_StatusTypeDef HAL_DAC_Init(DAC_HandleTypeDef *hdac)
```

• HAL_DAC_ConfigChannel()

功能：DAC 通道参数配置，返回 HAL 状态值。该函数一般由开发工具自动生成。

函数原型：

```
HAL_StatusTypeDef HAL_DAC_ConfigChannel(DAC_HandleTypeDef *hdac,
DAC_ChannelConfTypeDef *sConfig, uint32_t Channel)
```

• HAL_DAC_Start()

功能：启动某个 DAC 通道，返回 HAL 状态值。相反的，停止某个 DAC 通道使用函数返回 HAL 状态值()。类似的还有：

HAL_DAC_Start_DMA：启动某个 DAC 通道，并采用 DMA 方式传送数据，此方式必须由外部触发方式启动 DAC 转换。

HAL_DAC_Stop_DMA：停止某个 DAC 通道，关闭 DMA 传送数据。

函数原型：

```
HAL_StatusTypeDef HAL_DAC_Start(DAC_HandleTypeDef *hdac, uint32_t Channel)
HAL_StatusTypeDef HAL_DAC_Stop(DAC_HandleTypeDef *hdac, uint32_t Channel)
HAL_StatusTypeDef HAL_DAC_Start_DMA(DAC_HandleTypeDef *hdac,
        uint32_t Channel, uint32_t *pData, uint32_t Length, uint32_t Alignment)
HAL_StatusTypeDef HAL_DAC_Stop_DMA(DAC_HandleTypeDef *hdac, uint32_t Channel)
```

• HAL_DAC_SetValue()

功能：设置某个 DAC 通道的数据保持寄存器(DAC_DHR)的值。

函数原型：

```
HAL_StatusTypeDef HAL_DAC_SetValue(DAC_HandleTypeDef *hdac,
uint32_t Channel, uint32_t Alignment, uint32_t Data)
```

• HAL_DAC_GetValue

功能：返回某个 DAC 通道的输出值，即数据输出寄存器(DAC_DOR)的值。

函数原型：

```
uint32_t HAL_DAC_GetValue(DAC_HandleTypeDef *hdac, uint32_t Channel)
```

• HAL_DAC_GetState

功能：获取 DAC 当前状态，返回值为 DAC 状态值。

函数原型：

```
HAL_DAC_StateTypeDef HAL_DAC_GetState(DAC_HandleTypeDef *hdac)
```

枚举类型状态变量 HAL_DAC_StateTypeDef 定义如下：

```
typedef enum
{
```

```
    HAL_DAC_STATE_RESET              = 0x00U,
    HAL_DAC_STATE_READY              = 0x01U,
    HAL_DAC_STATE_BUSY               = 0x02U,
    HAL_DAC_STATE_TIMEOUT            = 0x03U,
    HAL_DAC_STATE_ERROR              = 0x04U
} HAL_DAC_StateTypeDef;
```

• HAL_DAC_ConvCpltCallbackCh1()

功能：DAC1 转换完成后的中断回调函数，无返回值。原函数为弱定义，内容由用户自行重定义。

函数原型：

```
__weak void HAL_DAC_ConvCpltCallbackCh1(DAC_HandleTypeDef *hdac)
```

思考与练习

1. STM32F4xx 系列芯片内总共有多少个 ADC 和 DAC？其时钟总线分别是哪个总线？其时钟如何计算？

2. ADC 单通道转换方式有哪些？这些转换方式的区别是什么？

3. 在如图 7-12 所示的串口打印结果中，当 ADC 的转换结果为 4041 时，请问如何计算以验证其模拟输入结果就是 3.255.7 mV？

4. 本章任务 1 中 ADC 的转换是通过软件设置启动的，请实现通过定时器触发 ADC 的转换。

5. DAC 转换的启动触发方式有哪些？本章任务 1 中采用何种方式启动 DAC 转换？

6. 请分析图 7-23 中串口打印的结果，并给出 DAC 转换的数字值和模拟值的关系。

7. 参考本章任务 2 的方法，实现采用定时器触发的方式启动 DAC 转换。

第三部分

进阶实战篇

第 8 章 STM32 的通信接口应用实战

8.1 任务 1 RS-485 通信实现

8.1.1 任务分析

任务内容：在 PC 的串口调试助手上显示 RS-485 总线通信模块发送或者接收的内容信息。

任务分析：本任务硬件部分由两个 RS-485 模块构成，一个作为主机节点，一个作为从机节点，使用 Modbus 通信协议作为应用层协议。软件设计需实现主机节点发送查询指令，从机节点接收查询指令，并发送回应指令，并在串口调试助手上显示查询指令和回应指令。

8.1.2 RS-485 通信原理简介

RS-485 采用平衡发送和差分接收，因此具有抑制共模干扰的能力。加上总线收发器具有高灵敏度，能检测低至 200 mV 的电压，故传输信号能在千米以外得到恢复。有些 RS-485 收发器修改了输入阻抗以便允许将 8 倍以上的节点数连接到相同总线。RS-485 最常见的应用是在工业环境下可编程逻辑控制器内部之间的通信。

RS-485 采用平衡发送和差分接收方式实现通信：发送端将串行口的 ttl 电平信号转换成差分信号 a, b 两路输出，经过线缆传输之后在接收端将差分信号还原成 ttl 电平信号。由于传输线通常使用双绞线，又是差分传输，所以有极强的抗共模干扰的能力，总线收发器灵敏度很高，可以检测到低至 200 mV 的电压。故传输信号在千米之外也可以恢复。RS-485 最大的通信距离约为 1219 m，最大传输速率为 10 Mb/s，传输速率与传输距离成反比，在 100 kb/s 的传输速率下，才可以达到最大的通信距离，如果需传输更长的距离，需要加 485 中继器。RS-485 采用半双工工作方式，支持多点数据通信。RS-485 总线网络拓扑一般采用终端匹配的总线型结构，即采用一条总线将各个节点串接起来，不支持环型或星型网络。如果需要使用星型结构，就必须使用 485 中继器或者 485 集线器才可以。RS-485 总线一般最大支持 32 个节点，如果使用特制的 485 芯片，可以达到 128 个或者 256 个节点，最大可以支持 400 个节点。

根据 RS-485 工业总线标准，RS-485 工业总线为特性阻抗 120 Ω 的半双工通信总线，其最大负载能力为 32 个有效负载(包括主控设备与被控设备)。

当使用较细的通信电缆，或者在电磁干扰较强的环境使用该产品，或者总线上连接了较多的设备时，最大传输距离相应缩短；反之，最大距离加长。

主干网上的设备，如围墙机、管理机、主机等均分配一个 ID 号，即通信联络地址。主干网对讲线一般都采用一芯线(地线除外)，通信方式为半双工方式。视频线是一根同轴电缆，如果要求有多对访客住户同时进行对讲(所谓多通道)，则必须增加音频线和视频线。

主机(副机)与分机一般不能直接连接，中间必须增加解码器，这有利于系统的稳定和增强抗干扰能力。

主机(副机)与解码器均通过一个叫作网络连接器的设备在弱电井内连接，解码器与解码器之间的连接方式为星型连接方式。每个解码器也有一个 ID 号，是主机与之通信的联络地址。

主机与解码器之间的连线叫作楼内总干线，所用电缆芯数因厂家不同而有所区别。

1. Modbus 通信协议概述

RS-485 标准只对接口的电气特性做出相关规定，却并未对接插件、电缆和通信协议等进行标准化，所以用户需要在 RS-485 总线网络的基础上制订应用层通信协议。一般来说，各应用领域的 RS-485 通信协议都是指应用层通信协议。

在工业控制领域应用十分广泛的 Modbus 通信协议就是一种应用层通信协议，当其工作在 ASCII 或 RTU 模式时可以选择 RS-232 或 RS-485 总线作为基础传输介质。

Modbus 通信协议由 Modicon(现为施耐德电气公司的一个品牌)于 1979 年开发，是全球第一个真正用于工业现场的总线协议。Modbus 通信协议是应用于电子控制器上的一种通用协议，目前已成为一种通用工业标准。通过此协议，控制器之间或者控制器经由网络(例如以太网)可以与其他设备之间通信。

在 Modbus 网络上通信时，每个控制器必须知道它们的设备地址，识别按地址发来的消息，决定要做何种动作。如果需要响应，控制器将按 Modbus 消息帧格式生成反馈信息并发出。

Modbus 通信协议有多个版本：基于串行链路的版本、基于 TCP/IP 协议的网络版本。基于串行链路的 Modbus 通信协议有两种传输模式，它们分别是 Modbus RTU 与 Modbus ASCII，这两种模式在数值数据表示和协议细节方面略有不同。Modbus RTU 是一种紧凑的，采用二进制数据表示的方式，而 Modbus ASCII 的表示方式则更加冗长。在数据校验方面，Modbus RTU 采用循环冗余校验方式，而 Modbus ASCII 采用纵向冗余校验方式。另外，配置为 Modbus RTU 模式的节点无法与 Modbus ASCII 模式的节点通信。

2. Modbus 通信的请求与响应

Modbus 是一种单主/多从的通信协议，即在同一时间里，总线上只能有一个主设备，但可以有一个或多个(最多 247 个)从设备。主设备是指发起通信的设备，即主机；而从设备是接收请求并做出响应的设备，即从机。在 Modbus 网络中，通信总是由主设备发起，而从设备没有收到来自主设备的请求时，不会主动发送数据。ModBus 通信的请求与响应模型如图 8-1 所示。

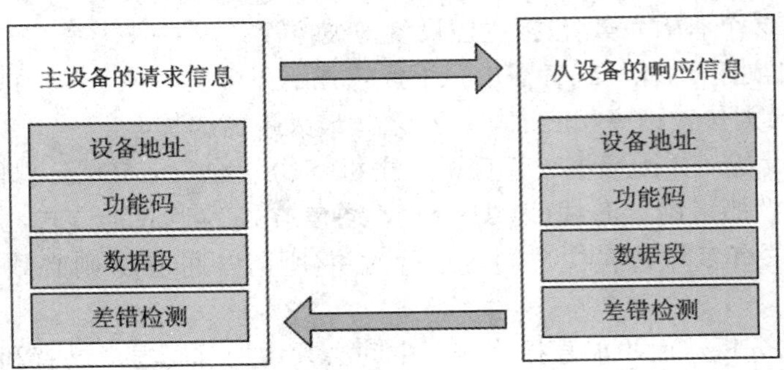

图 8-1　Modbus 通信的请求与响应

主设备发送的请求报文包括设备地址、功能码、数据段以及差错检测字段。这几个字段的内容与作用如下：

设备地址：被选中的从设备地址。

功能码：告知被选中的从设备要执行何种功能。

数据段：包含从设备要执行功能的附加信息。如功能码“03”要求从设备读保持寄存器并响应寄存器的内容，则数据段必须包含要求从设备读取寄存器的起始地址及数量。

差错检测：为从机提供一种数据校验方法，以保证信息内容的完整性。

从设备的响应信息也包含设备地址、功能码、数据段和差错检测区。其中设备地址为本机地址，数据段则包含了从设备采集的数据，如寄存器值或状态。正常响应时，响应功能码与请求信息中的功能码相同；发生异常时，功能码将被修改以指出响应消息是错误的。差错检测区允许主设备确认消息内容是否可用。

8.1.3　硬件设计与实现

RS-485 芯片是一种常用的通信接口器件，其通信原理图如图 8-2 所示，电阻 R11 为终端匹配电阻，其阻值为 120 Ω。电阻 R10 和 R12 为偏置电阻，用于确保在静默状态时，RS-485 总线维持逻辑 1 高电平状态。RO 与 DI 分别为数据接收与发送引脚，用于连接 MCU 的 USART 外设。$\overline{\text{RE}}$ 和 DE 分别为接收使能和发送使能引脚，它们与 MCU 的 GPIO 引脚相连。A、B 两端用于连接 RS-485 总线上的其他设备，所有设备以并联的形式接在总线上。

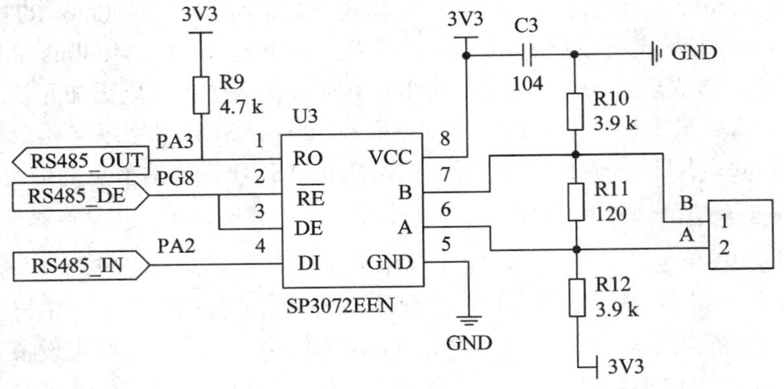

图 8-2　RS-485 通信原理图

目前市面上 RS-485 收发器芯片的管脚分布情况几乎相同，具体的管脚功能描述如表 8-1 所示。

表 8-1　RS-485 芯片的管脚功能描述

管脚编号	名称	功 能 描 述
1	RO	接收器输出(至 MCU)
2	$\overline{RE}$	接收允许(低电平有效)
3	DE	发送允许(高电平有效)
4	DI	发送器输入(来自 MCU)
5	GND	接地
6	A	发送器同相输出/接收器同相输入
7	B	发送器反相输出/接收器反相输入
8	VCC	电源电压

通过设置 $\overline{RE}$ 接收允许和 DE 发送允许的电平决定是发送数据还是接收数据，485 总线接口使用 usart2，将使能引脚接在 PC9 上。

8.1.4　软件设计与实现

系统的工作流程为：RS-485 的主机每隔 2 秒发送一次查询从机数据的 Modbus 通信帧，从机收到通信帧后，解析其内容，判断是否是发给自己的，如果是，则根据功能码要求将数据发回至主机。

1. 主机软件实现过程

基于 STM32CubeIDE 新建工程，在 STM32CubeMX 界面完成时钟配置、定时器配置(配置基础定时器 Tim6，这里配置为每 2 秒发送一次查询指令，所以在配置中分频系数填写 7199，计数值填写 19999，这样当计数值到达 19999 时正好是 2 秒)、PC9 引脚配置(串口 2 的 485 接头中的 PC9 对应 $\overline{RE}$ (接收允许)，所以需要配置引脚为基本的输出模式，以便在程序中来配置其高低电平，使得其 485 总线是否处于接收数据状态。这里要注意，PC9 的配置默认是低电平，因为接收允许 $\overline{RE}$ 为低电平有效，因此将 PC9 默认配置为低电平而将 485 总线默认为接收数据，PC9 配置为 UART2_TX_EN)、USART2 串口配置(需要在串口 2 上配置接收中断)、中断配置(勾选 Tim6、USART2。注意这里需要修改一下默认的优先级。在本任务中串口是用来接收 485 总线上的数据的，其优先级比定时器中发送查询指令的优先级要高，将串口的抢占优先级保留为 0，将定时器的抢占优先级设定为 1)。

通过平台自动生成相关代码，并在此基础上新增以下代码：

(1) 编写中断处理函数。

(2) 定时发送查询指令到 485 总线。

(3) 接收 485 总线上的数据。

具体代码内容将在代码分析部分进行说明。

2. 主机代码分析

1) 编写中断处理函数代码分析

在 main 中开启定时器中断：HAL_TIM_Base_Start_IT(&htim6);在中断时，回调编写的中断处理函数，如下所示：

```
void HAL_TIM_PeriodElapsedCallback(TIM_HandleTypeDef *htim);
```

这个函数需要在 main.c 的合适位置自行编写，代码部分需要实现的功能是定时器中断服务函数。

2) 定时发送查询指令到 485 总线代码分析

在定时器中断处理函数中编写代码，在代码中发送查询指令到从机，并且开启串口 2 的接收中断，以便收到响应数据。具体代码如下：

```
void HAL_TIM_PeriodElapsedCallback(TIM_HandleTypeDef *htim)
{
    if(htim == &htim6)
    {
        printf("此时是每隔 2 秒发送查询指令\r\n");
        sendQueryData();                    //发送查询指令
        HAL_UART_Abort_IT(&huart2);        //先结束中断，防止该从机地址 slaverID 对应的从机
                                              没有反应
        HAL_UART_Receive_IT(&huart2,responseData,9);    //串口 2 上等待从机发过来的 9 字节
                                                          数据，产生串口中断
    }
}
```

代码中将发送查询指令封装成一个函数，这个函数由于没有在前面声明，所以需要写在这个定时器中断处理函数的前面。具体代码如下：

```
/* USER CODE BEGIN 4 */
void sendQueryData()
{
    uint8_t functionCode = 0x01;                //功能码
    uint8_t registerAddress = 0x00;

    queryCmd[0] = 0x01;                         //地址码
    queryCmd[1] = functionCode;                 //功能码
    queryCmd[2] = 0x00;
    queryCmd[3] = registerAddress;              //寄存器地址
    queryCmd[4] = 0x00;
    queryCmd[5] = 0x07;                         //读取数量 7 个数据位
    uint16_t crcCode = mc_check_crc16(queryCmd,6);
    queryCmd[6] = (uint8_t)(crcCode   >> 8);    //crc 的高八位
```

```
    queryCmd[7] = (uint8_t)crcCode;                //crc 的低八位

    //拉高发送使能信号，发送数据到 485 总线上，然后再恢复使能信号
    HAL_GPIO_WritePin(UART2_TX_EN_GPIO_Port,UART2_TX_EN_Pin,GPIO_PIN_SET);
    HAL_UART_Transmit(&huart2,queryCmd,8,0xffff);
    HAL_GPIO_WritePin(UART2_TX_EN_GPIO_Port,UART2_TX_EN_Pin,GPIO_PIN_RESET);
    printf("此时发送的 485 查询指令为");
    for(uint8_t i=0;i<8;i++)
        printf("%02x ", queryCmd[i]);
    printf("\r\n");
}
```

上述代码中使用的 CRC 校验的函数，可以将对应的 mcheck.h 和 mcheck.c 文件拷贝到项目对应的文件夹里面，注意.h 文件拷贝到 Inc 文件夹下，.c 拷贝到 Src 文件夹下，并且在项目的 User 组单击右键添加这个 mcheck.c 文件，并且在 main.c 最前面添加 include 语句。具体代码如下：

```
//使用校验和校验
//计算方式：缓冲区数据之和(按字节累加)+校验和=0
//buf:待校验缓冲区首地址
//len:要校验的长度
//返回值：校验和
uint8_t mc_check_sum(uint8_t* buf,uint16_t len)
{
    uint8_t checksum=0;
    while(len--) {
        checksum+=*buf++;
    }
    //checksum=256-checksum%256;
    return checksum;
}
//使用异或校验
//计算方式：校验值=缓冲区数据逐个异或
//buf：待校验缓冲区首地址
//len：要校验的长度
//返回值：异或校验结果
uint8_t mc_check_xor(uint8_t* buf, uint16_t len)
{
    uint8_t checkxor=0;
    while(len--) {
        checkxor = checkxor^(*buf++);
```

```
    }
    return checkxor;
}
//使用 CRC8 校验
//计算方式：
//buf：待校验缓冲区首地址
//len：要校验的长度
//返回值：CRC8 校验值
uint8_t mc_check_crc8(uint8_t *buf,uint16_t len)
{
    uint8_t checkcrc8=0;
    while(len--) {
        checkcrc8=CRC8Table[checkcrc8^(*buf++)];
    }
    return checkcrc8;
}
//使用 CRC16 校验
//计算方式：
//buf：待校验缓冲区首地址
//len：要校验的长度
//返回值：CRC16 校验值(高字节在前，低字节在后)
uint16_t mc_check_crc16(uint8_t *buf,uint16_t len)
{
    uint8_t index;
    uint16_t check16=0;
    uint8_t crc_low=0XFF;
    uint8_t crc_high=0XFF;

    while(len--) {
        index=crc_high^(*buf++);
        crc_high=crc_low^CRC16HiTable[index];
        crc_low=CRC16LoTable[index];
    }
    check16 +=crc_high;
    check16 <<=8;
    check16+=crc_low;
    return check16;
}
```

3) 接收 485 总线上的数据代码分析

当 485 总线上收到从机响应的数据时，在串口中断处理函数中需要解析数据，获取从机发送过来的数据。具体代码如下：

```
void HAL_UART_RxCpltCallback(UART_HandleTypeDef *huart)
{
    if(huart == &huart2)
    {
        for(uint8_t i=0;i<9;i++)
            printf("%02x ", responseData[i]);
        printf("\r\n");
    }
}
```

3. 从机软件实现过程

基于 STM32CubeIDE 新建工程，和主机差不多，从机软件实现过程也要在 STM32CubeMX 界面完成时钟配置、USART2 串口配置，在 GPIO 中配置串口 2 的发送使能引脚为 PC9。串口用来接收 485 总线上的主节点发过来的查询指令，并将响应指令发送出去。

通过平台自动生成其相关代码，在此基础上新增以下代码：

(1) 编写中断处理函数，接收 485 总线上主机发送过来的数据。

(2) 通过 485 总线发送回应指令到主机。

具体代码内容将在代码分析部分进行说明。

4. 从机代码分析

1) main.c 中代码分析

在 main 函数的初始化部分，串口 2 在 485 网络上每接收到 8 字节数据就产生中断，在中断处理函数中进行逻辑处理。main.c 中主函数 main()中的完整代码如下：

```
int main(void)
{
    MX_GPIO_Init();
    MX_USART2_UART_Init();
    HAL_UART_Receive_IT(&huart2,queryCmd,8);   //串口 2 上等待主机发过来的 8 字节数据，产
                                                生串口中断
    while (1)
    {
    }
}
```

2) 编写中断处理函数代码分析

当串口 2 每接收到 8 字节数据后，就跳转到中断处理函数。这 8 字节数据就是主节点发送过来的查询指令，从前面的数据协议分析中可知，其第一个字节为从节点地址，所以需要判断这个地址与本机地址是否相同，如果相同，则将响应数据发送到串口 2 中。具体

代码如下：

```
/*
查询的是从机 01 的数据，主模块发出 8 字节，从模块响应 9 字节
主模块发送：01 01 00 00 00 07 7D C8
从模块响应：01 01 01 00 51 88
*/
void HAL_UART_RxCpltCallback(UART_HandleTypeDef    *huart)
{
    //判断校验位是否正确
    uint16_t crcCode1 = mc_check_crc16(queryCmd,6);
    uint16_t crcCode2 = ((uint16_t)queryCmd[6])<<8 | queryCmd[7];
    if(crcCode1 == crcCode2)
    {
        if(queryCmd[0] == slaveAddr)                    //判断地址码是否一致
        {
            sendQueryResponse(huart);           //地址码一致，发送回应指令给主机
        }
        HAL_UART_Receive_IT(huart,queryCmd,8);
    }
}
```

3) 编写发送回应指令函数代码分析

发送的响应指令封装成 sendQueryResponse 函数，这个函数放在串口中断处理函数的前面，该函数具体代码如下：

```
void sendQueryResponse(UART_HandleTypeDef *huart)
{
    responseData[0] = slaveAddr;                    //地址码
    responseData[1] = queryCmd[1];                  //功能码
    responseData[2] = 0x01;
    responseData[3] = 0;
    uint16_t crcCode = mc_check_crc16(responseData,7);
    responseData[4] = (uint8_t)(crcCode >> 8); //crc 的高八位
    responseData[5] = (uint8_t)crcCode;             //crc 的低八位
    for(uint8_t i=0;i<6;i++)
        printf("%02x ", responseData[i]);
    printf("\r\n");
    //拉高发送使能信号，发送数据到 485 总线上，然后再恢复使能信号
    HAL_GPIO_WritePin(UART2_TX_EN_GPIO_Port, UART2_TX_EN_Pin, GPIO_PIN_SET);
    HAL_UART_Transmit(huart, responseData, 6, 0xffff);
    HAL_GPIO_WritePin(UART2_TX_EN_GPIO_Port, UART2_TX_EN_Pin, GPIO_PIN_RESET);
}
```

5. 下载调试

将电脑端和实验板硬件连接准备好，完成运行配置后，点击运行按钮 将代码下载至实验平台观察实验结果。串口打印的测量结果如图 8-3 所示。

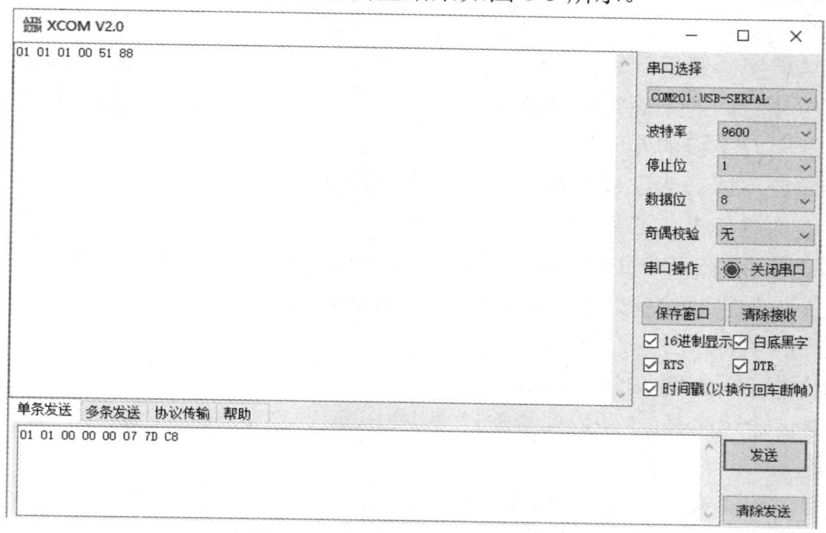

图 8-3　485 通信串口打印结果

8.2　任务 2　CAN 总线通信实现

8.2.1　任务分析

任务内容：CAN 总线通信模块一每隔两秒发送数据到 CAN 总线上，CAN 总线通信模块二收到数据后，将结果打印到 PC 的串口上。

任务分析：本任务硬件部分由两个 CAN 总线模块构成，以并联的形式接在 CAN 总线上。软件设计需实现 CAN 总线通信模块的发送和接收，并将接收到的数据通过串口上传到 PC 的串口调试助手上显示。

8.2.2　CAN 总线通信原理简介

1. CAN 协议

控制器局域网(Controller Area Network，CAN)属于现场总线的范畴，是一种有效支持分布式控制系统的串行通信网络。是由德国博世公司在 20 世纪 80 年代专门为汽车行业开发的一种串行通信总线。由于其高性能、高可靠性以及独特的设计而越来越受到人们的重视，被广泛应用于诸多领域。当信号传输距离达到 10 km 时，CAN 仍可提供高达 50 kb/s 的数据传输速率。由于 CAN 总线具有很高的实时性能和应用范围，从位速率最高可达 1 Mb/s 的高速网络到低成本多线路的 50 kb/s 网络都可以任意搭配，因此，CAN 已经在汽车业、航空业、工业控制、安全防护等领域中得到了广泛应用。

随着 CAN 总线在各个行业和领域的广泛应用，人们对其通信格式的标准化也提出了更严格的要求。1991 年，CAN 总线技术规范(Version2.0)制定并发布，该技术规范共包括 A、B 两个部分，其中 2.0A 给出了 CAN 报文标准格式，而 2.0B 给出了标准的和扩展的两种格式。美国的汽车工程学会 SAE 在 2000 年提出了 J1939 协议，此后该协议成为了货车和客车中控制器局域网的通用标准。CAN 总线技术也在不断发展，传统的 CAN 是基于事件触发的，信息传输时间的不确定性和优先级反转是它固有的缺陷。当总线上传输消息密度较小时，这些缺陷对系统的实时性影响较小；但随着在总线上传输的消息密度的增加，系统实时性能会急剧下降。为了满足汽车控制对实时性和传输消息密度不断增长的需要，改善 CAN 总线的实时性能非常必要。于是，传统 CAN 与时间触发机制相结合产生了 TTCAN(Time-Triggered CAN)，这在 ISO11898-4 中有所体现。TTCAN 总线和传统 CAN 总线系统的区别是：总线上不同的消息定义了不同的时间槽(Timer Slot)。

CAN 总线具有以下主要特性：

(1) 数据传输距离远(最远 10 km)；

(2) 数据传输速率高(最高数据传输速率 1 Mb/s)；

(3) 具备优秀的仲裁机制；

(4) 使用筛选器实现多地址的数据帧传递；

(5) 借助遥控帧实现远程数据请求；

(6) 具备错误检测与处理功能；

(7) 具备数据自动重发功能；

(8) 故障节点可自动脱离总线且不影响总线上其他节点的正常工作。

总线上传输的信息被称为报文，总线规范不同，其报文信号电平标准也不同。CAN 总线上的报文信号使用差分电压传送。CAN 总线信号电平逻辑 1 和逻辑 0 分别如下：

逻辑 1：静态时两条信号线上电平电压均为 2.5 V 左右(电位差为 0 V)。

逻辑 0：当 CAN_H 上的电压值为 3.5 V 且 CAN_L 上的电压值为 1.5 V 时，电位差为 2 V。

CAN 总线的网络又分为高速 CAN 总线和低速 CAN 总线。图 8-4 展示了 ISO11898 标准的 CAN 总线信号电平标准。

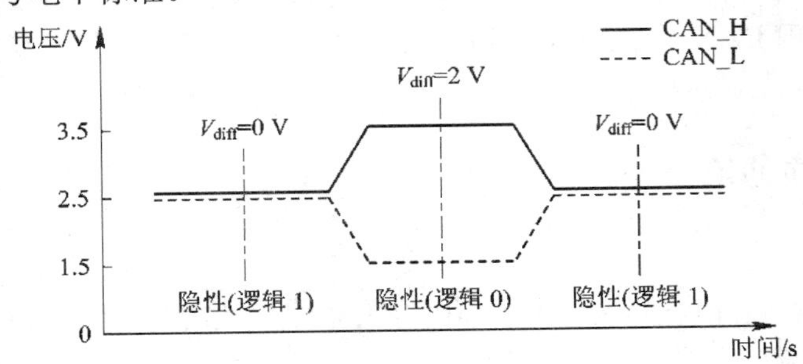

图 8-4　ISO11898 标准的 CAN 总线信号电平标准

高速 CAN 总线网络特点如下：

(1) 遵循 ISO11898 标准；

(2) 应用在汽车动力与传动系统；

(3) 闭环网络，总线最大长度为 40 m；

(4) 两端各有一个 120 Ω 的电阻。

低速 CAN 总线网络特点如下：

(1) 遵循 ISO11519 标准；

(2) 应用在汽车车身系统；

(3) 两根总线是独立的，不形成闭环；

(4) 每根总线上各串联一个 2.2 kΩ 的电阻。

2. CAN 总线系统数据格式

CAN-bus 通信帧共分为数据帧、远程帧、错误帧、过载帧和帧间隔五种类型，数据帧结构由 7 个段组成，其中根据仲裁段 ID 码长度的不同，分为标准帧(CAN2.0A)和扩展帧(CAN2.0B)，如图 8-5 所示。

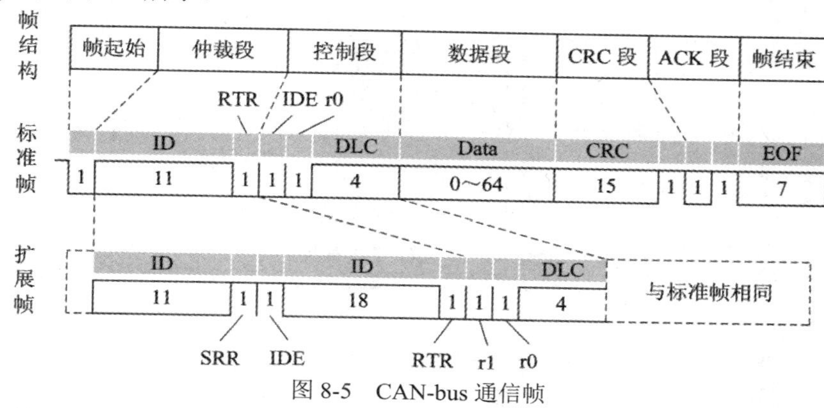

图 8-5　CAN-bus 通信帧

数据帧帧结构如下：

(1) 帧起始：表示数据帧和远程帧的起始，仅由一个“显性电平”位组成。CAN 总线的同步规则规定，只有当总线处于空闲状态(总线电平呈现隐性状态)时，才允许站点开始发送信号。

(2) 仲裁段：表示帧优先级的段。标准帧的仲裁段由 11 个 bit 的标识符 ID 和 RTR 位构成；扩展帧的仲裁段由 29 个 bit 的标识符 ID、SRR 位、IDE 位和 RTR 位构成。

(3) 控制段：表示数据的字节数和保留位的段，标准帧与扩展帧的控制段格式不同。标准帧的控制段由 IDE 位、保留位 r0 和 4 个 bit 的数据长度码 DLC 构成。扩展帧的控制段由保留位 r1、r0 和 4 个 bit 的数据长度码 DLC 构成。

(4) 数据段：用于承载数据的内容，它可包含 0～8 个字节的数据，从 MSB(最高有效位)开始输出。

(5) CRC 段：用于检查帧传输是否错误的段，它由 15 个 bit 的 CRC 序列和 1 个 bit 的 CRC 界定符(用于分隔)构成。CRC 序列是根据多项式生成的 CRC 值，其计算范围包括帧起始、仲裁段、控制段和数据段。

(6) ACK 段：用于确认接收是否正常的段，它由 ACK 槽(ACK Slot)和 ACK 界定符(用于分隔)构成，长度为 2 个 bit。

(7) 帧结束：表示数据帧的结束，它由 7 个 bit 的隐性位构成。

远程帧与数据帧相比，除了没有数据段，其他段的构成均与数据帧完全相同。

错误帧用于在接收和发送消息时检测出错误并通知。

过载帧是接收单元用于通知发送单元其尚未完成接收准备的帧。

帧间隔是用于分隔数据帧和远程帧的帧。数据帧和远程帧可通过插入帧间隔将本帧与前面的任何帧(数据帧、远程帧、错误帧、过载帧)分开，但错误帧和过载帧前不允许插入帧间隔。

当仲裁器发起一轮请求后，所有的 CAN 控制器都会同时发送一帧信息，当发送到仲裁段时，若控制器发送位为高位但是检测到总线中信号依然被(其他控制器)拉低，则说明自己 ID 号低于其他控制器，因此停止发送剩余的信息等待下一轮重新发送。而当它们 ID 号位同为高位或低位后会发送 ID 号的下一位来继续检测，直至第一帧信息被广播。

3. CAN 控制器与收发器

CAN 总线上单个节点的硬件架构如图 8-6 所示。

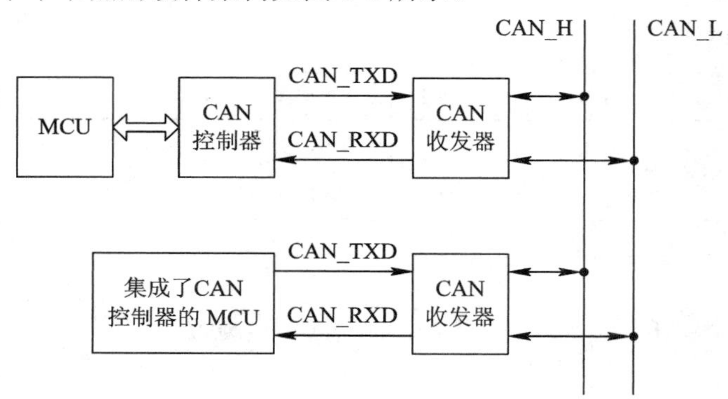

图 8-6　CAN 总线上节点的硬件架构

CAN 总线上单个节点的硬件架构有两种：

第一种硬件架构由 MCU、CAN 控制器和 CAN 收发器组成。这种架构采用了独立的 CAN 控制器，优点是程序可以方便地移植到其他使用相同 CAN 控制器芯片的系统，缺点是需要占用 MCU 的 I/O 资源且硬件电路更复杂一些。

第二种硬件架构由集成了 CAN 控制器的 MCU 和 CAN 收发器组成。这种架构的硬件电路简单，缺点是用户编写的 CAN 驱动程序只适用某个系列的 MCU，可移植性较差。

CAN 控制器是一种实现“报文”与“符合 CAN 规范的通信帧”之间相互转换的器件，它与 CAN 收发器相连，以便在 CAN 总线上与其他节点交换信息。CAN 控制器内部的结构示意图如图 8-7 所示。

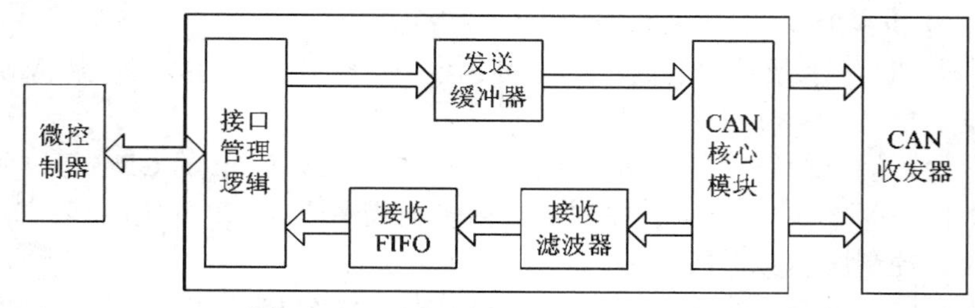

图 8-7　CAN 控制器内部的结构示意图

(1) 接口管理逻辑。接口管理逻辑用于连接微控制器，解释微控制器发送的命令，控制 CAN 控制器寄存器的寻址，并向微控制器提供中断信息和状态信息。

(2) CAN 核心模块。接收数据时，CAN 核心模块用于将接收到的报文由串行流转换为并行数据。发送数据时则相反。

(3) 发送缓冲器。发送缓冲器用于存储完整的报文。需要发送数据时，CAN 核心模块从发送缓冲器读 CAN 报文。

(4) 接收滤波器。接收滤波器可根据用于编程的配置过滤掉无须接收的报文。

(5) 接收 FIFO。接收 FIFO 是接收滤波器与微控制器之间的接口，用于存储从 CAN 总线上接收的所有报文。CAN 收发器是 CAN 控制器与 CAN 物理总线之间的接口，它将 CAN 控制器的“逻辑电平” 转换为“差分电平”，并通过 CAN 总线发送出去。

根据 CAN 收发器的特性，我们可将其分为以下四种类型：

(1) 通用 CAN 收发器。

(2) 隔离 CAN 收发器。隔离 CAN 收发器的特性是具有隔离、ESD 保护及 TVS 管防总线过压的功能。

(3) 高速 CAN 收发器。高速 CAN 收发器的特性是支持较高的 CAN 通信速率。

(4) 容错 CAN 收发器。容错 CAN 收发器可以在总线出现破损或短路的情况下保持正常运行，对于易出故障领域的应用具有至关重要的意义。

8.2.3　硬件设计与实现

基于 CAN 总线的多机通信系统接线图如图 8-8 所示，电阻 R14 与 R15 为终端匹配电阻，其阻值为 120 Ω。SN65HVD230 芯片的封装是 SOP-8，RXD 与 TXD 分别为数据接收与发送引脚，它们用于连接 CAN 控制器的数据收发端。CAN_H、CAN_L 两端用于连接 CAN 总线上的其他设备，所有设备以并联的形式接在 CAN 总线上。

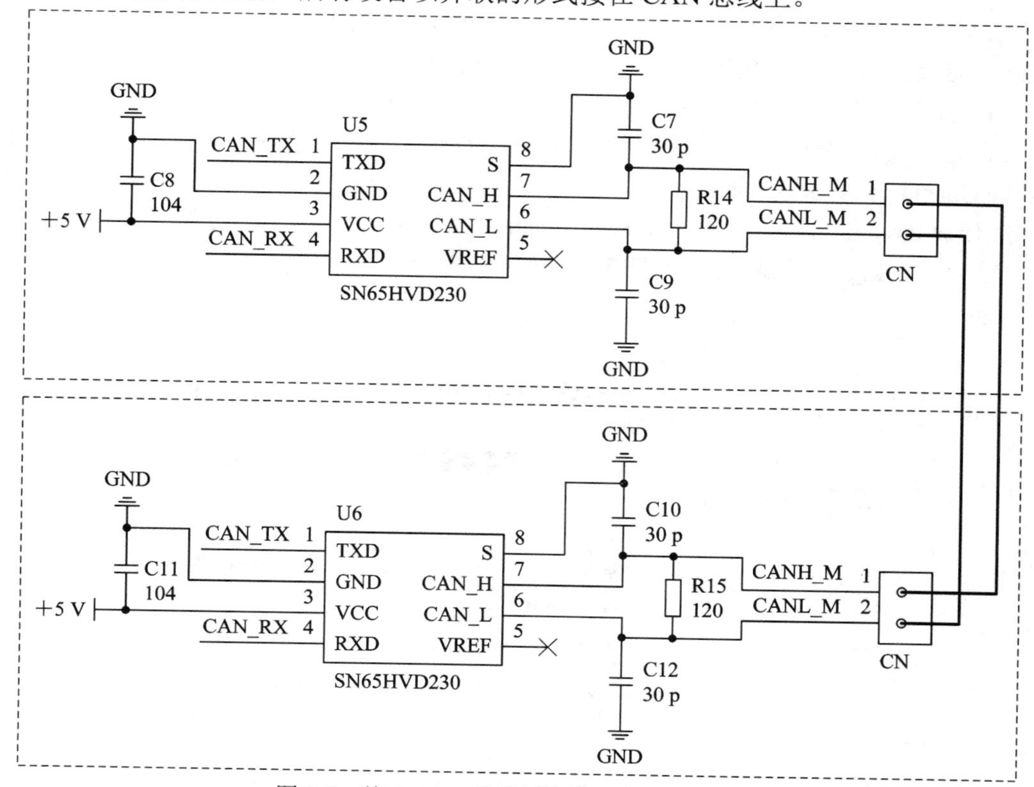

图 8-8　基于 CAN 总线的多机通信系统接线图

目前市面上 CAN 收发器芯片的管脚分布情况几乎相同，如表 8-2 所示。

表 8-2　CAN 收发器芯片的管脚功能描述

管脚编号	名称	功 能 描 述
1	TXD	CAN 发送数据输入端(来自 CAN 控制器)
2	GND	接地
3	VCC	接 3.3 V 供电
4	RXD	CAN 接收数据输出端(发往 CAN 控制器)
5	S	模式选择引脚拉低接地；高速模式拉高接 VCC；低功耗模式 10 kΩ 至 100 kΩ 拉低接地；斜率控制模式
6	CAN_H	CAN 总线高电平线
7	CAN_L	CAN 总线低电平线
8	VREF	VCC/2 参考电压输出引脚，一般留空

8.2.4　软件设计与实现

1. 软件配置实现过程

1) 在新建工程中打开 STM32CubeMX 界面完成配置

基于 STM32CubeIDE 新建工程，在 STM32CubeMX 界面完成时钟配置(将时钟频率修改为 72 MHz)、USART1 串口配置、定时器配置、CAN 模块配置，通过平台自动生成其相关代码。芯片选 STM32F407ZGT6。具体步骤如下：

(1) 完成时钟配置，JTAG 下载引脚配置。

(2) 配置 CAN 模块，基本配置中的波特率配置成 1 M，也就是分频系数为 4，Segment1 的 Time Quanta 为 5，Segment2 的 Time Quanta 为 3，(先选择这两个，再将分频系数修改为 4)，这样的 Time for one Bit 就约为 1000 ns(999.99 ns)，也就是频率为 1 M。具体配置如图 8-9 所示。

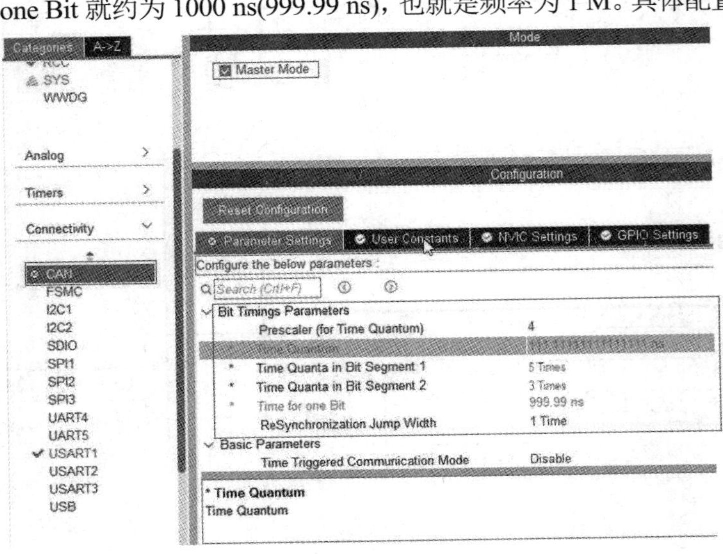

图 8-9　CAN 模块配置

如果需要在 CAN 总线上接收数据，还需要产生中断，配置如图 8-10 所示。

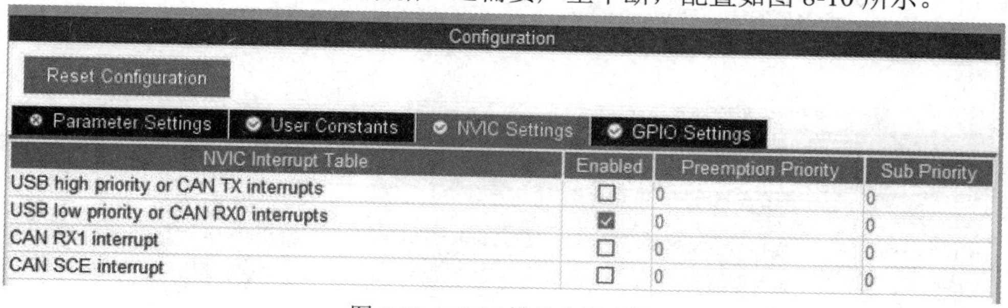

Configuration

Reset Configuration

Parameter Settings | User Constants | NVIC Settings | GPIO Settings

NVIC Interrupt Table	Enabled	Preemption Priority	Sub Priority
USB high priority or CAN TX interrupts	☐	0	0
USB low priority or CAN RX0 interrupts	☑	0	0
CAN RX1 interrupt	☐	0	0
CAN SCE interrupt	☐	0	0

图 8-10　CAN 模块中断配置

2) 导出工程

导出工程后的 scr 文件目录下主要包括了主函数 main.c、定时器配置 tim.c、CAN 模块配置 can.c 等。

3) 代码编写

保存配置后平台可自动生成以上所有配置的代码，在此基础上，需在主函数 main.c 中增加以下代码内容：

(1) 发送过程代码。

(2) 接收数据代码。

具体代码内容我们在代码分析部分进行说明。

4) 下载调试

将电脑端和实验板硬件连接准备好，完成运行配置后，点击运行按钮 将代码下载至实验平台观察实验结果。

2. 代码分析

1) 发送过程代码

在全局变量中定义发送所需要用到的头信息结构体变量、发送的数据和发送所需用到的邮箱，这里的 TxData 表示要发送的数据，具体代码如下：

```
CAN_TxHeaderTypeDef    TxHeader;      //发送所需要用到的头信息结构体变量
uint8_t TxData[6] ="abcde";           //发送的数据数组
uint32_t TxMailbox;                   //发送所需要用到的邮箱
```

在 main.c 中完成发送信息的配置，其中 DLC 表示发送的数据段长度，由于发送的数据为“abcde”和字符串的结束符'\0'，所以长度为 6。另外这里的桢 ID 在实验中表示 can 节点模块的地址，需要通过上位机软件进行配置。具体代码如下：

```
//配置发送的结构体信息
TxHeader.StdId = 0x321;              //标准桢的 ID
TxHeader.RTR = CAN_RTR_DATA;         //桢类型，这里为 0 表示数据帧
TxHeader.IDE = CAN_ID_STD;           //标识符 ID 类型，这里为 0 表示标准桢
TxHeader.DLC = 6;                    //DLC 表示发送的数据长度
```

在 main.c 中启动 can 总线：

```
HAL_CAN_Start(&hcan);                //启动 can 总线
```

调用发送函数 HAL_CAN_AddTxMessage，发送数据：

```
void HAL_TIM_PeriodElapsedCallback(TIM_HandleTypeDef *htim)
{
    //每隔两秒发送数据到 can 总线
    printf("这里每隔两秒发送数据 abcde 到 can 总线上\r\n");
    //发送的关键函数
    HAL_CAN_AddTxMessage(&hcan,&TxHeader,TxData,&TxMailbox);
}
```

2) 接收数据代码

在全局变量中定义变量，这里缓冲区最多可以接收 32 个字节数据。具体代码如下：

```
CAN_RxHeaderTypeDef    RxHeader;        //接收头信息
uint8_t RxData[32]; //接收的数据缓冲区
```

在 main.c 的合适位置进行接收数据的配置：

```
//接收数据时所需要用到的过滤器配置
CAN_FilterTypeDef   sFilterConfig;
sFilterConfig.FilterBank = 0;
sFilterConfig.FilterMode = CAN_FILTERMODE_IDMASK;
sFilterConfig.FilterScale = CAN_FILTERSCALE_32BIT;
sFilterConfig.FilterIdHigh = 0x0000;
sFilterConfig.FilterIdLow = 0x0000;
sFilterConfig.FilterMaskIdHigh = 0x0000;
sFilterConfig.FilterMaskIdLow = 0x0000;
sFilterConfig.FilterFIFOAssignment = CAN_RX_FIFO0;
sFilterConfig.FilterActivation = ENABLE;
sFilterConfig.SlaveStartFilterBank = 14;
HAL_CAN_ConfigFilter(&hcan, &sFilterConfig);   //配置过滤器
```

在 main.c 中启动数据接收中断：

```
//can 总线在队列 FIFO0 中有数据来产生中断
HAL_CAN_ActivateNotification(&hcan, CAN_IT_RX_FIFO0_MSG_PENDING);
```

在接收数据的中断处理函数中，编写代码来获取接收到的数据：

```
void HAL_CAN_RxFifo0MsgPendingCallback(CAN_HandleTypeDef *CanHandle)
{
    //接收的关键函数
    HAL_CAN_GetRxMessage(&hcan,CAN_RX_FIFO0,&RxHeader,RxData);
    uint8_t len = RxHeader.DLC;
    uint8_t id = RxHeader.StdId;
    printf("从 can 总线上收到数据，桢 id 为%4x，数据长度为%d，数据为:", id, len);
    uint8_t i;
    for(i=0;i<len;i++)
```

```
        {
            printf("-%02x-", RxData[i]);
        }
        printf("\r\n");
    }
```

思考与练习

1. 使用 RS-485 总线通信模块与 Modbus 通信协议搭建一款简易的物联网系统。

2. 本章任务 2 中使用了串口调试助手打印接收到的数据。请编写代码实现在 LCD1602 数码管显示模块上显示 CAN 总线通信模块发送或者接收的内容信息。

3. 使用 CAN 总线通信模块搭建一款简易的车载联网系统。

第 9 章 传感器和电机的应用实战

9.1 任务 1 温度传感器数据采集的实现

9.1.1 任务分析

任务内容：通过 STM32F4 MCU 采集 DS18B20 温度传感器的温度值，并通过串口调试助手显示环境实时温度。

任务分析：根据 DS18B20 的引脚结构和工作原理进行软硬件设计，硬件部分需连接 DS18B20 上的引脚到 MCU 相关引脚上，实现输出传输，软件设计需实现 DS18B20 的启动和温度结果采集，对采集的数字结果进行转换后打印到串口。

9.1.2 温度传感器 DS18B20 介绍

DS18B20 是一个直接数字式温度传感器，其输出的是数字信号，具有体积小，硬件开销低，抗干扰能力强，精度高的特点。DS18B20 数字温度传感器接线方便，常应用于温度控制系统、工业系统、民用产品或者各种温度检测系统中。DS18B20 采用的 1-Wire 通信即仅采用一个数据线(以及地)与微控制器进行通信。每片 DS18B20 都有一个独一无二的 64 位序列号，所以一个 1-Wire 总线上可连接多个 DS18B20 设备。因此，在一个分布式的大环境里用一个微控制器控制多个 DS18B20 是非常简单的。

DS18B20 的具体特征如下：

(1) 温度测量范围为 −55℃～+125℃，温度范围超过 −10～+85℃时具有 ±0.5℃的转换精度，即转换后的数字温度值与模拟温度值最小误差为 ±0.5℃。

(2) 当温度转换精度为 ±0.5℃时，供电电压范围为 3.0～5.5 V。DS18B20 可以通过两种不同的供电方式来工作：单独供电模式和寄生电源模式。在单独供电模式下，DS18B20 需要独立的外部供电线路来为其提供电源；而在寄生电源模式下，DS18B20 可以通过数据线从主设备中获取电源信号，而无须额外的电源线路。

(3) 独特的单线(1-Wire)接口方式：DS18B20 与微处理器连接仅需一个 I/O 口线便可实现微处理器与 DS18B20 的双向通信。无需变换其他电路，即可直接输出被测温度值。

(4) 支持多点组网功能，多个 DS18B20 可以并联在唯一的总线上，实现多点测温，多路采集能力使得分布式温度采集应用更加简单。

(5) 掉电保护功能：内部有 EEPROM(Electrically-Erasable Programmable Read-Only Memory，带电可擦可编程只读存储器)，系统掉电后，它仍可保存分辨率及报警温度的设定值。

(6) 内部温度采集精度可以由用户自定义为 9-Bits 至 12-Bits，对应的分辨温度为 0.5℃、0.25℃、0.125℃和 0.0625℃。

(7) 在 9 位分辨率时最长转换时间为 93.75 ms；12 位分辨率时最长转换时间为 750 ms。

(8) 直接以数字信号方式输出温度测量结果，以“一线总线”串行方式传送给 CPU(Central Processing Unit，中央处理器)，同时可传送校验码，具有极强的抗干扰纠错能力。

(9) 负压特性：电源极性接反时，芯片不会被烧毁，但不能正常工作。

(10) 每个芯片具有唯一 64 位序列号编码，支持联网寻址，零功耗等待。

1. DS18B20 的引脚封装

DS18B20 引脚封装有 8-Pin SO、8-Pin μ SOP 及 3-Pin TO-92 封装。本任务采用 3-Pin TO-92 封装，如图 9-1 所示，共三个引脚，三个引脚功能描述如表 9-1 所示。

表 9-1　DS18B20 引脚功能表

引脚	端口	功　能
1	GND	接地
2	DQ	数据输入、输出端口
3	VDD	正电源

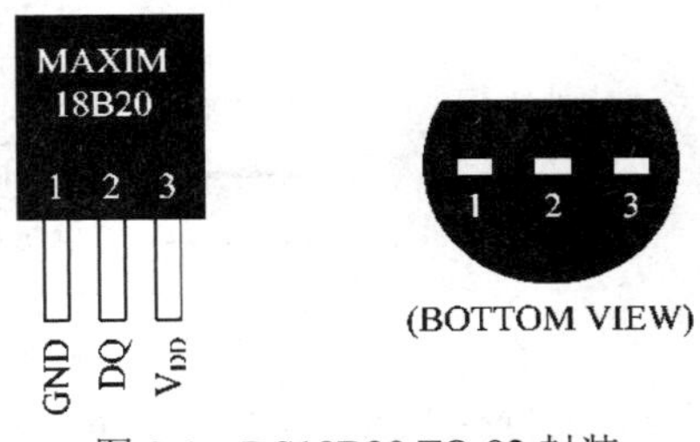

图 9-1　DS18B20 TO-92 封装

2. 单总线工作原理

DS18B20 采用严谨的单总线(1-Wire)通信协议来保证数据的完整性。单总线协议接口的元器件都属于从机，只有当主机发送复位脉冲且从机应答后才能对从机发送命令或读取数据。图 9-2 所示为单总线初始化过程，这里主机可以是 STM32 微控制器，从机是 DS18B20，总线上的主机通过拉低单总线超过 480 μs 来发送(TX)复位脉冲。之后主机释放总线而进入接收模式(RX)。当总线释放后，5 kΩ 左右的上拉电阻将单总线拉至高电平。当 DS18B20 检测到该上升边沿信号后，其等待 15 μs 至 60 μs 后通过将单总线拉低 60 μs 至 240 μs 来实现发送一个应答脉冲。

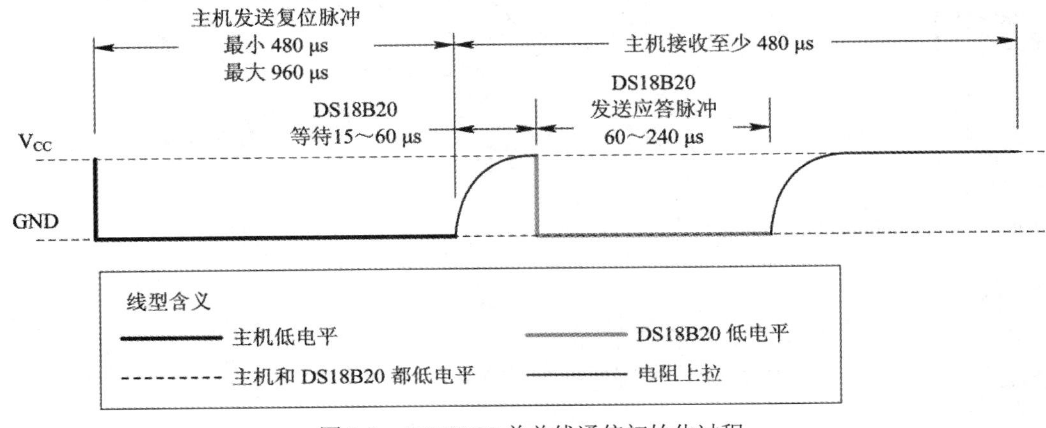

图 9-2　DS18B20 单总线通信初始化过程

单总线数据采用串行传输，传输的每个字节数据是从高位开始传输的，单总线协议中主机写数据的时序如图 9-3 所示。写时序有两种情况：“写 1”和“写 0”。每个写时序最少必须有 60 μs 的持续时间且独立的写时序间至少有 1 μs 的恢复时间。两个写时序都是由主机通过将单总线拉低来进行初始化的。

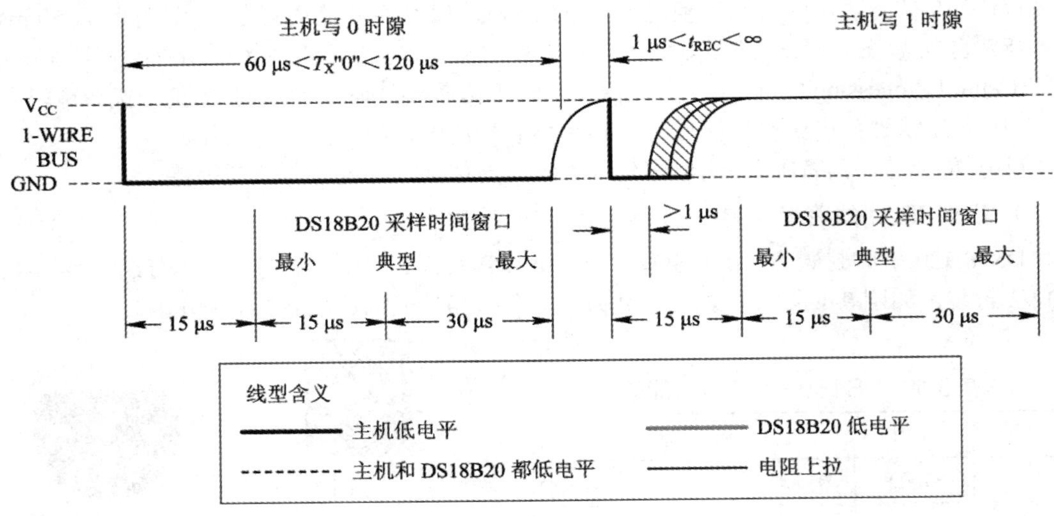

图 9-3　主机写数据的时序

写 1 时序开始时主机需将单总线拉低，并在 15 μs 之内释放总线。当总线释放后，5 kΩ 的上拉电阻将总线拉至高，代表写逻辑 1。DS18B20 将会在 15 μs 至 60 μs 的时间窗口内对总线进行采样。如果总线在采样窗口期间是高电平，则逻辑 1 被写入 DS18B20。

写 0 时序开始时主机需将单总线拉低，在整个时段期间主机必须一直拉低总线(至少 60 μs)。同样的，DS18B20 将会在 15 μs 至 60 μs 的时间窗口内对总线进行采样，若总线是低电平，则逻辑 0 被写入 DS18B20。

DS18B20 只有在读时序内才能向主机传送数据，图 9-4 所示为主机读数据的时序。每

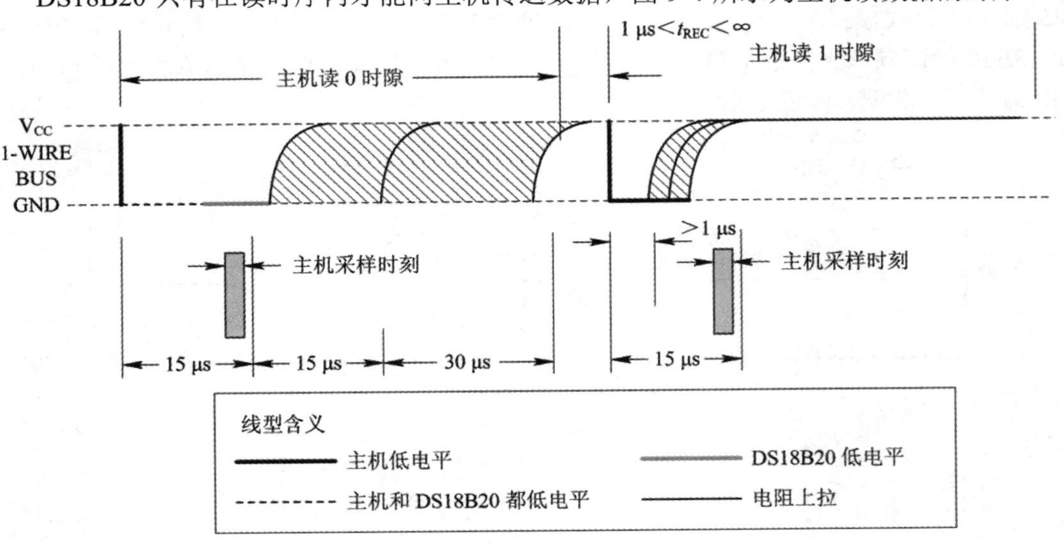

图 9-4　主机读数据的时序

个读时序段最少必须有 60 μs 的持续时间且独立的读时序间至少有 1 μs 的恢复时间。读时序初始化通过主机将总线拉低超过 1 μs 再释放总线来实现。当主机初始化完读时段后，DS18B20 将会向总线发送 0 或者 1。DS18B20 通过将总线拉至高来发送逻辑 1，将总线拉至低来发送逻辑 0。当发送完 0 后，DS18B20 将会释放总线，则通过上拉电阻该总线将会恢复到高电平的闲置状态。从 DS18B20 中输出的数据在初始化读时序后仅有 15 μs 的有效时间。因此，主机在初始化后的 15 μs 之内必须释放总线，并且对总线进行采样。

2. DS18B20 传输协议

对 DS18B20 的访问采用发送控制指令的方式完成识别和读取 DS18B20。访问 DS18B20 的事件序列依次为：第一步，初始化；第二步，主机发送 ROM 指令(紧跟任何数据交换请求)；第三步，DS18B20 功能指令(紧跟任何数据交换请求)。每次对 DS18B20 的访问都必须遵循这样的步骤来进行，如果这些步骤中的任何一个丢失或者没有执行，则 DS18B20 将不会响应。常用的主机指令如表 9-2 所示。

表 9-2　读取 DS18B20 使用的指令

指令类型	主机指令	指 令 功 能
ROM 命令	0x33	读取 ROM，在总线上仅有一个从设备时才能使用，该命令使得总线上的主机不需要搜索 ROM 命令过程就可以读取从设备的 64 位 ROM 编码
	0xCC	跳过选择 ROM 地址，适合非并联 DS18B20 电路
	0x55	匹配 ROM，用于并联 DS18B20 电路
	0xF0	搜索 ROM，用于并联 DS18B20 电路
功能命令	0x44	转换温度，发送完成后 DS18B20 开始转换温度
	0xBE	读取温度，发送完成后主机端口可切换成输入状态并读取从机 DS18B20 发送的数据

由于 DS18B20 可以并联多个，因此发送指令时先选择器件 ROM 地址(对应的 DS18B20)，然后再发送指令。因此需要先获取对应的各个 DS18B20 器件地址，通过向 DS18B20 发送 ROM 命令 0xf0 搜索器件。本任务中只连接单个 DS18B20 器件，所以无须编写搜寻 ROM 算法，可以发送 0xcc 跳过选地址然后发送对应指令完成读写控制。发送地址和数据时是连续信号，所以每次发送前都需要发送复位脉冲等待应答。

读取 DS18B20 温度需要先发送两次指令，开启转换“0xcc、0x44”以及发送读取指令“0xCC、0xBE”。发送完成指令后设置端口为输入就可以接收从机 DS18B20 传输的信息了。

3. DS18B20 温度计算

DS18B20 的核心功能是直接将温度转换为数字信号进行测量。用户可通过自定义设置将温度转换的精度分别设定为 9、10、11、12 位，对应的分辨率分别为 0.5℃、0.25℃、0.125℃、0.0625℃。值得注意的是，上电默认为 12 位转换精度。作为从机的 DS18B20 收到读取指令后会根据单总线协议传输给主机两个字节数据表示温度。表 9-3 所示为精度 12 位时，读取的信息对照表。

表 9-3 温度信息对照表

温度	输出信息(二进制)	输出信息(十六进制)	输出信息(有符号十进制)
+125℃	0000 0111 1101 0000	07D0h	2000
+85℃	0000 0101 0101 0000	0550h	1360
+25.0625℃	0000 0001 1001 0001	0191h	401
+10.125℃	0000 0000 1010 0010	00A2h	162
+0.5℃	0000 0000 0000 1000	0008h	8
0℃	0000 0000 0000 0000	0000h	0
−0.5℃	1111 1111 1111 1000	FFF8h	−8
−10.125℃	1111 1111 0101 1110	FF5Eh	−162
−25.0625℃	1111 1110 0110 1111	FE6Fh	−401
−55℃	1111 1100 1001 0000	FC90h	−880

从表 9-3 可知温度与输出信号(有符号十进制)呈等比关系，比值为 0.0625。因此可将 DS18B20 传输的 16 位信号转换为 int 类型后再乘以 0.0625，就可以获取温度值。

9.1.3 硬件设计与实现

本任务中，DS18B20 温度传感器属于外部器件，除了需要准备实验板外，还需要准备一个 DS18B20 传感器。

实验板上设计了 DS18B20 传感器的接口，该接口和 STM32 的连接电路硬件设计原理图如图 9-5 所示。由原理图可知，U12 接口为 DHT11(数字温湿度传感器)和 DS18B20 共用的一个接口，本任务中用该接口连接 DS18B20，DS18B20 只用到 U12 的 3 个引脚：1、2 和 3 脚。其中 1 脚接 VCC3.3 V 电源；2 脚为单总线引脚 1WIRE_DQ，负责数据和指令的发送与接收，1WIRE_DQ 引脚外接一个约为 4.7～10 kΩ 的上拉电阻 R55，这样，当总线闲置时其状态为高电平；3 脚接地。U12 接口这三个引脚和图 9-1 中 DS18B20 的 3 个引脚一一对应，使用时将 DS18B20 传感器按照对应的引脚插入 U12 接口即可。图 9-5 中还可看出 U12 接口的 DQ 脚连接到 STM32 的 PG9 引脚，需要注意的是 1WIRE_DQ 和 DCMI_PWDN 是共用 PG9 的，所以它们不能同时使用。

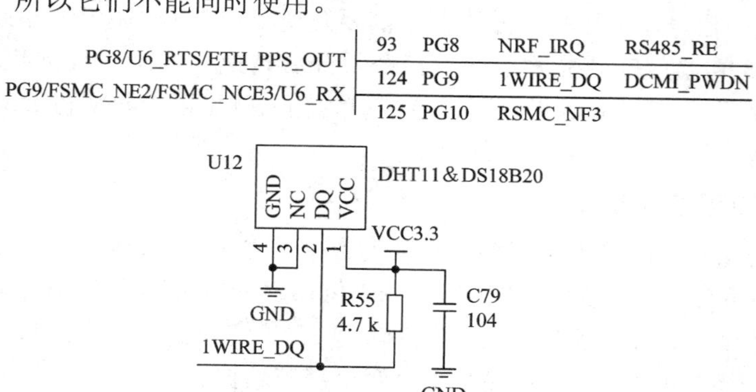

图 9-5 DS18B20 接口原理图

9.1.4　软件设计与实现

从硬件原理图中已知，本任务中 STM32 通过 PG9 与 DS18B20 进行单总线通信，故 PG9 引脚需要进行配置。主机发送控制命令时，PG9 需要设置为推挽输出模式，采集温度传感器上传的结果时，PG9 已有外部上拉电阻，需要设置为浮空输入模式。硬件初始化时，可先设置 PG9 为推挽输出模式。另外，需增加代码实现对 DS18B20 的读写控制和温度采集转换。

1. 软件实现过程

基于 STM32CubeIDE 新建工程，在 STM32CubeMX 界面完成时钟配置、PG9 引脚配置(先配置成推挽输出模式、高电平)、USART1 串口配置，通过平台自动生成其相关代码。在此基础上新增以下代码：

(1) 新增 USART1 串口代码：串口发送初始化函数、printf 重定义代码。

(2) 新增微秒级延时相关代码：新增 delay.c 和 delay.h 文件。

(3) 新增 DS18B20 控制代码：新建 ds18b20.c 和 ds18b20.h 文件。

(4) 在主函数中新增 DS18B20 温度采集和串口打印代码。

具体代码内容将在代码分析部分进行说明。

2. 代码分析

1) delay.c 中延时代码分析

因为 HAL 库自带的延时函数 HAL_Delay()最小延时单位为毫秒，而本任务中，对 DS18B20 的初始化、读写控制时序中的时间单位是微秒，故需要实现微秒级延时控制。

首先，定义 Delay_Init()函数用于延时控制参数的初始化，可放在 main.c 代码一开始的初始化设备部分，具体代码如下：

```
static uint32_t fam_nus = 0;
static uint32_t fam_nms = 0;
void Delay_Init(void)
{
    SysTick->CTRL = 0x0;                    //关闭计时、不触发中断、计数时钟为 AHB/8
    fam_nus = SystemCoreClock/1000000;      //微秒级初值
    fam_nms = fam_nus * 1000;               //毫秒级初值
    SysTick->VAL = 0;                       //计数器清零
}
```

Delay_Init()函数前定义了两个静态全局变量 fam_nus、fam_nms，其中 fam_nus 为微秒级初值，fam_nms 为毫秒级初值，通过定义为静态变量，使得这两个变量仅作用于源文件 delay.c 中，并且只初始化一次，一次赋值后的结果会在在下一次调用时被保留。Delay_Init()中对 fam_nus 和 fam_nms 进行赋值，本任务中系统时钟 SystemCoreClock 取值为 21 000 000(即 21 MHz)，因此通过赋值后微秒级初值 fam_nus = 21，毫秒级初值 fam_nms = 21 000，两个变量赋值结果保留到后续被调用时使用。另外，Delay_Init()函数也对滴答时钟 SysTick 进行了关闭和计数器清零操作，后续延时是会用滴答时钟 SysTick 计数实现的。

时延参数初始化后，可使用到微秒级延时函数 Delay_us()中，该函数入参 ctr 为微秒倍数，例如 ctr = 50 则表示延时 50 μs，函数具体代码如下：

```
void Delay_us(uint16_t ctr)
{
    uint32_t tick_flag = 0;
    SysTick->LOAD = ctr*fam_nus;                          //定时器初值
    SysTick->VAL = 0;                                     //计数器清零
    SysTick->CTRL |= 0x01;                                //开启定时器
    do
    {
        tick_flag = SysTick->CTRL;                        //获取定时器状态
    }
    while(!(tick_flag&(1<<16)) && (tick_flag&0x01));      //状态判断
    SysTick->CTRL = 0x00;                                 //关闭计时
}
```

Delay_us()是通过对 SysTick 定时器计数实现微秒延时的，其中 SysTick 的计数自动装载值设置为 ctr*fam_nus，代码中对计数器清零后开始计数，通过 do…while…查询 SysTick 是否完成一次计数，即计数到自动装载值，若计数完成后跳出 do…while…循环，也表示延时完成，这里总共延时 ctr*fam_nus 个 SysTick 时钟周期。SysTick 时钟周期为 HCLK/8，本任务中为 168 MHz/8 = 21 MHz。假设 ctr = 1，而初始化函数 Delay_Init()中给 fam_nus 赋值为 21，那么可计算得延时时长：21/21 MHz = 1 μs。因此函数 Delay_us()保证了微秒级延时。

同理可实现毫秒级延时，毫秒级延时函数 Delay_ms()用到了毫秒级初值 fam_nms，具体代码如下：

```
void Delay_ms(uint16_t ctr)
{
    uint32_t tick_flag = 0;
    SysTick->LOAD = ctr * fam_nms;                        //定时器初值
    SysTick->VAL = 0;
    SysTick->CTRL = 0x01;                                 //开启定时器
    do
    {
        tick_flag = SysTick->CTRL;
    }
    while(!(tick_flag & (1<<16)) && (tick_flag & 0x01));
    SysTick->CTRL = 0x00;                                 //关闭计时
}
```

2) ds18b20.c 新增代码分析

源码文件 ds18b20.c 下 STM32 MCU 对 DS18B20 基本控制函数有：

DQ1820_IO_IN()：配置 DS18B20 1WIRE_DQ 连接的 MCU 引脚 PG9 为输入模式。
DQ1820_IO_OUT()：配置 DS18B20 1WIRE_DQ 连接的 MCU 引脚 PG9 为输出模式。
DS18B20_Check()：检测是否存在 DS18B20。
DS18B20_Rst()：复位 DS18B20。
DS18B20_Write_Byte()：按照 DS18B20 写时序，往 DS18B20 写入一个字节。
DS18B20_Read_Byte()：按照 DS18B20 读时序，从 DS18B20 读出一个字节。
DS18B20_Read_Bit()：按照 DS18B20 读时序，从 DS18B20 读出一个位。
具体代码实现如下：

```
/*************************************************************
*功　能：配置 PG9 为输出模式
*参　数：无
*返回值：无
*************************************************************/
void DS18B20_IO_OUT(void)
{
    GPIO_InitTypeDef   GPIO_InitStruct = {0};
    GPIO_InitStruct.Pin = GPIO_PIN_9;
    GPIO_InitStruct.Mode = GPIO_MODE_OUTPUT_PP;
    GPIO_InitStruct.Pull = GPIO_NOPULL;
    GPIO_InitStruct.Speed = GPIO_SPEED_FREQ_HIGH;
    HAL_GPIO_Init(GPIOG, &GPIO_InitStruct);
}
/*************************************************************
*功　能：配置 PG9 为输入模式
*参　数：无
*返回值：无
*************************************************************/
void DS18B20_IO_IN(void)
{
    GPIO_InitTypeDef GPIO_InitStruct = {0};

    GPIO_InitStruct.Pin = GPIO_PIN_9;
    GPIO_InitStruct.Speed = GPIO_SPEED_FREQ_HIGH;
    GPIO_InitStruct.Mode = GPIO_MODE_INPUT;        // 输入模式
    GPIO_InitStruct.Pull   = GPIO_NOPULL;          // 浮空输入
    HAL_GPIO_Init(GPIOG,&GPIO_InitStruct);
}
/*************************************************************
*功　能：复位 DS18B20
```

```
*参    数：无
*返回值：无
***************************************************************/
void DS18B20_Rst(void)
{
    DS18B20_IO_OUT();                    //SET PG9 OUTPUT
    DS18B20_DQ_OUT=0;                    //拉低 DQ
    Delay_us(750);                       //拉低 750 μs
    DS18B20_DQ_OUT=1;                    //DQ=1
    Delay_us(15);                        //15US
}
/***************************************************************
*功    能：等待 DS18B20 的回应
*参    数：无
*返回值：返回 1:未检测到 DS18B20 的存在      返回 0:存在
***************************************************************/
uint8_t DS18B20_Check(void)
{
    uint8_t retry=0;
    DS18B20_IO_IN();                     //SET PG9 INPUT
    while (DS18B20_DQ_IN&&retry<200)     //读到高电平并未超过 200 μs 进入循环
    {
        retry++;                         //统计延时时长
        Delay_us(1);                     //延时 1 μs
    };
    if(retry>=200)return 1;              //超时，返回 1 并退出函数
    else retry=0;                        //读到了低电平，并且未超时，延时时长统计 retry 清零
    while (!DS18B20_DQ_IN&&retry<240)    //判断是否读到低电平
    {
        retry++;
        Delay_us(1);
    };
    if(retry>=240)return 1;              //超过 240 μs，返回 1
    return 0;                            //240 μs 内读到低电平，返回 0
}
/***************************************************************
*功    能：从 DS18B20 读取一个位
*参    数：无
*返回值：1/0
```

```
************************************************************/
uint8_t DS18B20_Read_Bit(void)
{
    uint8_t data;
    DS18B20_IO_OUT();                        //SET PG9 OUTPUT
    DS18B20_DQ_OUT=0;                        //设置输出为低电平
    Delay_us(2);                             //延时 2 μs
    DS18B20_DQ_OUT=1;                        //设置输出为高电平
    DS18B20_IO_IN();                         //SET PG9 INPUT
    Delay_us(12);                            //延时 12 μs
    if(DS18B20_DQ_IN)data=1;                 //读到高电平
    else data=0;                             //读到低电平
    Delay_us(50);                            //延时 50 μs
    return data;
}
/************************************************************
*功　能：从 DS18B20 读取一个字节
*参　数：无
*返回值：读到的数据
************************************************************/
uint8_t DS18B20_Read_Byte(void)
{
    uint8_t i,j,dat;
    dat=0;
    for (i=1;i<=8;i++)                       //读取 8 比特循环
    {
        j=DS18B20_Read_Bit();                //读取 1 个比特
        dat=(j<<7)|(dat>>1);
    }
    return dat;
}
/************************************************************
*功　能：写一个字节到 DS18B20
*参　数：dat：要写入的字节
*返回值：无
************************************************************/
void DS18B20_Write_Byte(uint8_t dat)
{
    uint8_t j;
```

```
    uint8_t testb;
    DS18B20_IO_OUT();                         //SET PG9 OUTPUT;
    for (j=1;j<=8;j++)
    {
        testb=dat&0x01;
        dat=dat>>1;
        if (testb)
        {
            DS18B20_DQ_OUT=0;                 // 往 DS18B20 写 1 时序
            Delay_us(2);
            DS18B20_DQ_OUT=1;
            Delay_us(60);
        }
        else
        {
            DS18B20_DQ_OUT=0;                 // 往 DS18B20 写 0 时序
            Delay_us(60);
            DS18B20_DQ_OUT=1;
            Delay_us(2);
        }
    }
}
```

完成基本控制函数后，在 main.c 中需要先对 DS18B20 进行初始化，故新增初始化函数 DS18B20_Init()，完成 DS18B20 复位，代码如下：

```
/*************************************************************
*功  能：初始化 DS18B20 的 IO 口 DQ 同时检测 DS 的存在
*参  数：无
*返回值：返回 1:不存在  返回 0:存在
*************************************************************/
uint8_t DS18B20_Init(void)
{
    GPIO_InitTypeDef GPIO_InitStruct = {0};

    __HAL_RCC_GPIOG_CLK_ENABLE();          // 使能 PG 端口时
    GPIO_InitStruct.Pin = GPIO_PIN_9;
    GPIO_InitStruct.Mode = GPIO_MODE_OUTPUT_PP;
    GPIO_InitStruct.Pull = GPIO_NOPULL;
    GPIO_InitStruct.Speed = GPIO_SPEED_FREQ_HIGH;
    HAL_GPIO_Init(GPIOG, &GPIO_InitStruct);
```

```
    HAL_GPIO_WritePin(GPIOG, GPIO_PIN_9, GPIO_PIN_SET);
    DS18B20_Rst();                              // 对 DS18B20 进行复位
    return DS18B20_Check();                     // 返回是否检测到 DS18B20
}
```

DS18B20 温度读取函数为 DS18B20_Get_Temp()，具体代码如下：

```
/*************************************************************
*功　能：从 DS18B20 得到温度值，精度：0.1C　温度值（-550～1250)
*参　数：无
*返回值：无
*************************************************************/
short DS18B20_Get_Temp(void)
{
    uint8_t temp;
    uint8_t TL,TH;
    short tem;
    DS18B20_Start ();                           // DS18B20 启动转换
    DS18B20_Rst();
    DS18B20_Check();                            // 检查 DS18B20 是否正常工作
    DS18B20_Write_Byte(0xcc);                   // 跳过 ROM
    DS18B20_Write_Byte(0xbe);                   // 读取暂存器指令
    TL = DS18B20_Read_Byte();                   // 读取温度的低 8bit-LSB
    TH = DS18B20_Read_Byte();                   // 读取温度的高 8bit-HSB
    if(TH>7)
    {
        TH = ~TH;
        TL = ~TL;
        temp = 0;                               // 温度为负
    }else temp = 1;                             // 温度为正
    tem = TH;                                   // 获得高八位
    tem <<= 8;
    tem += TL;                                  // 获得低八位
    tem = (float)tem * 0.625;                   // 转换
    if(temp)return tem;                         // 返回温度值
    else return -tem;
}
```

这里介绍一下 DS18B20 中温度存储的格式，如图 9-6 所示，分为低字节 LSB 和高字节 HSB，其中符号标志位(S)表示温度的正负极性：正数则 S = 0，负数则 S = 1，默认 12 位转换精度，分辨率为 0.0625℃。故代码中先按照寄存器存储顺序，先读取 HSB，移位到 tem 的高 8 位上，然后读取 LSB 放到 tem 的低 8 位上，组成了数字温度值 tem，通过 tem × 0.625

转换为模拟温度值并返回。

	BIT7	BIT6	BIT5	BIT4	BIT3	BIT2	BIT1	BIT0
LSB	2^3	2^2	2^1	2^0	2^{-1}	2^{-2}	2^{-3}	2^{-4}

	BIT15	BIT14	BIT13	BIT12	BIT11	BIT10	BIT9	BIT8
HSB	S	S	S	S	S	2^6	2^5	2^4

图 9-6　温度寄存器格式

最后，我们通过 DS18B20_Test()函数调用温度读取，并打印温度到串口，代码如下：

```
/**************************************************************
*功　能：串口显示温度值
*参　数：无
*返回值：无
**************************************************************/
void DS18B20_Test(void)
{
    short temperature;
    char   date[20] ;
    temperature = DS18B20_Get_Temp();
    if(temperature<0)
    {
     printf(date,"-%3.1f",temperature/10.0);
    }
    else
    {
     printf(date,"%3.1f",temperature/10.0);
    }
}
```

3) main.c 中代码分析

main.c 中主函数 main()中的完整代码如下：

```
int main(void)
{
  HAL_Init();
  /* Configure the system clock */
  SystemClock_Config();
  Delay_Init();                    //自定义延时，初始化延时参数
  /* Initialize all configured peripherals */
  MX_GPIO_Init();
  MX_USART1_UART_Init();
  DS18B20_Init();               //初始化 DS18B20
```

```
    while (1)
    {
        DS18B20_Test();        //数据检测函数
    }
}
```

以上代码在平台自动生成的代码基础上新增了三个函数的调用，分别是两个初始化函数 Delay_Init()、DS18B20_Init()，一个功能实现函数 DS18B20_Test()。DS18B20_Test()函数在循环 while(1)中，实现了温度的循环检测和显示。

9.2　任务 2　超声波测距的实现

9.2.1　任务分析

任务内容：使用 STM32F4 MCU 控制超声波传感器完成超声波测距，并在 PC 的串口调试助手上显示由超声波传感器模块检测的距离。

任务分析：任务中采用 HC-SR04 超声波传感器，根据该传感器的引脚原理需通过杜邦线将超声波传感器与实验板上相应的引脚连接，软件部分需实现超声波的发射控制和接收控制，并计算距离，将距离测量结果通过串口上传到 PC 的串口调试助手上显示。

9.2.2　超声波传感器测距原理简介

人们能听到的声音是由物体振动产生的，频率在 20 Hz～20 kHz 范围内，超过 20 kHz 的声音称为超声波，低于 20 Hz 的称为次声波。超声波的频率高、波长短、绕射小、方向性好，在空气中衰减快，但在液体、固体中衰减很小，穿透力强，碰到介质分界面会产生明显的反射和折射，可用于检测。超声波传感器配上不同的电路，可制成各种超声波仪器及装置，应用于工业生产、医疗、家电等行业中。

HC-SR04 是一款超声波传感器，常用于机器人避障、物体测距、液位检测、公共安防、停车场检测等场所，主要是由两个通用的压电陶瓷超声传感器并加外围信号处理电路构成的，如图 9-7 所示。两个压电陶瓷超声传感器，一个用于发出超声波信号，一个用于接收反射回来的超声波信号。由于发出信号和接收信号都比较微弱，所以需要通过外围信号放大器提高发出信号的功率，并将反射回来的信号进行放大，以更稳定地将信号传输给单片机。

图 9-7　HC-SR04 超声波传感器

1. HC-SR04 工作参数

HC-SR04 具有如下工作特点：

(1) 典型工作电压：5 V。

(2) 超小静态工作电流：小于 2 mA。
(3) 感应角度：不大于 15°。
(4) 探测距离：2～400 cm。
(5) 高精度：可达 0.3 cm。
(6) 测量盲区：距离小于 2 cm。
具体电气参数如表 9-4 所示。

表 9-4　HC-SR04 超声波传感器电气参数

电气参数	HC-SR04 超声波模块
工作电压	DC 5 V
工作电流	15 mA
工作频率	40 Hz
最远射程	4 m
最近射程	2 cm
测量角度	15°
输入触发信号	10 μs 的 TTL 脉冲
输出回响信号	输出 TTL 电平信号，与射程成比例
规格尺寸	45 mm × 20 mm × 15 mm

2. HC-SR04 引脚说明

从图 9-7 可以看到，HC-SR04 有 4 个引脚，分别是 VCC、Trig(控制端)、Echo(接收端)和 GND。按照电气参数可知 VCC 接 5 V 电源，GND 接地。Trig(控制端)控制发出的超声波信号，Echo(接收端)接收反射回来的超声波信号。

3. HC-SR04 测距原理

超声波测距的原理是利用超声波在空气中的传播速度已知，测量声波在发射后遇到障碍物反射回来的时间，根据发射和接收的时间差计算出发射点到障碍物的实际距离。由此可见，超声波测距原理与雷达原理是一样的。

超声波测距的公式表示为

$$L = C \times T$$

式中：L 为测量的距离长度；C 为超声波在空气中的传播速度；T 为测量距离传播的时间差(注意，T 为发射到接收时间数值的一半)。

超声波的传播速度受空气的密度所影响，空气的密度越高则超声波的传播速度就越快，而空气的密度又与温度有着密切的关系，近似公式为

$$C = C_0 + 0.607 \times T$$

式中：C_0 为零度时的声波速度(332 m/s)；T 为实际温度(℃)。一般选择室温下超声波速度为 $C = 344$ m/s(20℃室温)。对于超声波测距，当精度要求达到 1 mm 时，就必须把超声波传播的环境温度考虑进去。

HC-SR04 的测距控制原理如下：MCU 通过 Trig 引脚发送一个高电平脉冲信号(宽度不少于 10 μs)，然后等待 Echo 引脚返回的高电平信号；一旦检测到高电平信号，MCU 就会启动定时器计时，当收到 Echo 引脚返回的低电平信号时，MCU 就会记录定时器的值，这个时间值可以转换成对应的距离。通过不断重复这个过程，MCU 就可以实现连续测量，并输出所测得的移动距离。

HC-SR04 测距的时序图如图 9-8 所示，通过 STM32 MCU 控制的具体测距流程如下：

(1) MCU 通过 Trig 引脚向 HC-SR04 发送一个 10 μs 以上的高电平，发送完成后，MCU 持续检测接收端 Echo 引脚高电平输出，有高电平输出就可以开启定时器进行计时；

(2) HC-SR04 收到 10 μs 的高电平启动信号后，自动发送 8 个频率为 40 kHz 的脉冲，并自动检测是否有信号返回；

(3) 若有信号返回，HC-SR04 则通过 Echo 引脚输出高电平，高电平持续的时间就是超声波从发射到返回的时间；

(4) MCU 从检测到接收端口出现高电平开始计时，到检测到接收端口从高电平时变成低电平停止计数，读定时器的值，就可以计算出此次测距的时间 T；

(5) 测试距离 = (高电平时间 $T\times$ 声速)/2，其中声速为 340 m/s。

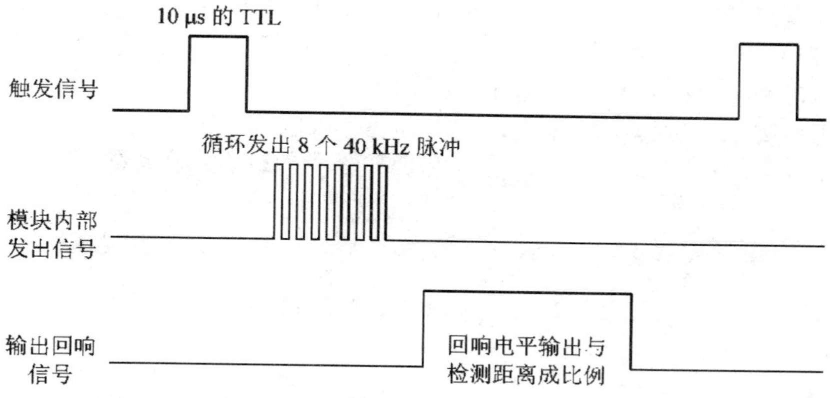

图 9-8　超声波测距时序图

一次测距结束后，可以进入新一轮的测距，这样周期性地进行测量，可以保证随时获取距离的变化，这种方式非常适合移动小车的超声波测距。

另外需要注意，HC-SR04 超声波传感器模块不宜带电连接，若要带电连接，则应先连接模块的 GND 端，否则会影响模块的正常工作。测距时，被测物体的面积应不少于 0.5 m^2 且平面应尽量平整，否则会影响测量的结果。

9.2.3　硬件设计与实现

由于实验板中未预留超声波传感器连接端口，因此需要通过杜邦线分别进行相应引脚的互连。本任务中，HC-SR04 超声波传感器 4 个引脚与 STM32F407ZGT6 芯片以及实验板上的电源引脚连接如表 9-5 所示。

表 9-5　STM32F407 实验板与 HC-SR04 超声波传感器引脚互连表

STM32F407 实验板	HC-SR04 超声波传感器模块引脚
PB0	Trig
PB1(TIM3_CH4)	Echo
VCC 5 V	VCC
GND	GND

9.2.4　软件设计与实现

STM32 MCU 需要通过测量超声波传感器 Echo 引脚输出的高电平脉宽，计算出超声波的测量距离，而这里的高电平脉宽测量可以采用定时器输入捕获的方式进行。硬件设计时也考虑到采用定时器输入捕获进行脉宽测量，故选用了 PB1 引脚接收 Echo 信号，查看引脚映射可知 PB1 可配置为 TIM3 定时器捕获的输入通道 CH4。输入捕获的软件代码具体实现可参考第 6 章任务 3。

1. 软件实现过程

1) *在 STM32CubeMX 界面完成配置*

基于 STM32CubeIDE 新建工程，在 STM32CubeMX 界面完成时钟配置、USART1 串口配置、引脚 PB0 与引脚 PB1 模式配置，通过平台自动生成其相关代码。具体步骤如下：

(1) 完成时钟配置和 JTAG 下载引脚配置。

(2) 配置引脚 PB0 为推挽输出模式，具体配置如图 9-9 所示。

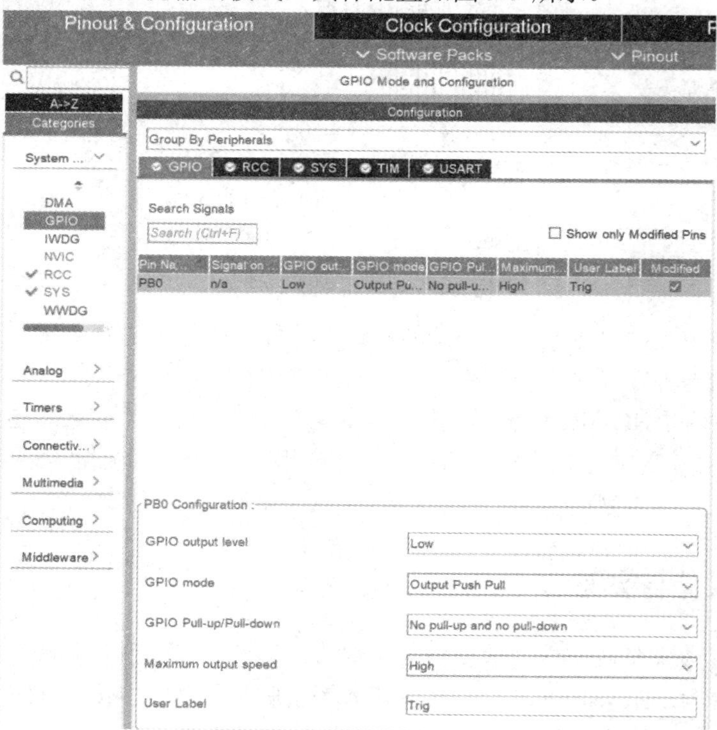

图 9-9　PB0 引脚配置

(3) 选择引脚 PB1 工作模式为“TIM3_CH4”，即作为定时器 3 通道 4 的输入引脚。模式配置完成后，配置 TIM3 的具体参数，如图 9-10 所示。其中预分频系数配置为 84−1，这是因为 TIM3 的时钟频率为 $f_{APB1}\times 2$，当前系统 APB1 为 42 MHz，那么 TIM3 时钟频率为 84 MHz，经过预分频后，计数时钟周期为 1 μs。然后，开启 TIM3 的 NVIC 中断。

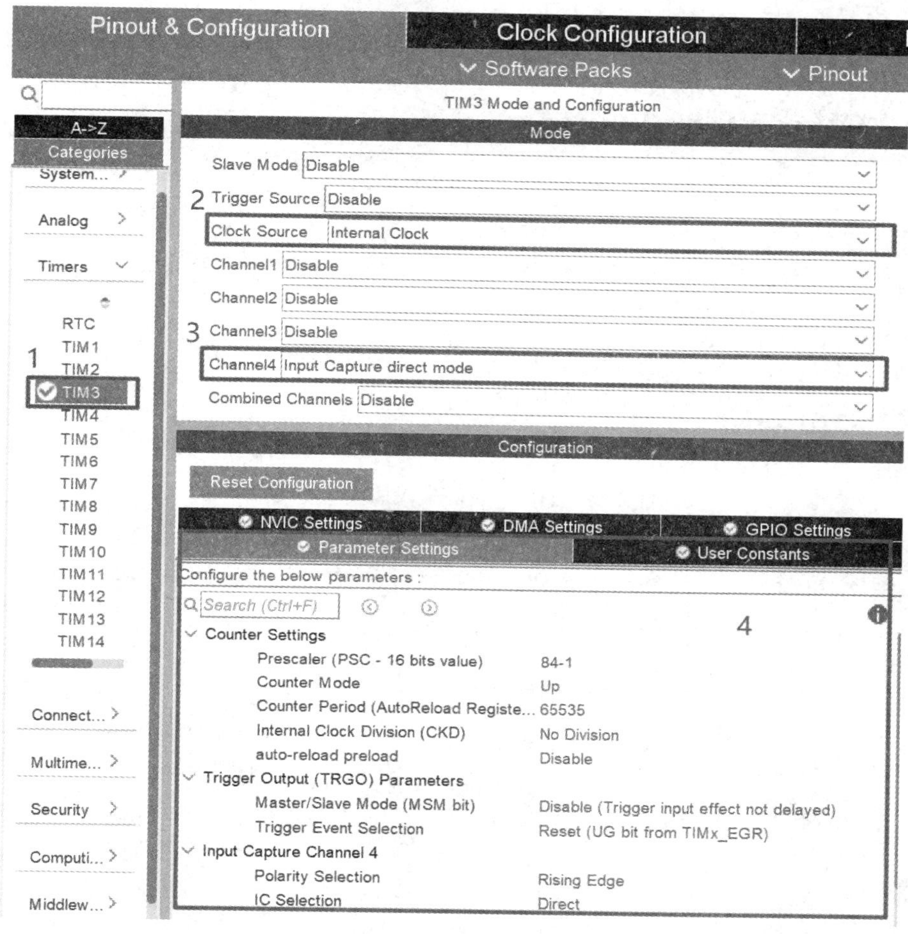

图 9-10 TIM3 输入捕获参数配置

(4) 完成 USART1 串口参数配置。

2) 导出工程，编写代码

保存配置后平台可自动生成以上所有配置的代码，在此基础上，需增加以下代码内容：

(1) 新增 USART1 串口代码：printf 重定义代码。

(2) 新增微秒级延时相关代码：新增 delay.c 和 delay.h 文件。

(3) 在 tim.c 源代码文件中增加输入捕获功能涉及的相关代码，如图 9-11 所示。

(4) 新增超声波测距代码：新建 ultras.c 和 ultras.h 文件。

(5) 在主函数中调用超声波测距代码。

其中，(1)～(3)的代码在此前的任务中都已经详细说明，本任务中不展开讲解。(4)和(5)的具体代码内容将在代码分析部分进行说明。

```c
/* USER CODE BEGIN 1 */
void My_TIM3_Init()
{
      __HAL_TIM_ENABLE_IT(&htim3,TIM_IT_UPDATE);      //使能更新中断
    HAL_TIM_IC_Start_IT(&htim3,TIM_CHANNEL_4);      //开启TIM3的捕获通道4，并且开启捕获中断，开启定时器
}

//捕获状态
//[7]:0-没有成功的捕获,1-成功捕获到一次高电平
//[6]:0-还没捕获到低电平;1-已经捕获到低电平
//[5:0]:捕获低电平后溢出的次数
uint8_t   TIM3CH4_CAPTURE_STA=0;                              //输入捕获状态
uint32_t     TIM3CH4_CAPTURE_VAL;                                //输入捕获计数值

//定时器更新中断（计数溢出）中断处理回调函数， 该函数在HAL_TIM_IRQHandler中会被调
void HAL_TIM_PeriodElapsedCallback(TIM_HandleTypeDef *htim)//更新中断（溢出）发生时执行
{
    if((TIM3CH4_CAPTURE_STA&0X80)==0)                    //还未成功捕获
    {
        if(TIM3CH4_CAPTURE_STA&0X40)                     //已经捕获到高电平
        {
            if((TIM3CH4_CAPTURE_STA&0X3F)==0X3F)         //高电平太长了
            {
                TIM3CH4_CAPTURE_STA|=0X80;               //标记成功捕获了一次
                TIM3CH4_CAPTURE_VAL=0XFFFF;
            }else TIM3CH4_CAPTURE_STA++;
        }
    }
}
```

图 9-11　TIM3_CH4 输入捕获功能代码

3) 下载调试

将电脑端和实验板硬件连接准备好，完成运行配置后，点击运行按钮 将代码下载至实验平台观察实验结果。串口打印的测量结果如图 9-12 所示。

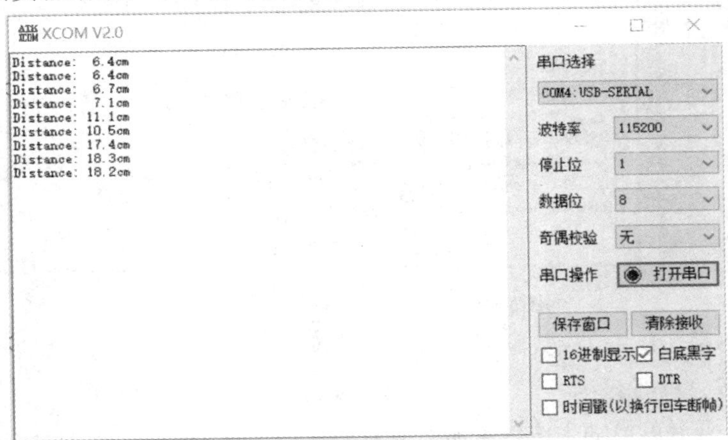

图 9-12　超声波测距串口打印结果

2. 代码分析

1) 超声波测距代码分析

超声波测距原理我们已经在 9.2.2 小节介绍过了，此处给出 STM32 MCU 具体的代码实现。以下为 ultras.c 文件中的测距功能代码：

```c
#include "tim.h"
#include "ultras.h"
```

```
#include "delay.h"
#include "stdio.h"
extern uint8_t   TIM3CH4_CAPTURE_STA;          //输入捕获状态
extern uint32_t   TIM3CH4_CAPTURE_VAL;         //输入捕获值
float ultras_distance = 0;                     //超声波测得距离值
uint32_t temp=0;
uint32_t ultras_distance_add[10] = { 0 };      //超声波测距累加值
/*************************************************************
** 功能：/发送 10 μs 高电平启动超声波测距
*************************************************************/
void Ultras_Start()
{
    ULTRAS_IN(1);                              //向超声波传感器 Trig 引脚发送高电平
    Delay_us(10);
    ULTRAS_IN(0);
}
/*************************************************************
** 功能：超声波测试函数
*************************************************************/
void Ultras_Test(void)
{
    uint16_t k = 0;
    for(k=0;k<10;)
    {
        Ultras_Start();
        Delay_ms(10);
        if(TIM3CH4_CAPTURE_STA&0X80)       //成功捕获到了一次高电平，即可计算测量距离
        {
            temp=TIM3CH4_CAPTURE_STA&0X3F;
            temp*=65536;                       //溢出时间总和
            temp+=TIM3CH4_CAPTURE_VAL; //得到总的高电平计数次数
            ultras_distance_add[k]=temp;
            TIM3CH4_CAPTURE_STA=0;             //清除结果，用于下一次捕获
            k++;
        }
    }
    //计算距离，单位：cm,定时 1μs，S=Vt/2，Vt=340m/s,
    ultras_distance = Ultras_Med_Cal(ultras_distance_add,k)*0.017f;
```

```
        printf("Distance:%5.1fcm\r\n",ultras_distance); //测距结果打印到串口
    }
    /*************************************************************
    ** 功能：超声波求中值
    **************************************************************/
    uint32_t Ultras_Med_Cal(uint32_t *dat, uint8_t cnt)
    {
        uint8_t i=0, j=0;
        uint32_t result;
        for (i = 0; i< cnt - 1; i++)
        {
            for (j = 0; j < cnt - i - 1; j++)
            {
                //如果前面的数比后面大，则进行交换
                if (dat[j] > dat[j + 1])
                {
                    result = dat[j];
                    dat[j] = dat[j + 1];
                    dat[j + 1] = result;
                }
            }
        }
        result=dat[cnt/2];
        return result;
    }
```

按照测距流程，首先由 MCU 通过引脚 PB0 发送 10 μs 的高电平脉冲给 HC-SR04 模块，用于启动超声波测距，代码中通过函数 Ultras_Start()实现，其中 10 μs 高电平通过调用了之前介绍过的延时函数 Delay_us()使得高电平持续 10 μs。

Ultras_Test()为测距的主要功能函数。通过 for 循环调用函数 Ultras_Start()实现了 10 次超声波测距过程，其中每次测距启动后，需等待定时器 3 完成 1 次高电平的输入捕获(通过变量 TIM3CH4_CAPTURE_STA 的最高位判断是否完成捕获)，并将捕获的总的定时器计数值保存到数组变量 ultras_distance_add[]中。ultras_distance_add[]中 10 次的捕获结果通过调用函数 Ultras_Med_Cal()求中值，即得到最终的计数结果。根据定时器 3 的时钟频率和预分频系数可计算得到定时器 3 的计数周期为 1 μs，因此 Ultras_Med_Cal(ultras_distance_add,k)返回的结果即为高电平脉宽的时间 *T*，单位为 μs。超声波测试距离 = (高电平时间 *T* × 声速(340 m/s))/2，代码实现为：ultras_distance = Ultras_Med_Cal(ultras_distance_add,k) × 0.017f，单位为 cm。最后将测试结果 ultras_distance 打印到串口上。

2) main.c 代码分析

主函数的完整代码内容如下：

```
int main(void)
{   /* Reset of all peripherals, Initializes the Flash interface and the Systick. */
    HAL_Init();
    /* Configure the system clock */
    SystemClock_Config();
    /* Initialize all configured peripherals */
    MX_GPIO_Init();
    MX_USART1_UART_Init();
    MX_TIM3_Init();
    /* USER CODE BEGIN 2 */
    My_TIM3_Init();
    Delay_Init();
    /* USER CODE END 2 */
    while (1)
    {
        Ultras_Test();
        Delay_ms(5000);
    }
}
```

主函数中通过在 while(1)中调用超声波测距功能函数 Ultras_Test()，即每 5 s 调用一次 Ultras_Test()测距，并打印测距结果，以此循环往复。

9.3　任务 3　控制步进电机的实现

9.3.1　任务分析

任务内容：通过 STM32F4 MCU 控制步进电机，即可通过按键来使步进电机启动和停止，或改变其转动的方向(正转与反转)。

任务分析：根据步进电机的结构和工作原理进行软硬件设计。硬件部分，使用 ULN2003 达林顿阵列驱动电机，MCU 控制引脚和步进电机通过 ULN2003 驱动板对接，实现 MCU 对步进电机的控制。软件部分，先检测按键是否被按下，然后按照不同的按键要求控制输出引脚的输出状态，输出状态的改变在定时器更新中断回调函数中实现，从而以固定的速度驱动步进电机转动，或改变步进电机的转动方向。

9.3.2　步进电机转速的工作过程

步进电动机是纯粹的数字控制电动机，它将电脉冲信号转变成角位移，即给一个脉冲，步进电机就转一个角度，因此非常适合单片机控制。在非超载的情况下，电机的转速、停止的位置只取决于脉冲信号的频率和脉冲数，而不受负载变化的影响。

步进电机主要可分为反应式、励磁式两类。反应式步进电动机的转子上没有绕组，依靠变化的磁阻生成磁阻转矩工作；励磁式步进电动机的转子上有磁极，依靠电磁转矩工作。

步进电机有如下特点：

(1) 步进电机的角位移与输入脉冲数严格成正比。因此，当它转一圈后，没有累计误差，具有良好的跟随性。

(2) 由步进电机与驱动电路组成的开环数控系统既简单、廉价，又非常可靠。同时，它也可以与角度反馈环节组成高性能的闭环数控系统。

(3) 步进电机的动态响应快，易于启停、正反转及变速。

(4) 步进电机的速度可在相当宽的范围内平稳调整，低速下仍能获得较大的转矩，因此一般可以不用减速器而直接驱动负载。

(5) 步进电机通过脉冲电源供电才能运行，不能直接使用交流电源和直流电源。

(6) 步进电机存在振荡和失步现象，必须对控制系统和机械负载采取相应措施。

本任务中选用的步进电机型号为 28BYJ-48，是 4 相励磁式减速步进电机。

1. 28BYJ-48 步进电机的工作原理

图 9-13(a)为 28BYJ-48 的实物图；图 9-13(b)是 28BYJ-48 的内部结构图，中间部分是转子，由一个永磁体组成，边上的是定子绕组，共有 A、B、C、D 4 组线圈绕组，4 组线圈组成 4 相，它们的一端都连接到一个公共接地端，因此是四相五线单极性步进电机。

当某一相绕组通电时，对应的磁极就产生磁场，并与转子转动一定的角度，使转子和定子的齿相互对齐。由此可见，错齿是促使步进电机旋转的原因。依次通电改变绕组的磁场，就可以使步进电机正转或反转(比如通电次序为 A→B→C→D 时正转，反之则反转)。而改变磁场切换的时间间隔，就可以控制步进电机的速度了。如果两个相邻的绕组同时通电，那么转子转动到两绕组中间位置。四相电机有四相四拍运行方式，即 AB-BC-CD-DA-AB；四相八拍运行方式，即 A-AB-B-BC-C-CD-D-DA-A，这种方式是在单四拍的每两个节拍之间再插入一个双绕组导通的中间节拍。八拍模式是这类四相步进电机的最佳工作模式，能最大限度地发挥电机的各项性能，也是绝大多数实际工程中所选择的模式。本任务中也选择八拍运行方式。

(a) 28BYJ-48 实物图

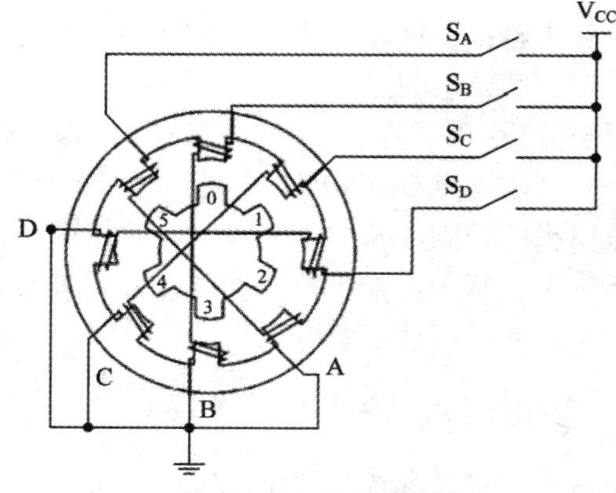

(b) 28BYJ-48 内部结构图

图 9-13　28BYJ-48 实物和内部结构图

2. 28BYJ-48 步进电机的主要参数

28BYJ-48 步进电机是一种常用的步进电机，其工作电压为 5 V，通常有五根线。其中，红色导线对应公共的 VCC(5 V)电源接口，用于为整个电机供电；A 相为蓝色导线；B 相为粉色导线；C 相为黄色导线；D 相为橙色导线。A、B、C、D 线分别对应着四个独立的激磁线圈。当这些导线接收到高电平信号时，相应的线圈就会被激活，并通电工作；而当这些导线接收到低电平信号时，则相应的线圈将不会被激活，电机则不会转动。因此，28BYJ-48 步进电机的运行状态可以通过对高低电平信号的控制来实现。

28BYJ-48 步进电机的主要技术参数如表 9-6 所示。

表 9-6　28BYJ-48 步进电机技术参数表

电机型号	工作电压	相数	相电阻	相电流	步距角	减速比
28BYJ-48	5 V DC	4 对	50 Ω × (1 ± 7%)	150 mA	5.625 度/步	1：64

相数是指激磁线圈产生不同的 N、S 极磁场对数，28BYJ-48 步进电机中共有 4 对激磁线圈。步距角是指电机在接收到一个脉冲信号后转子转过的角位移。减速比是指将电机输出轴的转速减小到一定比例，并同时增加转矩的一个比值。

步距角有两种情况：

(1) 电机输出端不加减速器，电机接收到一个脉冲信号，电机输出轴实际转动的角度就是一个步距角即 5.625°。针对步进电机八拍的运作方式，每转动一拍需要一个脉冲信号，因此每个拍电机本身的转子转动 5.625°。如果是四拍运作方式，每拍电机的转子转动 12.25°。

(2) 电机输出端加减速器，即有一定的减速比，根据 28BYJ-48 步进电机参数指标，减速比设置为 1：64。此时，接收到一个脉冲信号后，电机本身仍然是一个脉冲转动 5.625°，但是经过减速器后电机最终的输出轴转动角度变成了 5.625°/64，即转动 5.625° 需要 64 个脉冲，达到了减速的效果。28BYJ-48 步进电机自带齿轮减速器，因此电机经过减速器后输出轴转动 5.625° 需要 64 个脉冲信号。使用减速器的好处是可以有效地降低电机输出轴的转速，同时增加输出轴的扭矩，从而提高电机的控制能力和精度。通过设置减速比使得很小的电机能够带动比较大的负载，因此这类电机多半用于空调出风口挡板、摄像机云台、调焦镜头等不需要很快转动速度的地方。

9.3.3　硬件设计与实现

由于步进电机的驱动电流较大，而 STM32 MCU 的端口电流很小，因此需要额外增加驱动电路，从而放大电流来驱动步进电机工作。本任务中选用 ULN2003 达林顿阵列驱动，ULN2003 是高耐压、大电流达林顿阵列，由七个硅 NPN 达林顿管组成，驱动电流可达 500 mA。

ULN2003 是一个 7 路反向器电路，图 9-14 所示为 ULN2003 达林顿阵列内部结构，引脚 1～7 为 CPU 脉冲输入端，引脚 10～16 为脉冲信号输出端，当输入端为高电平时，ULN2003 输出端为低电平；当输入端为低电平时，ULN2003 输出端为高电平。另外，引脚 8 接地，引脚 9 是内部 7 个续流二极管负极的公共端，各二极管的正极分别接各达林顿管的集电极。用于感性负载时，引脚 9 接负载电源正极，实现续流作用。如果引脚 9 接地，实际上就是达林顿管的集电极对地接通。

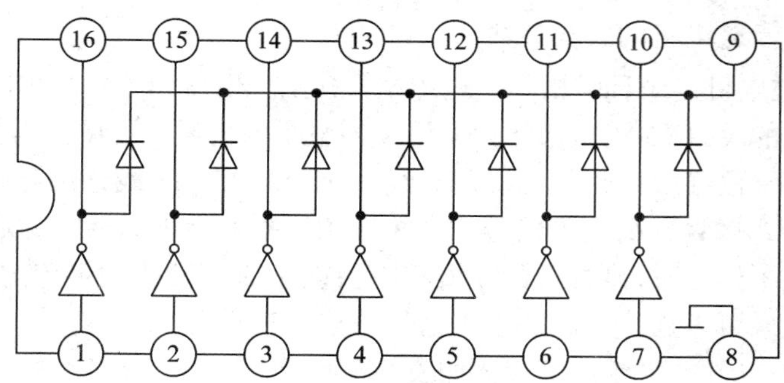

图 9-14　ULN2003 达林顿阵列内部结构

ULN2003 驱动板和原理图如图 9-15 所示。从原理图可知，端口 J1 连接 ULN2003 的输入引脚 IN1～IN4，用于和 MCU 控制引脚相连，ULN2003 的输出引脚 OUT1～OUT4 连接到端口 J2，用于连接步进电机的 A、B、C、D 这四相导线，步进电机四相高电平通电，此时 ULN2003 的输入端为低电平，即 MCU 控制引脚输出低电平时控制电机线圈导通。另外，驱动板上的四个输出引脚 OUT1～OUT4 连接了 LED 灯，且输出低电平时 LED 灯亮，因此，可以通过指示灯观察输出电平。

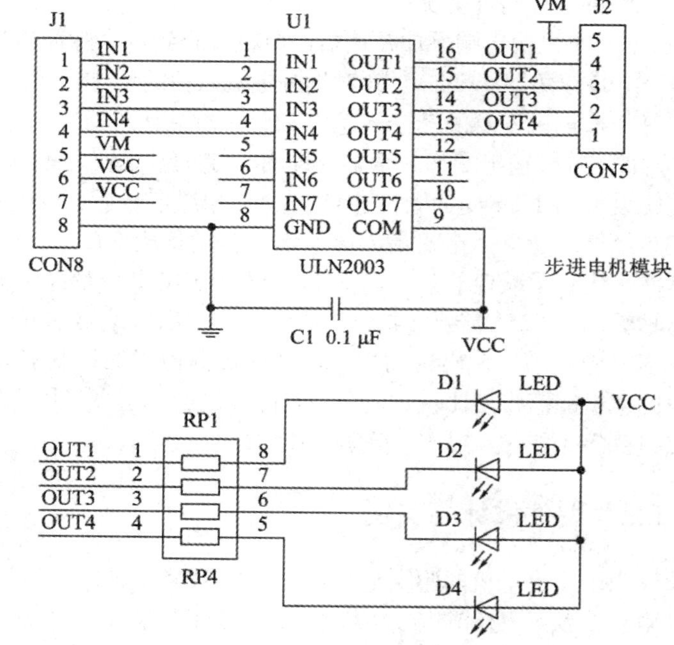

(a) 驱动板实物图　　(b) 驱动板原理图

图 9-15　ULN2003 驱动板和原理图

驱动板与 STM32F407 实验板的引脚连接如表 9-7 所示，驱动板与 28BYJ-48 步进电机的引脚连接如表 9-8 所示，可知 STM32 MCU 的 PF0、PF1、PF2、PF3 分别控制 A 相、B 相、C 相、D 相线圈通电，比如，PF0 输出低电平，经过驱动板 ULN2003 反相后使得驱动板 OUT1 输出高电平，电机 A 相导通。若要实现四相八拍运行方式(A-AB-B-BC-C-CD-D-DA-A)，则 4 个引脚输出高低电平状态如表 9-9 所示。

表 9-7　驱动板与 STM32F407 实验板引脚互连表

STM32F407 实验板	ULN2003 驱动板引脚
PF0	IN1/端口 J1-1
PF1	IN2/端口 J1-2
PF2	IN3/端口 J1-3
PF3	IN4/端口 J1-4

表 9-8　驱动板与 28BYJ-48 步进电机互连表

STM32F407 实验板	ULN2003 驱动板引脚
A 相蓝色线	OUT1/端口 J2-1
B 相粉色线	OUT2/端口 J2-2
C 相黄色线	OUT3/端口 J2-3
D 相橙色线	OUT4/端口 J2-4

表 9-9　STM32F407 芯片引脚输出状态和电机转动的关系

线圈	引　脚				4 引脚值 十六进制形式
	PF3	PF2	PF1	PF0	
A	1	1	1	0	0xe
AB	1	1	0	0	0xc
B	1	1	0	1	0xd
BC	1	0	0	1	0x9
C	1	0	1	1	0xb
CD	0	0	1	1	0x3
D	0	1	1	1	0x7
DA	0	1	1	0	0x6

9.3.4　软件设计与实现

本任务中使用三个按键 KEY0、KEY1、KEY2，其中，使用 KEY0 控制电机转动和停止状态，KEY1 按下设置电机转动方向为正转(八拍顺序为 A-AB-B-BC-C-CD-D-DA-A)，KEY2 按下设置电机转动方向为反转(八拍顺序为 D-DC-C-CB-B-BA-A-AD-D)。按键检测可采用第 4 章中的外部中断方式实现。电机转动的速度通过设置定时器定时周期并打开定时器更新中断来控制。每进入一次更新中断回调函数，通过对电机控制引脚赋值让电机本身的转轴按照正转或反转顺序转动一个步距角。下面给出具体实现步骤和代码分析。

1. 软件实现过程

基于 STM32CubeIDE 新建工程，芯片选用 STM32F407ZGT6。

1) 在新建工程中打开 STM32CubeMX 界面完成配置

(1) 完成时钟配置。

(2) 完成 3 个按键引脚的配置，均配置为下降沿触发的外部中断模式，其中 KEY0、KEY1、KEY2 对应引脚分别为 PE4、PE3、PE2。具体配置可参考第 4 章的软件实现步骤。

(3) 完成 TIM3 定时周期配置，其中预分频器“Prescaler”的分频系数为 84-1，配置计数器的自动装载值“Counter Period”为 2000-1(计数周期为 2 ms)。此处的 2 ms 即为步进电机转动速度设置。

(4) 设置控制步进电机转动的引脚工作模式和参数，引脚为 PF0、PF1、PF2、PF3，均设置为推挽输出模式，可输出高电平“1”和低电平“0”两种状态。

(5) NVIC 优先级设置，按键外部中断和定时器更新中断优先级设置如图 9-16 所示。

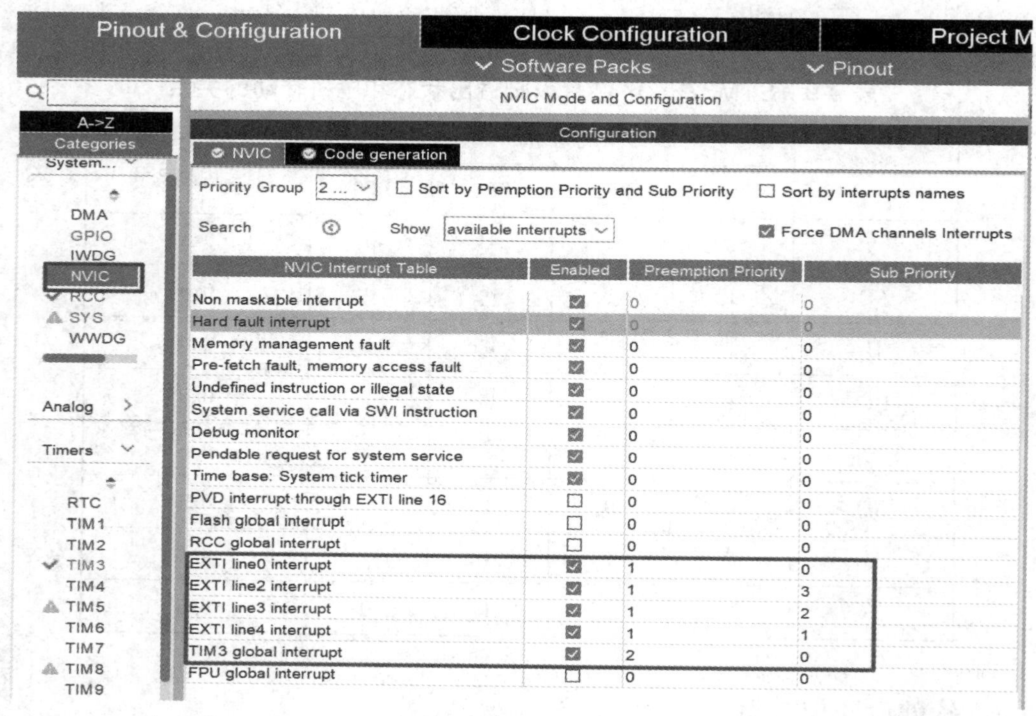

NVIC Interrupt Table	Enabled	Preemption Priority	Sub Priority
Non maskable interrupt	☑	0	0
Hard fault interrupt	☑	0	0
Memory management fault	☑	0	0
Pre-fetch fault, memory access fault	☑	0	0
Undefined instruction or illegal state	☑	0	0
System service call via SWI instruction	☑	0	0
Debug monitor	☑	0	0
Pendable request for system service	☑	0	0
Time base: System tick timer	☑	0	0
PVD interrupt through EXTI line 16	☐	0	0
Flash global interrupt	☐	0	0
RCC global interrupt	☐	0	0
EXTI line0 interrupt	☑	1	0
EXTI line2 interrupt	☑	1	3
EXTI line3 interrupt	☑	1	2
EXTI line4 interrupt	☑	1	1
TIM3 global interrupt	☑	2	0
FPU global interrupt	☐	0	0

图 9-16　各中断优先级的配置

2) 导出工程，编写代码

保存配置后平台可自动生成以上所有配置的代码，在此基础上，需增加以下代码内容：

(1) 在 gpio.h 中增加位带地址和映射关系的宏定义，以便对输出引脚 PF0～PF3 进行赋值操作。

(2) 在 gpio.c 中新增按键的外部中断回调函数 HAL_GPIO_EXTI_Callback()的定义，该回调函数是在检测到按键后触发中断时被调用的，其主要功能是对电机的状态进行控制。

(3) 在 tim.c 的定时器初始化函数 MX_TIM3_Init()中，增加一段代码用于启动 TIM3 并开启更新中断，具体代码如下：

```
HAL_TIM_Base_Start_IT(&htim3);  //使能更新中断
```

(4) 在 tim.c 中新增定时器 3 中断回调函数的定义，处理对于电机控制的引脚输出的赋值操作。

关键代码内容将在代码分析部分进行说明。

3) 下载调试

用杜邦线完成实验板和电机驱动板的连接，以及电机驱动板和 28BYJ-48 步进电机的连接。在 STM32 CudeIDE 中完成运行配置后，点击运行按钮将代码下载至实验平台观察实验结果。

预期实验结果：KEY0 按下，电机开始转动(正转)，再按一次 KEY0，电机停止转动；电机正转时，按下 KEY2，电机反方向转动；电机反转时，按下 KEY1，电机正转。

2. 代码分析

1) 按键控制代码分析

本任务中按键检测采用外部中断方式，按键控制代码也在外部中断回调函数中实现，在 gpio.c 中新增的外部中断回调函数具体代码如下：

```
uint8_t motor_stopflag=1;                //停止标志，1-停止
uint8_t motor_direct=0;                  //电机转动方向，0-右转，1-左转
void HAL_GPIO_EXTI_Callback(uint16_t GPIO_Pin)
{
    if(GPIO_Pin == GPIO_PIN_0)        //KEY0 按下-PA0，停止转动
    {
        if(motor_stopflag==1)
        {
            motor_stopflag=0;
        }
        else if(motor_stopflag==0)
        {
            motor_stopflag=1;
        }
    }
    if(GPIO_Pin == GPIO_PIN_4)        //KEY1 按下-PE4，正转
    {
        motor_direct=0;
    }
    if(GPIO_Pin == GPIO_PIN_3)        //KEY2 按下-PE3，反转
```

```
        {
            motor_direct=1;
        }
    }
```

以上代码中，变量 motor_stopflag 用于指示电机启动和停止转动的状态，1 表示停止转动，0 表示启动转动，变量 motor_direct 用于指示电机转动的方向，0 表示电机正转，1 表示电机反转。这两个变量可以用于判断 MCU 的电机控制引脚 PF0～PF3 的输出状态，因此在按键判断代码中，只需要对这两个变量进行赋值即可。

2) 电机转动控制代码分析

电机转动是通过 PF0～PF3 引脚的输出状态控制的，在定时器 2 ms 一次的更新中断中进行处理，即电机每 2 ms 转动一个步距角，如果需要加快或放慢电机转动速度，可调整定时器的定时周期。在 tim.c 中新增的定时更新中断回调函数定义的具体代码如下：

```
extern uint8_t motor_stopflag ;             //停止标志，1-停止
extern uint8_t motor_direct ;               //电机转动方向，0-右转，1-左转
uint8_t PinValue_zheng[8]={0xe,0xc,0xd,0x9,0xb,0x3,0x7,0x6};
uint8_t PinValue_fan[8]={0x7,0x3,0xb,0x9,0xd,0xc,0xe,0x6};
uint8_t phase_count=0;
//定时器更新中断(计数溢出)中断处理回调函数，该函数在 HAL_TIM_IRQHandler 中会被调用
void HAL_TIM_PeriodElapsedCallback(TIM_HandleTypeDef *htim)//更新中断(溢出)发生时执行
{
    if(htim->Instance == TIM3)
    {
        uint8_t current_value=0;
        if(motor_stopflag==0)                               //电机启动
        {
            if(phase_count==8)                              //8 相步进
            {
                phase_count=0;
            }
            if(motor_direct==0)
            {
                current_value=PinValue_zheng[phase_count];  //获取正转的引脚输出值
            }
            else if(motor_direct==1)
            {
                current_value=PinValue_fan[phase_count];    //获取反转的引脚输出值
            }
            //给输出引脚赋值
            PFout(0)=current_value&0x1;
```

```
                PFout(1)=(current_value&0x2)>>1;
                PFout(2)=(current_value&0x4)>>2;
                PFout(3)=(current_value&0x8)>>3;
                phase_count++;
            }
        }
    }
```

以上代码通过 extern 定义的方式调用外部变量 motor_stopflag 和 motor_direct，用于控制当前电机的状态。在回调函数 HAL_TIM_PeriodElapsedCallback()中，依据按键要求的电机状态进行处理。变量 phase_count 用于控制步进电机按照 8 相的转动顺序，定时器每次更新中断时 phase_count 加 1，直到加到 8 后又重新赋值为 0，有用取值为 0 到 7。根据 phase_count 的取值获取当前中断时控制电机线圈导通状态的输出引脚取值，其中正转取值为 PinValue_zheng[phase_count]，反转取值为 PinValue_fan[phase_count]，PF0～PF3 分别对应数组中每个成员数值中的低四位。

思考与练习

1. 学习 DS18B20 的 ROM 搜寻算法，实现并联状态下多个 DS18B20 的温度读取，并将当前读取的温度值实时打印到 PC 端的串口调试助手上。

2. 本章任务 2 使用了定时器输入捕获功能实现高电平脉宽时长的测量，还有其他方法可以测量超声波的高电平脉宽吗？请通过代码实现并调试结果。

3. 28BYJ-48 步进电机是如何实现四相八拍的运转方式的？

4. 如何控制 28BYJ-48 步进电机的运转方向和速度？

5. STM32 MCU 控制步进电机为什么需要驱动电路？

6. 本章任务中实现了对电机的转动和停止以及正转与反转的控制，请依照步进电机工作原理，实现电机转动加速和减速的控制。

7. 请依照步进电机工作原理，实现四相四拍的运转方式。

参 考 文 献

[1] YIU J. The Definitive Guide to ARM Cortex-M3 and Cortex-M4 Processors.

[2] STMicroelectronics 公司. STM32F405xx/STM32F407xx_datasheet.

[3] STMicroelectronics 公司. RM0090: STM32F405/415, STM32F407/417, STM32F427/437 and STM32F429/439 advanced Arm®-based 32-bit MCUs.

[4] STMicroelectronics 公司. UM2609 User manual：STM32CubeIDE user guide.

[5] STMicroelectronics 公司. UM2563 User manual：STM32CubeIDE 安装指南.

[6] STMicroelectronics 公司. UM2553 User manual：STM32CubeIDE 快速入门指南.

[7] STMicroelectronics 公司. UM1725 User manual: Description of STM32F4 HAL and low-layer drivers.

[8] STMicroelectronics 公司. AN3983 应用笔记：STM32F4DISCOVERY 外设固件示例.

[9] 陈启军，余有灵，张伟，等. 嵌入式系统及其应用：基于 Cortex-M3 内核和 STM32F 系列微控制器的系统设计与开发. 3 版. 上海：同济大学出版社，2015.

[10] 张洋，刘军，严汉宇. 精通 STM32F4：库函数版. 2 版. 北京：北京航空航天大学出版社，2019.

[11] 王维波，鄢志丹，王钊. STM32Cube 高效开发教程：基础篇. 北京：人民邮电出版社，2021.

[12] 陈继欣，邓立. 传感网应用开发：中级. 北京：机械工业出版社，2020.

[13] Dallas 公司(美国达拉斯半导体公司(Dallas Semiconductor Inc)). DS18B20 数据手册英文版.

[14] Dallas 公司(美国达拉斯半导体公司(Dallas Semiconductor Inc)). DS18B20 数据手册中文版.

[15] STMicroelectronics 公司. ULN2003 英文数据手册.